EUL VERLAG

Dr. Christina Weiß

Personalentwicklung von Projektleitern

Methoden zur Erweiterung von Kompetenzprofilen

EUL VERLAG

Bibliografische Information der Deutschen Nationalbibliothek

Die Deutsche Nationalbibliothek verzeichnet diese Publikation in der Deutschen Nationalbibliografie; detaillierte bibliografische Daten sind im Internet über <http://dnb.d-nb.de> abrufbar.

Dissertation, Ruhr-Universität Bochum, 2017

ISBN 978-3-8441-0555-1
1. Auflage Juli 2018

JOSEF EUL VERLAG GmbH
Zeithstr. 356
53721 Siegburg
Tel.: 0 22 05 / 90 10 6-80
Fax: 0 22 05 / 90 10 6-88
E-Mail: info@eul-verlag.de
https://www.eul-verlag.de

Bei der Herstellung unserer Bücher möchten wir die Umwelt schonen. Dieses Buch ist daher auf säurefreiem, 100% chlorfrei gebleichtem, alterungsbeständigem Papier nach DIN 6738 gedruckt.

Vorwort

Das Schreiben dieses Vorwortes steht am Ende (m)eines Projektes, bei dem ich von vielen Menschen begleitet und in vielerlei Hinsicht unterstützt wurde. Ihnen allen möchte ich an dieser Stelle danke sagen.

Zuallererst möchte ich meinen Dank an Frau Prof. Dr. Uta Wilkens für die stets konstruktive Auseinandersetzung mit der Fragestellung aussprechen. Ohne ihre Hinweise und Anregungen wäre die Arbeit nicht in dieser Form entstanden. Ebenso möchte ich mich bei Herrn Prof. Dr.-Ing. Thomas Herrmann für die Erstellung des Zweitgutachtens sowie bei Herrn Prof. Dr. Stefan Winter für seine Funktion als Drittprüfer bedanken.

Zudem gebührt meinen Interviewpartnern, die mir ihre Erlebnisse, Erfahrungen und Sichtweisen aus der Projektarbeit offengelegt haben, mein Dank.

Darüber hinaus möchte ich mich bei Dr. Ann-Kristin von der Mosel und Dr. Friederike Buhr für die gemeinsame Zeit sowie für ihre Ideen, Unterstützung und Begleitung bei der Erstellung der Arbeit bedanken. Dr. Monika Küpper danke ich für die Ermutigung und ihren Rat zur rechten Zeit. Für die Dankanstöße und Motivation zur Finalisierung dieser Arbeit möchte ich mich bei Julia Waltermann, Dr. Stefan Zimmermann, Dr. Wojciech Roseker, Elena Strüning und Heidi Dulc bedanken. Für ihren ausdauernden Zuspruch und die Bestärkung über alle Projektphasen hinweg danke ich zudem Anne Cünzer, Katrin Veigel, Britta Hüls und Doreen Kalms.

Ein großer Dank gilt auch meinen Eltern Brigitte und Hans-Jürgen sowie meinem Bruder Alexander, die mich über die gesamte Zeit begleitet, bestärkt und in allen Schritten unterstützt haben. Ihr seid wunderbar.

Ein ganz besonderer Dank gilt Felix, der für mich in dieser Zeit ein unbeschreiblich wundervoller Ruhepol und Anker war und damit das Fundament für dieses Projekt gelegt hat. Danke, dass es dich gibt.

Hamburg, im Februar 2018 Christina Weiß

Inhaltsverzeichnis

Abbildungsverzeichnis

Tabellenverzeichnis

Abkürzungsverzeichnis

Abs.	Abschnitt
bzw.	beziehungsweise
CBT	Computer-Based-Training
CIT/CIM	Critical Incident Technique/Critical Incident Method
DIN	Deutsches Institut für Normung e. V.
E-Zahl	zentrale Erkenntnis
et al.	et alii; Lateinisch: und andere
e. V.	eingetragener Verein
f.	folgende Seite
ff.	folgende Seiten
ggf.	gegebenenfalls
GPM	Gesellschaft für Projektmanagement e. V.
HRK	Hochschulrektorenkonferenz
ICB	IPMA Competence Baseline
IPMA	International Project Management Association
i. S. d./v.	im Sinne der/des bzw. von
MS	Microsoft
NCB	National Competence Baseline
PE	Personalentwicklung
PL	Projektleiter
PL-Zahl.-Zahl	Nummer des Interviewpartners sowie der Absatz im Interviewtranskript
PM	Projektmanagement
PMBOK	Project Management Body of Knowledge
PMCD	Project Manager Competency Development (Framework)
PMI	Project Management Institute
PMO	Projektmanagement Office
PMP	Project Management Professional (Zertifizierung)
PRINCE2	Projects in controlled environment 2
S.	Seite
Sp.	Spalte
sog.	sogenannte

u. a.	unter anderem
Vgl.	Vergleiche
WBT	Web-Based-Training
z. B.	zum Beispiel
z. T.	zum Teil

1 Einleitung

1.1 Problemstellung und Ziel der Arbeit

Unternehmen sehen sich mit umfassenden Veränderungen ihres Umfeldes konfrontiert. Die Bereiche sind vielfältig und betreffen neben technisch-ökonomischen auch demografische und gesellschaftliche Entwicklungen.[1] Die Veränderungen konkretisieren sich u. a. in verkürzten Produktlebenszyklen und Zeitfenstern zur Produkteinführung, komplexeren und technisch anspruchsvollen Produkten sowie global vernetzten Märkten.[2] Infolgedessen sind Unternehmen gefordert, in immer kürzerer Zeit auf Veränderungen angemessen zu reagieren und die veränderten Umweltbeziehungen in ihren Geschäftsentscheidungen zu berücksichtigen.[3]

Als flexible und effiziente Form der Aufgabenbewältigung in einem dynamischen und komplexen Umfeld werden Projekte wahrgenommen.[4] Diese Form der Arbeitsorganisation zur Implementierung struktureller und inhaltlicher Veränderungen hat sich in der modernen Arbeitswelt etabliert. Dabei ist nicht nur eine Zunahme, sondern auch teilweise ein permanenter Ersatz temporärer Organisationsstrukturen festzustellen.[5] Dies unterstreichen auch aktuelle Studien zur Verbreitung der Projektarbeit. Laut einer Studie aus dem Jahr 2010 arbeiten bereits über 40 Prozent aller Mitarbeiter der befragten Unternehmen zumindest teilweise in Projekten.[6] Prognosen gehen von einer weiteren Zunahme der Projekttätigkeiten aus. Gemessen an der Arbeitszeit in Projekten, wird der Anteil von 34,7 Prozent in 2013 bis auf 41,3 Prozent in 2019 steigen.[7] Nach der Einschätzung des amerikanischen Projektmanagement-Verbands PMI[8] (Project Management Institute) werden zwischen 2010 und 2020 15,7 Millionen neue Projektmanagement-Rollen weltweit entstehen.[9]

---

1 Als Herausforderungen werden vielfach Globalisierung, demografischer Wandel, hohe Dynamik sowie der wachsende Wettbewerbsdruck genannt (vgl. Bea, F. X./Scheurer, S. (2011), S. 425; Hofmann, J. et al. (2007); Walter, N. et al. (2013).

2 Vgl. Pinto, J. K. (2010), S. 28 f.

3 Vgl. Bea, F. X./Scheurer, S. (2011), S. 425.

4 Vgl. Bea, F. X./Scheurer, S. (2011), S. 426; Söderlund, J. (2005), S. 451 f.

5 Vgl. Sydow, J./Braun, T. (2015), S. 232.

6 Rump, J. et al. (2010), S. 9. Die Umfrage erfasste Entscheidungsträger in 293 Unternehmen im deutschsprachigen Raum.

7 Vgl. Wald, A. et al. (2015), S. 21. In der repräsentativen und branchenübergreifenden Studie wurden 500 Unternehmen befragt.

8 Das PMI gehört zu den weltweit bekanntesten und dominierenden Verbänden im Bereich Projektmanagement (vgl. Sydow, J./Braun, T. (2015), S. 233).

9 Vgl. PMI (2013b), S. 2.

Zur Steigerung der Flexibilität und Anpassungsfähigkeit an die unternehmerischen Umfeldbedingungen sind Projekte und deren Management zunehmend strategisch bedeutsam. Mit der Projektorientierung werden Projektmanagement-Fähigkeiten zu einem Erfolgsfaktor zur Sicherung der langfristigen Wettbewerbsvorteile in Unternehmen.[10] Dies belegt auch eine Studie zur Bedeutung des Projektmanagements aus Sicht des Top-Managements, wonach 83,3 Prozent diese als hoch bis sehr hoch bewerten. Zu den betroffenen Bereichen gehören sowohl das Kerngeschäft als auch die strategische Weiterentwicklung.[11]

Die vermehrte Ausweitung der Projektarbeit in Unternehmen hat Auswirkungen in vielerlei Hinsicht. Für die Unternehmensführung entstehen durch die quantitative Ausweitung der Projektarbeit sowie die damit verbundene Dezentralisierung der Führungs- und Machtstrukturen neue Anforderungen an die organisationale Ausgestaltung, Abläufe und Prozesse. Hierzu hat in den letzten Jahren die Aufmerksamkeit für das Projektportfoliomanagement[12] zugenommen. Zudem ist eine weitere Professionalisierung des Projektmanagements zu beobachten. In vielen Unternehmen ist das Projektmanagement formalisiert und standardisiert. So kommen neue Methoden des Projektmanagements, wie z. B. agile Projektmanagementmethoden[13] zum Einsatz. Es werden Anstrengungen unternommen, Karriere- und Laufbahnmodelle für das Projektpersonal zu entwickeln und zu implementieren.[14] Darüber hinaus ist seit Jahren ein Zuwachs der Aus- und Weiterbildung von Projektpersonal in Form von Projektmanagement-Zertifizierungen zu verzeichnen.[15] Dennoch ist zu konstatieren, dass die Quote gescheiterter Projekte weiterhin hoch ist. Dem Chaos Report 2013 der Standish Group folgend, scheiterten 18 Prozent der untersuchten Projekte.[16] Ein vergleichbares Bild zeichnet die Kooperationsstudie von Hays und Pierre Audoin Consultants (PAC) aus dem Jahr 2015: Die Befragung deutscher Unternehmen kommt zu dem Ergebnis, dass ca. 15 Prozent der Projekte scheitern, wobei dies hauptsächlich auf unrealistische Planungen, fehlende Entscheidungen und Kooperation der Beteiligten sowie unzureichendes Projektmanagement zurückgeführt wurde.[17]

---

10 Vgl. Bea, F. X. et al. (2011), S. 7.

11 Vgl. Schneider, C. et al. (2008), S. 8. Die hohe bis sehr hohe Bedeutung des Projektmanagements für das Kerngeschäft wurde mit 63,4 Prozent, die strategische Weiterentwicklung mit 56,7 Prozent bewertet.

12 Im deutschen Sprachgebrauch auch als Multiprojektmanagement bezeichnet.

13 Vgl. Komus, A. et al. (2014).

14 Vgl. Hölzle, K. (2009), S. 135 f. Dort legte die qualitative Erhebung unterschiedliche Laufbahnstufen bei den Befragten offen. Zur Konzeption von Projekt-Laufbahnen siehe u. a. auch Lang, K./Rattay, G. (2005), S. 101 ff.; Kels, P. et al. (2015), S. 101 ff.

15 Vgl. IPMA (2015), S. 24 ff.

16 Vgl. Standish Group (2013), S. 1.

17 Vgl. Hays/PAC (2015), S. 15.

Aufgrund der strategischen Bedeutung von Projekten, aber auch aufgrund ihres Scheiterns entscheidet der Erfolg von Projekten zunehmend über die Zukunft von Unternehmen. Damit erhalten die verantwortlichen Personen eine erhöhte Aufmerksamkeit. Hierzu zählen insbesondere Projektleiter bzw. Projektmanager[18], deren zentrale Bedeutung für den Projekterfolg sowohl von Experten als auch in empirischen Untersuchungen herausgestellt wird.[19] Als „Knotenpunkt der Strukturen eines Projektes"[20] nimmt der Projektleiter in dieser Position wesentlichen Einfluss auf das operative Projektgeschehen, auf Abläufe und Prozesse. Aufgrund der projektindividuellen und spezifischen Rahmenbedingungen benötigen Projektleiter eine situationsübergreifende Handlungsfähigkeit, d. h. die Fähigkeit, nachhaltig erfolgreich mit neuen, unbekannten Situationen umgehen zu können[21], um den wechselnden Anforderungen gerecht zu werden. Eine zielgerichtete Identifizierung und Entwicklung relevanter Kompetenzen kann als zielführende Unterstützung in der Bewältigung der Herausforderungen im Projektumfeld angenommen und aus unternehmerischer Perspektive als notwendig bewertet werden. Veröffentlichungen und empirische Untersuchungen zum Kompetenzprofil[22] des Projektleiters machen deutlich, dass dieses in der Praxis bislang noch in geringem Umfang systematisiert ist.[23] Die unscharfen Kompetenzanforderungen in Verbindung mit der zunehmenden Ausweitung der Projektarbeit auf unterschiedliche Branchen bergen jedoch die Gefahr, dass Personen unzureichend vorbereitet eine solche Rolle übernehmen. Die Kritik an bestehenden Aus- und Weiterbildungsangeboten legt zudem offen, dass diese nur in geringem Umfang die realen Herausforderungen im Projektumfeld widerspiegeln und auf diese vorbereiten.[24] Eine tiefergehende Auseinandersetzung mit den relevanten Kompetenzen erscheint daher von Bedeutung, um Projektleiter auf die Besonderheiten der Projektarbeit vorzubereiten und sie in ihrer Karriereentwicklung zu unterstützen.

---

18 Vielfach findet sich in der deutschsprachigen Literatur neben dem Begriff Projektleiter auch der des Projektmanagers. In der englischsprachigen Literatur wird hingegen keine Unterscheidung vorgenommen. Die beiden Begriffe werden häufig gleichbedeutend verwendet (siehe u. a. Patzak, G./Rattay, G. (2014), S. 159; Kremer, R. (2005), S. 109; Madauss, B. J. (2000), S. 9; Burghardt, M. (2012), S. 801). Daher werden beide Begriffe im Rahmen dieser Arbeit synonym verstanden.

19 Vgl. Crawford, L. (2005); Geoghegan, L./Dulewicz, V. (2008); Turner, J. R. /Müller, R. (2005); Litke, H.-D. (2007), S. 164.

20 Borchert, M. et al. (2005), S. 31.

21 Vgl. Pawlowsky, P. et al. (2005), S. 341 ff.

22 Verstanden als systematische Zusammenstellung relevanter Fähigkeiten, mitunter unterteilt in unterschiedliche Kompetenzklassen bzw. -bereiche.

23 Vgl. Chipulu, M. et al. (2013), S. 506; Ahsan, K. et al. (2013); siehe hierzu auch Kapitel 2.1.4.

24 Vgl. Crawford, L. et al. (2006b); Thomas, J./Mengel, T. (2008); Ramazani, J./Jergeas, G. (2015); Jaafari, A. (2003).

Die dargelegten Beobachtungen führen zu der Frage, welche bestehenden Personalentwicklungsangebote für Projektleiter für die Bewältigung der Herausforderungen in der Projektarbeit geeignet sind und die hierfür notwendigen Kompetenzen fördern. In bisherigen Publikationen zur Personalentwicklung von Projektleitern werden vielfach spezifische und formalisierte Entwicklungsmaßnahmen, z. B. in Form von Projektmanagement-Zertifizierungen oder Hochschulausbildung, diskutiert und teilweise empirisch untersucht.[25] Übergreifende Untersuchungen zur Nutzung von Personalentwicklungsangeboten sind bislang weniger vertreten.[26] Sie können aufgrund der gewählten Untersuchungsmethode lediglich einen eingeschränkten Erkenntnisgewinn in Bezug auf den konkreten Einsatz unterschiedlicher Maßnahmen und die damit verbundene Entwicklung des Kompetenzprofils geben.

Eine Analyse der relevanten Personalentwicklungsangebote aus dem Blickwinkel der Erfahrungen von Projektleitern in Deutschland stellt somit eine Forschungslücke dar, der im Rahmen dieser Arbeit nachgegangen werden soll. Dies ermöglicht nicht nur, ein tiefergehendes Verständnis für die inhaltlich relevanten Themenfelder der Personalentwicklung für Projektleiter zu erhalten, sondern auch, nähere Einblicke in die Art und Weise der Vermittlung und der Entwicklung von Kompetenzprofilen zu gewinnen.

Weiterhin ist festzustellen, dass die Auswirkungen projektförmiger Arbeitsorganisation bislang insbesondere für das Personalmanagement (Human Resource Management) näher betrachtet wurden.[27] Als spezifische Herausforderungen werden neben veränderten Arbeitsprozessen auch die Zusammenarbeit der Mitarbeiter sowie deren Führung herausgestellt.[28] Im Verständnis der Personalentwicklung als Teilbereich des Personalmanagements kann jedoch davon ausgegangen werden, dass die spezifischen Anforderungen des Personalmanagements in Teilen auch auf die Personalentwicklung zutreffen und hierin genauer spezifiziert werden können. Mit der zunehmenden Verbreitung von projektförmigen Arbeitsstrukturen erscheint dies umso dringlicher, um eine adäquate Unterstützung im Umgang mit den besonderen Herausforderungen und Problemen in der Projektarbeit zu bieten, aber auch, um langfristig den Bedarf an fähigen

25 Vgl. Thomas, J./Mengel, T. (2008); Ojiako, U. et al. (2011); Pant, I./Baroudi, B. (2008); Egginton, B. (2012); Gessler, M. (2011a); Starkweather, J. A. /Stevenson, D. H. (2011).

26 Siehe hierzu beispielsweise Borchert, M./Günther, A. E. K. (2007); Skipper, C. O./Bell, L. C. (2006).

27 Vgl. u. a. Söderlund, J./Bredin, K. (2006); Keegan, A. et al. (2012); Huemann, M. et al. (2007a); Huemann, M. et al. (2007b).

28 Vgl. Söderlund, J./Bredin, K. (2006), S. 250.

Projektleitern zu decken. Hierzu möchte die vorliegende Arbeit ebenfalls einen Erkenntnisbeitrag liefern.

Vor dem Hintergrund der skizzierten Entwicklungen stellt sich die Frage der aktuellen Ausrichtung der Personalentwicklung im Hinblick auf Projektleiter. Die Fragen, denen im Rahmen der Arbeit nachgegangen werden soll, lauten:

- Welche Kompetenzklassen[29] können bei Projektleitern als wesentlich identifiziert werden?
- Welche Methoden und Instrumente[30] stellen sinnvolle Maßnahmen zur Verbesserung des Kompetenzprofils von Projektleitern im Projektumfeld dar?
- In welcher Art und in welchem Umfang beeinflussen diese Methoden und Instrumente das Kompetenzprofil von Projektleitern?

Zur Beantwortung dieser Fragen sollen auf Basis einer detaillierten Literaturrecherche zunächst die Merkmale und Herausforderungen der Projektarbeit sowohl auf Unternehmensebene als auch auf individueller Ebene des Projektleiters systematisch aufgearbeitet werden.

In einem zweiten Schritt sollen das Verständnis sowie die inhaltliche und methodische Ausrichtung der Personalentwicklung mit Blick auf die Projektarbeit als Arbeits- und Organisationsform in Theorie und Praxis dargestellt werden. Mittels der Analyse der inhaltlichen und methodischen Ausrichtung unternehmensexterner sowie -interner Personalentwicklungsangebote für Projektleiter soll zudem ein Abgleich zwischen der Ausrichtung der Personalentwicklung und den Anforderungen der Projektarbeit stattfinden. Hier soll geprüft werden, inwieweit die bestehenden Personalentwicklungsangebote inhaltlich und methodisch auf die Anforderungen der Projektarbeit für Projektleiter ausgerichtet sind. Vertiefende Fragestellungen, die sich aus der Analyse ergeben und die empirische Expertenbefragung anleiten, schließen die jeweiligen Zwischenfazits ab.

---

[29] In der Literatur finden sich hierzu auch Begriffe wie Kompetenzbereiche, -facetten, Teilkompetenzen oder auch Kompetenzarten. Diese Begriffe werden im Rahmen dieser Arbeit synonym verstanden und verwendet.

[30] Aufgrund der uneinheitlichen und zuweilen nicht immer trennscharfen Verwendung der Begriffe „Methoden", „Instrumente" und „Maßnahmen" werden diese im Folgenden synonym verstanden und verwendet. In der Arbeit wird zudem der Begriff „Maßnahme" überwiegend verwendet, um eine semantische Trennung vom Begriff „Methodenkompetenz" herzustellen.

Auf der Grundlage der Befunde aus Theorie und Praxis soll im Anschluss empirisch untersucht werden, welche Personalentwicklungsmaßnahmen aus Sicht von Projektleitern eine Unterstützung bieten. Auf Basis der Erfahrungen der Befragten soll zu einer Systematisierung beigetragen werden, die die gezielte Auswahl und den Einsatz relevanter Maßnahmen ermöglicht. Durch die Erweiterung des Betrachtungsbereichs auf den gesamten Personalentwicklungsprozess soll zudem ein Erkenntnisbeitrag für die organisations- und praxisorientierte Personalentwicklung geleistet werden.

Im Rahmen der Untersuchung werden Projektleiter aus unterschiedlichen Branchen herangezogen, um typische Projektstrukturen nachzeichnen zu können. Hierdurch werden verschiedene Projektkonstellationen berücksichtigt, in denen Projektleiter in ihren Stammorganisationen Projekte durchführen, aber auch die Projektleitung in Organisationen ihres Auftraggebers übernehmen. Aus Analyse und Diskussion der Befunde sollen Erkenntnisse und Empfehlungen zur inhaltlichen und methodischen Ausrichtung der Personalentwicklung von Projektleitern auf organisationaler Ebene abgeleitet werden.

1.2 Begründung der explorativen Vorgehensweise

„Empirische Sozialforschung ist die systematische Erfassung und Deutung sozialer Erscheinungen."[31] Hierbei können zwei methodische Grundrichtungen[32] unterschieden werden: Charakteristisch für die quantitative Forschung ist eine deduktive Vorgehensweise, wonach Phänomene ausgehend von theoretisch begründeten Hypothesen vor dem Hintergrund des empirischen Materials überprüft werden.[33] Ähnlich wie bei den Naturwissenschaften folgt soziales Verhalten bestimmten Regeln, die der Forscher von außen beobachten kann.[34] Im Vordergrund dieser Forschungskultur stehen die objektive Erhebung und Auswertung von Daten, das theoriebasierte Vorgehen sowie die statistische Verallgemeinerung der Untersuchungsergebnisse.[35]

---

[31] Atteslander, P. (2010), S. 4.

[32] In der Literatur wird auch von Paradigmen gesprochen (vgl. Döring, N./Bortz, J. (2016), S. 9, Kelle, U./Erzberger, C. (2013), S. 299; Lamnek, S. (2010), S. 2).

[33] Vgl. Flick, U. (1995), S. 150.

[34] Vgl. Lamnek, S. (2010), S. 30.

[35] Vgl. Kelle, U. (2008). S. 13.

Demgegenüber steht die qualitative Forschung, deren Ansatz „von innen heraus“[36], d. h. interpretierend, die Sinnstrukturen und -vorgänge von Akteuren in das Zentrum der Forschungsbemühungen stellt. Demnach stehen die Entdeckung inhärenter Praktiken und Regeln sowie die detaillierte Analyse von Einzelfällen im Vordergrund.[37] Anstelle des empirisch-analytischen quantitativen Ansatzes, der „Erklären“ möchte, kommt im Verständnis der qualitativen Forschung das „Verstehen“ im Sinne einer Rekonstruktion der Erlebniswelt des Menschen zum Tragen.[38] Als zentrale Prinzipien dieser Forschungsrichtung gelten sowohl Offenheit, Flexibilität, Reflexivität des Objektes und der Analyse als auch die Prozessualität der Forschung und des Gegenstandes sowie die Explikation.[39]

Die qualitative Forschung hat in den letzten Jahren zunehmend an Aktualität und Attraktivität gewonnen. Begründet wird dies durch ihren Zugang zu den jeweils untersuchten Fragestellungen, die als offener und realitätsnäher charakterisiert werden.[40] Dabei weisen einige Autoren darauf hin, dass quantitative und qualitative Forschung nicht als Gegensätze zu verstehen sind, sondern sich vielmehr gegenseitig ergänzen.[41]

Mit Blick auf die skizzierte Problemstellung zeigt sich, dass die Handlungsfähigkeit in projektorientierten Strukturen als vielschichtig charakterisiert werden kann. Die bisherigen Erkenntnisse sowie die Forschungsfrage, die auf die Erkundung konkreter Erfahrungen von Projektleitern mit Personalentwicklungsangeboten abzielt, machen eine möglichst offene, flexible und interpretative Methodologie notwendig. Vor diesem Hintergrund ist die qualitative Forschungsstrategie in Form der explorativen[42] Forschung mittels eines Bezugsrahmens[43] geeignet.

Durch die qualitative Vorgehensweise werden neue, erweiternde oder modifizierte Perspektiven auf das Theorie- und Konzeptgebäude ermöglicht[44] und es wird die Wahrscheinlichkeit erhöht, neue Aspekte des Forschungsfeldes zu identifizieren.[45] Die Analyse erfolgt dabei ausgehend vom untersuchten empirischen Datenmaterial in Form von spezifischen Fällen. Der

36 Flick, U. et al. (2013), S. 14.
37 Vgl. Kelle, U. (2008), S. 13.
38 Vgl. Döring, N./Bortz, J. (2016), S. 14.
39 Vgl. Lamnek, S. (2010), S. 19.
40 Vgl. Flick, U. et al. (2013), 17; Mayring, P. (2008), S. 7.
41 Vgl. Döring, N./Bortz, J. (2016), S. 9; Lamnek, S. (2010), S. 267 ff.; Kelle, U./Erzberger, C. (2013), S. 299 f.; Mayring, P. (2008), S. 8 f.
42 Explorativ verstanden als „gegenstandserkundende“ Untersuchung (vgl. Döring, N./Bortz, J. (2016), S. 165).
43 Einen Überblick über Bedeutung und Funktionen des Bezugsrahmens bietet auch Kirsch, W. et al. (2007).
44 Vgl. Bortz, J./Döring, N. (2002), S. 35; Flick, U. et al. (2013), S. 17; Flick, U. (2014), S. 27.
45 Vgl. Bortz, J./Döring, N. (2002), S. 385.

explorative Forschungsansatz wird gewählt, da er einerseits eine kreative, aber andererseits auch eine systematische „Erfassung, Präzisierung, Strukturierung und Erklärung von vorher weitgehend unbearbeiteten realen Problemen“[46] zum Gegenstand hat. Die explorative Forschung erfüllt dabei drei Funktionen: Zum einen besitzt sie eine beschreibende Funktion durch die hinreichende Darlegung realer Probleme. Zum anderen werden Wirkungsbeziehungen zwischen Elementen in Form von Hypothesen empirisch begründet erfasst, so dass sich hieraus eine erklärende Funktion ableitet. Darüber hinaus besitzt die explorative Forschung eine praktische Funktion, da möglichst weitgehend handlungsanleitende Aussagen zu praktischen Problemlösungen getroffen werden.[47]

Des Weiteren soll ein Bezugsrahmen als Mittel zur Strukturierung und Systematisierung der zu untersuchenden Komponenten und deren begrifflicher Definition zu Beginn und zum Ende des Forschungsvorhabens verwendet werden und somit auch den Lern- und Forschungsprozess dokumentieren.[48]

Innerhalb des bezugsrahmenorientierten Forschungsansatzes unterscheidet Becker (2006) insgesamt drei Bezugsrahmen, um den Erkenntnisfortschritt im Rahmen der empirischen Arbeit darzulegen:[49] Der Forschungsrahmen, der als erster Schritt das Spektrum des zu untersuchenden Feldes beschreibt und strukturiert, dient als Orientierungshilfe für die Hypothesen- und Theorieentwicklung.[50] Diesem folgt über die Auswertung der Empirie ein Erklärungsrahmen, der die Ergebnisse des Forschungsprojektes zusammenfasst.[51] In der Zusammenführung aus Forschungs- und Erklärungsrahmen lassen sich somit fundierte und nachvollziehbare Hypothesen ableiten. Der Entscheidungsrahmen, als dritter Bezugsrahmen, kann abschließend erstellt werden, um Gestaltungsvorschläge für die Praxis darzustellen.[52] Diesem explorativen Forschungsprozess folgend, leitet sich die Grobgliederung der vorliegenden Arbeit ab.

Mit Blick auf das Forschungsinteresse bietet die qualitative Forschungsmethode die Möglichkeit, Projektleiter in Bezug auf ihre individuellen und persönlichen Erfahrungen und Erlebniswelten hin zu untersuchen. Abgeleitet aus dem Erkenntnisziel, Potenziale zur Entwicklung der

---

[46] Becker, F. G. (2006), S. 286.
[47] Vgl. Becker, F. G. (2006), S. 287.
[48] Vgl. Becker, F. G. (1993), S. 116.
[49] Vgl. Becker, F. G. (2006), S. 290.
[50] Vgl. Becker, F. G. (2006), S. 291.
[51] Vgl. Becker, F. G. (2006), S. 297.
[52] Vgl. Becker, F. G. (2006), S. 300.

Handlungsfähigkeit zu identifizieren (inhaltlich und methodisch), kann eine Erklärungsstrategie abgeleitet werden, die nach Kausalbeziehungen unter bestimmten Rahmenbedingungen sucht[53]. Insofern ist der qualitative Forschungsansatz geeignet, um die Forschungsfrage zu erschließen.

Vor dem beschriebenen Hintergrund werden mit der dargelegten Vorgehensweise zwei Wissenschaftsziele verfolgt:[54] Neben dem kognitiven Ziel, Aspekte individueller Personalentwicklungsmaßnahmen und deren Einsatz und Nutzen im Projektumfeld zu identifizieren, wird zudem ein praktisches Wissenschaftsziel verfolgt. Dieses bezieht sich insbesondere auf die Herausarbeitung von Handlungsempfehlungen zur Entwicklung und Verbesserung der Handlungsfähigkeit von Projektleitern. Die vorliegende Forschungsarbeit folgt somit der Sichtweise der Personalwirtschaftslehre als Teilgebiet der Betriebswirtschaftslehre, die sich als anwendungsorientierte Wissenschaft[55] sowohl der Erweiterung von Theorien und von theoretischen Modellen als auch der Erstellung von praktischen Handlungsempfehlungen verpflichtet fühlt.[56]

Gleichwohl ergeben sich durch dieses Vorgehen Einschränkungen in der Verwertung der Ergebnisse. So zielt dieses Verfahren auf die Hypothesenbildung und nicht auf die Hypothesenprüfung ab.[57] Verifikation (d. h. empirische Bestätigung) oder auch Falsifikation (d. h. Widerlegung) der Hypothesen sind trotz empirischer Plausibilisierung aufgrund der geringen Fallzahl und des Induktionsschlusses nicht möglich.[58] Darüber hinaus und anders als bei quantitativen Forschungsverfahren ist der Forscher aktiver Bestandteil des Forschungsprozesses, wodurch Interpretationen des Datenmaterials, methodisch kontrolliert, subjektiv geprägt sind.[59]

1.3 Gliederung der Arbeit

Mit Blick auf das dargestellte Forschungsinteresse und -ziel gliedert sich die Arbeit in sechs Kapitel: Nach der Darstellung der Problemstellung sowie der methodologischen Einordnung der Arbeit folgt der Grundlagenteil. Hierbei werden die Bereiche Projektarbeit, die Rolle des

53 Vgl. Gläser, J./Laudel, G. (2010), S. 26.
54 Einen Überblick zu den Wissenschaftszielen bietet Schanz, G. (2009).
55 Vgl. Schanz, G. (1988), S. 11 ff. In der Lesart der angewandten Verhaltens- bzw. Sozialwissenschaft.
56 Vgl. Schanz, G. (2000), S. 45 ff.
57 Vgl. Becker, F. G. (2006), S. 286.
58 Vgl. zur Verifikation und Falsifikation Bortz, J./Döring, N. (2002), S. 21 f.
59 Vgl. Flick, U. et al. (2013), S. 25.

Projektleiters und die dafür notwendigen Kompetenzen sowie die Ausrichtung der Personalentwicklung und der Personalentwicklungsangebote für Projektleiter einer kritischen Bestandsaufnahme unterzogen. Von Interesse sind die Analyse der Projektarbeit mit Blick auf die Herausforderungen und Anforderungen an Projektleiter sowie das Verständnis der Personalentwicklung und ihrer inhaltlichen und methodischen Ausrichtung mit Blick auf die Personalentwicklungsangebote für Projektleiter. Die zentralen Ergebnisse aus beiden Bereichen werden anschließend zur Konkretisierung der Forschungsfrage systematisch zusammengeführt. Das dritte Kapitel widmet sich der methodischen Herangehensweise durch die Darstellung des Forschungsdesigns, des Gangs der Untersuchung sowie der Datenaufbereitung und -auswertung. Darüber hinaus wird das Vorgehen vor dem Hintergrund von Gütekriterien bewertet. Die beiden darauffolgenden Kapitel stellen mit der Darstellung und Interpretation der Ergebnisse die Schwerpunkte der Arbeit dar: Im vierten Kapitel werden die Perspektiven von 18 Projektleitern dargestellt, die anhand von leitfadengestützten Interviews erhoben wurden, sowie die empirischen Ergebnisse diskutiert. Hierbei stehen die Erfahrungen mit den genutzten Personalentwicklungsmaßnahmen in ihrer inhaltlichen, methodischen und strukturellen Ausgestaltung sowie deren Bewertung für den Arbeitskontext im Vordergrund. Im Abgleich mit anderen Forschungsarbeiten erfolgen im fünften Kapitel die Herausarbeitung der zentralen Erkenntnisse sowie daraus ableitbare Empfehlungen für die Praxis, bevor auf die Grenzen der vorliegenden Untersuchung eingegangen wird. Ein abschließendes Fazit und ein Ausblick für weitere Forschungsarbeiten bilden die Schlussbetrachtung der Arbeit im sechsten Kapitel.

Abbildung 1 fasst die Gliederung der Arbeit noch einmal grafisch zusammen.

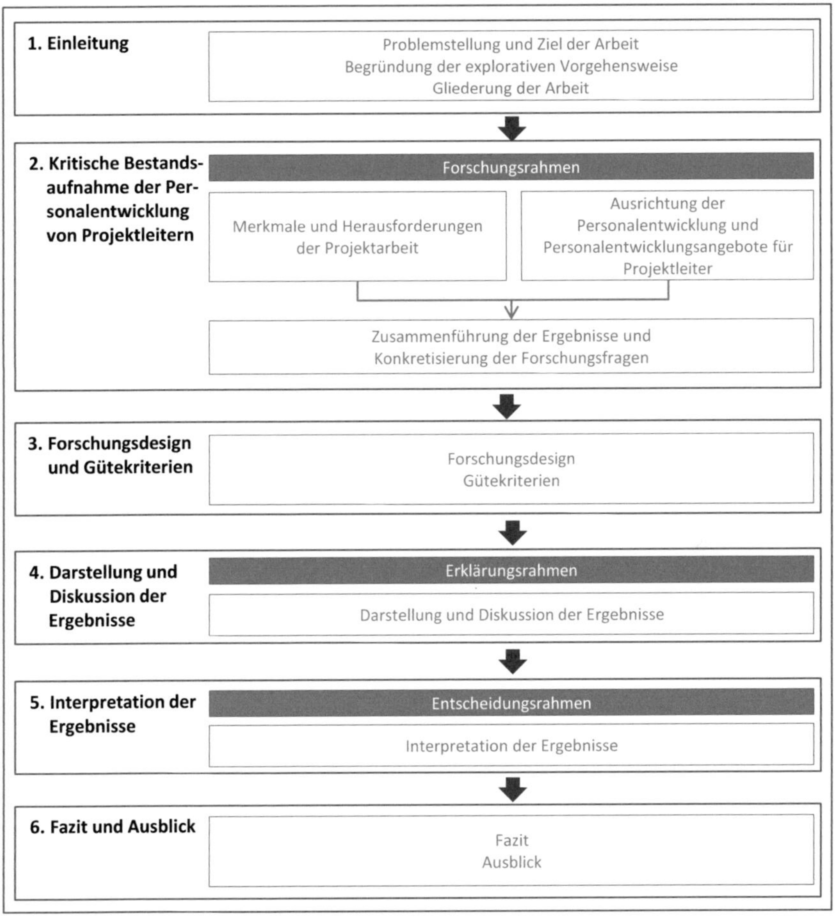

Abbildung 1: Gliederung der Arbeit

2 Kritische Bestandsaufnahme der Personalentwicklung von Projektleitern

In diesem Kapitel sollen die Projektarbeit sowie die Personalentwicklung und die Personalentwicklungsangebote für Projektleiter einer kritischen Bestandsaufnahme unterzogen werden. Ziel des Kapitels ist es, den aktuellen Stand der Personalentwicklung von Projektleitern vor dem Hintergrund der Anforderungen und Rahmenbedingungen in Praxis und Theorie zu erheben und zu bewerten. Hierzu werden in Kapitel 2.1 zunächst Merkmale und Herausforderungen der Projektarbeit näher spezifiziert und der Projektleiter als Schlüsselfaktor im Hinblick auf seine Aufgaben, Herausforderungen und die dafür notwendigen Kompetenzen untersucht. In einem zweiten Schritt wird in Kapitel 2.2 der aktuelle Stand der Personalentwicklung und der Personalentwicklungsangebote für Projektleiter erhoben und bewertet. Ein wesentlicher Bestandteil dieses Kapitels ist es somit auch, zentrale Begriffe zu definieren. Schließlich erfolgt eine Zusammenführung der Ergebnisse und eine Konkretisierung der Forschungsfragen in Kapitel 2.3.

2.1 Merkmale und Herausforderungen der Projektarbeit

Ziel des vorliegenden Kapitels ist die Darlegung zentraler Begriffe sowie theoretischer Ansätze, die als Grundlage für die weitere Analyse der Ausrichtung der Personalentwicklung von Projektleitern dienen. Das Kapitel gliedert sich in Definition und Wahrnehmung von Projekten sowie die Merkmale und Herausforderungen der Projektarbeit. Ganz bewusst werden hierbei wesentliche Aspekte unter dem Begriff Herausforderungen zusammengefasst, um ein möglichst umfassendes Bild zu zeichnen und gleichzeitig den unterschiedlichen Facetten der Projektarbeit gerecht zu werden. Synonyme für diesen Begriff stellen Schwierigkeiten, Probleme oder auch kritische Faktoren dar. All diesen Bezeichnungen gemeinsam ist eine Wirkung auf das Projektergebnis bzw. den Projekterfolg. Diese Wirkung wird wiederum als Bezugsgröße gewählt. Anschließend wird auf den Projektleiter als Schlüsselfaktor in Projekten genauer eingegangen sowie auf seine Aufgaben und Herausforderungen. Das Kapitel schließt mit der Darstellung und Analyse relevanter Kompetenzen für Projektleiter. Hierzu werden zunächst Definition und Einordnung des Kompetenzbegriffs vorgenommen und anschließend relevante Kompetenzen des Projektleiters aus Sicht von Projektmanagement-Verbänden, konzeptionellen Arbeiten von Experten und empirischen Forschungsarbeiten dargestellt.

2.1.1 Definition und Wahrnehmung von Projekten

In der Literatur bestehen zahl- und facettenreiche Definitionen, die sich mit dem Projekt-Begriff auseinandersetzen.[60] Eine allgemeine und weit verbreitete Definition verwendet das Deutsche Institut für Normung e. V. (DIN). Es definiert ein Projekt als ein „Vorhaben, das im Wesentlichen durch [die; C. W.] Einmaligkeit der Bedingungen in ihrer Gesamtheit gekennzeichnet ist [, wie beispielsweise; C. W.] Zielvorgabe, zeitliche, finanzielle, personelle und andere Begrenzungen, [oder auch eine; C. W.] projektspezifische Organisation."[61] Darüber hinaus liefern Projektmanagement-Standards[62] Definitionen, wie beispielsweise der britische PRINCE2-Standard.[63] Dieses definiert ein Projekt als „eine für einen befristeten Zeitraum geschaffene Organisation, die mit dem Zweck eingerichtet wurde, ein oder mehrere Produkte in Übereinstimmung mit einem vereinbarten Business Case zu liefern."[64] Der Vergleich beider Definitionen macht deutlich, dass die DIN-Norm Projekte als Aktivität definiert, wohingegen der PRINCE2-Standard den Projektbegriff im institutionellen Sinne, d. h. als zeitlich befristete Organisation, betrachtet. Der Unterschied im Begriffsverständnis ist kennzeichnend für die in der Literatur zu findenden Definitionen.[65] Eng verknüpft mit der institutionellen Sichtweise auf Projekte werden diese vielfach als soziale Systeme charakterisiert.[66] Hierbei werden neben der projektinternen Struktur und dem Regelsystem auch der kontextuelle Bezug zum äußeren Umfeld hervorgehoben.

Ausgehend von den allgemeingültigen Definitionen, wird in der Literatur eine Reihe von Merkmalsausprägungen aufgeführt, die ein Projekt genauer charakterisieren. Dabei zeigen Analysen

---

60 Vgl. u. a. Bea, F. X. et al. (2011), S. 33; Lechler, T. (2005), S. 495 f. Einen ausführlichen Überblick über die Definitionen sowie Kritikpunkte liefern auch Beck, T. (1996), S. 42 ff. sowie Madauss, B. J. (2000), S. 519 ff.

61 DIN (2009), S. 11.

62 Crawford definiert einen Standard als „a measure, devised by general consent, as a basis for comparison against which judgements might be made as to levels of acceptability. Standards, to have effect, do not need to be officially endorsed. They can be voluntarily accepted." (vgl. Crawford, L. (2007), S. 208).

63 PRINCE2 als Abkürzung für Projects in Controlled Environment 2. Nach eigenen Aussagen handelt es sich hierbei um ein Rahmenwerk, das ein flexibles und effizientes Vorgehen ermöglicht und aufgrund seines vielfachen Einsatzes und seiner Verbreitung als Standard verstanden werden kann (vgl. Axelos (2014), S. 1 f.).

64 TSO (2014), S. 3. Auch das PMI definiert: „A project is a temporary endeavor undertaken to create a unique product, service, or result." (vgl. PMI (2013a), Kapitel 1.2).

65 Vgl. Hofmann, M. (2014), S. 23; Pinkenburg, H. F. W. (1980), S. 100.

66 Vgl. Gareis, R. (2006), S. 60; Bea, F. X. et al. (2011), S. 49 ff.

der aktuellen Projektmanagement-Literatur, dass zunehmend auch über die Merkmalsausprägungen der DIN-Norm hinausgehend weitere Merkmale als charakteristisch für Projekte eingestuft werden.[67] So kommt Hofmann (2014) in der Analyse von zwölf Projektmanagement-Definitionen zu dem Ergebnis, dass auch Merkmale wie Interdisziplinarität, Komplexität, Umfang, Bedeutung, Veränderung und Fristigkeit als zwingend notwendige, d. h. definitorische Merkmale eines Projektes dargestellt werden.[68] Als übereinstimmendes Merkmal aller Definitionen wird indes ausschließlich die zeitliche Begrenzung angesehen. Darüber hinaus zeigt der Autor kritisch auf, dass eine genaue Begriffsfassung in den betrachteten Standardwerken eine eher untergeordnete Rolle spielt und keines der betrachteten Werke eine ausführliche Begründung für die Auswahl bestimmter Merkmale vornimmt.[69] In der Literatur ist der Projektbegriff somit nicht abschließend definiert, sondern vielmehr durch die jeweilige Betonung unterschiedlicher Aspekte gekennzeichnet.

Existenz und zunehmende Nutzung von Projektstrukturen werden in der Literatur vielfach mit den veränderten externen Umfeldbedingungen begründet, die als Ursache für die zunehmende Auflösung traditioneller Organisationsstrukturen angeführt werden. Hierbei werden insbesondere folgende Punkte von verschiedenen Autoren hervorgehoben:[70]

- Dynamische Globalisierung und Internationalisierung,
- Zunehmender Wettbewerb und Konkurrenzdruck,
- Steigende Anforderungen an Innovations- und Anpassungsgeschwindigkeit,
- Komplexitätssteigerung im technischen und sozialen Bereich,
- Gewachsene Kundenansprüche sowie
- Makroökonomische, gesellschaftliche und technologische Trends.

Traditionelle Organisationsstrukturen und Entscheidungsformen erweisen sich dabei als zu starr und unbeweglich. Darüber hinaus erschweren die funktionalen Strukturen die übergreifende Zusammenarbeit zur Bewältigung komplexer Aufgaben[71] sowie den flexiblen Einsatz von Mitarbeitern bei schwankendem Arbeitsaufkommen.[72]

---

67 Vgl. Hofmann, M. (2014), S. 27 ff.; Pommeranz, I. (2011), S. 12 ff.; Günther, A. E. K. (2008), S. 22 ff.

68 Vgl. Hofmann, M. (2014), S. 30.

69 Vgl. Hofmann, M. (2014), S. 30 f.

70 Vgl. Schreyögg, G./Sydow, J. (2010), S. 1251.; Zell, H. (2003), S. 55; Haverbier, J./Weßels, D. (2015), S. 37 f.; Fischer, H. et al. (2013), S. 63; Bea, F. X. et al. (2011), S. 3; Steinbuch, P. A. (2000), S. 25.

71 Vgl. Frese, E. (2005), S. 512; Birker, K. (1999), S. 7; Boos, F./Heitger, B. (1991), S. 59; Haverbier, J./Weßels, D. (2015), S. 36; Kuster, J. et al. (2011), S. 3.

72 Vgl. Lang, K./Rattay, G. (2005), S. 62.

Als Erklärung für die Existenz von Projekten fasst Hofmann (2014) aus der Projektmanagement-Literatur und daran anknüpfenden Bereichen unterschiedliche Aspekte zusammen. Als Reaktion auf die veränderten Umfeldbedingungen werden Projekte demnach genutzt zur[73]:

- Erfüllung einmaliger Aufgaben,
- Durchführung außerordentlicher Aufgaben,
- Zurverfügungstellung von kundenindividuellen Lösungen,
- Angemessenen Planung und Umsetzung von Unternehmensstrategien,
- Aktivierung kreativer Kräfte im Unternehmen sowie
- Reduzierung von Komplexität.

Sowohl die oben genannten externen als auch internen Erklärungsansätze reflektieren sich in der Praxis und motivieren den vermehrten Einsatz von Projekten. So zeigt die Studie von Rump et al. (2010) auf, dass Projekte insbesondere für die Implementierung neuer Prozesse und Abläufe, die Entwicklung neuer Produkte und Dienstleistungen sowie deren Einführung verwendet werden. Sie stehen vor allem für innovative und wissensintensive Bereiche, in denen Neuland betreten wird. Demgegenüber werden Projekte weniger für den Einsatz in der Verwaltung bzw. bei administrativen Prozessen genutzt.[74] Tabelle 1 verdeutlicht die Gründe für den zunehmenden Einsatz von Projekten. Die Reihenfolge der Auflistung zeigt dabei auch die Bedeutung der jeweiligen Gründe als Rangfolge.

Externe Gründe für den Einsatz von Projekten	Interne Gründe für den Einsatz von Projekten
- Zunahme der Komplexität von Produkten und Dienstleistungen - Marktdruck und -erfordernisse (z. B. Nähe zum Kunden) - Kostendruck (daher Nutzung von unternehmensinternen Potentialen) - Nutzung von Synergien zwischen Fachbereichen und Niederlassungen - Kürzere Innovationszyklen bzw. -druck - Flexibilisierung der Arbeitswelt	- Bessere Bewältigung von komplexen Frage- und Aufgabenstellungen - Nutzung der Kompetenzen und des Know-hows aus unterschiedlichen Unternehmensbereichen - Neue Produkte und Dienstleistungen lassen sich über Projektteams besser entwickeln - Steigerung der Innovationsfähigkeit - Schaffung einer höheren Flexibilität

Tabelle 1: Externe und interne Gründe für die Einführung einer betrieblichen Projektwirtschaft (Rump et al. (2010), S. 14 f.)

Neben den Beweggründen für den Einsatz von projektförmigen Arbeits- und Organisationsstrukturen hat sich die Forschung auch näher mit der Verbreitung der Projektarbeit in Unter-

73 Vgl. Hofmann, M. (2014), S. 36.
74 Vgl. Rump, J. et al. (2010), S. 13.

nehmen beschäftigt.[75] Die Studie von Wald et al. (2015) verdeutlicht, dass die Arbeit in Projektstrukturen sich über alle Wirtschaftsbereiche verteilt, aber in der Intensität auch stark variiert. Ein hoher Anteil an Projektarbeit kann demnach dem Baugewerbe sowie Unternehmensdienstleistern zugeschrieben werden (geschätzt 80 bzw. 60 Prozent). Darüber hinaus zeigen aber auch Bereiche wie Handel, Verkehr und Gastgewerbe sowie der Bereich Information und Kommunikation eine hohe Ausprägung (42,0 bzw. 37,7 Prozent). Demgegenüber ist Projektarbeit im Grundstücks- und Wohnungswesen sowie in der Land- und Forstwirtschaft/Fischerei nur zu einem verhältnismäßig geringen Anteil verbreitet (2 bzw. 4 Prozent).[76] Im Hinblick auf die Projektarbeit innerhalb von Unternehmen zeigt die Untersuchung von Rump et al. (2010), dass diese zunehmend in unterschiedlichen Unternehmensbereichen zum Einsatz kommt. Demnach arbeiten insbesondere Bereiche wie IT, Marketing/PR, Sales/Vertrieb/Kundenberatung, Forschung und Entwicklung, aber auch die Personalabteilungen in projektförmigen Strukturen, wohingegen Finanzabteilungen, Produktion, Einkauf und die Rechtsabteilung eher in festen Strukturen arbeiten.[77]

Wie die zuvor dargestellten empirischen Studien verdeutlichen, tritt Projektarbeit als flexible Form der Arbeitsgestaltung in vielen verschiedenen Branchen und Unternehmensbereichen in Erscheinung. Zur tiefergehenden Systematisierung von Projekten kommen unterschiedliche Kriterien zum Einsatz.[78] Borchert et al. (2005) fassen gängige Systematisierungsansätze zusammen, u. a.:[79]

- inhaltliche Ziele, z. B. Investitions-, Forschungs- und Entwicklungs-, Organisationsprojekte
- Auftraggeber und Art der Beteiligten, z. B. interne und externe Projekte
- Branchen, z. B. EDV-, Beratungsprojekte
- Unternehmenszugehörigkeit der Projektmitarbeiter, z. B. betriebliche und überbetriebliche Projekte
- Zusammenarbeit über Entfernung, z. B. Projekt an einem Standort, verteiltes Projekt

---

75 Vgl. Hofmann, J. et al. (2007); Rump et al. (2010); Gleich, R. et al. (2012); Wald, A. et al. (2015).

76 Vgl. Wald, A. et al. (2015), S. 19 f.

77 Vgl. Rump, J. et al. (2010), S. 10.

78 Zu empirischen Untersuchungen zu genutzten Projektklassifizierungen in Unternehmen siehe auch Crawford, L. et al. (2006a).

79 Vgl. Borchert, M. et al. (2005), S. 5. Die Autoren nennen darüber hinaus: Projektbedeutung, z. B. unterschieden nach A-, B- und C-Projekten; Projektgröße; Art des Mitarbeitereinsatzes, z. B. Vollzeit- und Teilzeitprojekte; Nationalität, z. B. nationale und internationale Projekte. Vergleichbare Auflistungen siehe auch Vetter, H. (2013), S. 220; Gessler, M. (2011b), S. 43. Hier werden unterschiedliche Projektarten weiter nach Dimensionen gruppiert.

- Einsatz von Informations- und Kommunikationstechnik, z. B. klassische und virtuelle Projekte
- Bedeutsamkeit, z. B. strategische und operative Projekte

Neben der Vielzahl von Systematisierungsansätzen macht die Auflistung zudem deutlich, dass jeweils unterschiedliche strukturelle und inhaltliche Aspekte von Projekten bei der Einteilung hervorgehoben werden. Dabei wird eine konsistente Unterscheidung der Projektarten mit der Erwartung verbunden, die Übersichtlichkeit der Projekte in Unternehmen zu verbessern.[80] Die Systematisierung erfolgt unter der Annahme, dass diese über ähnliche Merkmale[81] und vielfach über vergleichbare Herausforderungen und Abläufe, aber auch Risiken und Potenziale verfügen.[82] Zudem können die Anforderungen des Projektes, die sich aus der Projektart und dem Projektziel ergeben, bereits zum Projektbeginn berücksichtigt werden.[83] Übergreifend kann hieraus vermutet werden, dass die aufgeführten Aspekte auch als Faktoren betrachtet werden können, die eine Projektumsetzung beeinflussen.

2.1.2 Merkmale und Herausforderungen von Projekten

Wie die zuvor dargestellten Ausführungen zum Projektverständnis deutlich machen, ist es aufgrund des heterogenen Begriffsverständnisses sowie der individuellen Konstellation von Projekten nicht möglich, eine exakte und gleichzeitig allgemeingültige Beschreibung der Herausforderungen der Projektarbeit zu geben. Zur weiteren Analyse werden daher zunächst konkrete Merkmale von Projekten näher ausgeführt und im Hinblick auf Herausforderungen beleuchtet. Hieran anschließend, werden zur weiteren Konkretisierung empirische Erkenntnisse aus der Erfolgsfaktorenforschung im Projektmanagement dargestellt.

2.1.2.1 Merkmale von Projekten und damit verbundene Herausforderungen

Zur näheren Analyse der Merkmale von Projekten wird im Folgenden die DIN-Norm als Grundlage verwendet. Darüber hinaus soll auf ausgewählte Merkmale eingegangen werden, die häufig als Projektmerkmale in Erscheinung treten. Die näheren Ausführungen gliedern sich da-

80 Vgl. Schelle, H. et al. (2008), S. 35.
81 Gessler spricht hier von „Projektcharakter“ (vgl. Gessler, M. (2011b), S. 43).
82 Gessler, M. (2011b), S. 43.
83 Vgl. Schelle, H. et al. (2008), S. 35.

mit wie folgt: (1.) Spezifische Projektorganisation, (2.) Einmaligkeit, (3.) Zielvorgabe, (4.) zeitliche Begrenzung, (5.) Ressourcenbegrenzung sowie als prägende Merkmale (6.) Interdisziplinarität und Komplexität.

1. Spezifische Projektorganisation

Die Installation einer Projektorganisation stellt eine bewusste und willentliche Entscheidung der Unternehmensleitung dar. Sie umfasst alle am Projekt beteiligten Personen, die sowohl über den gesamten Projektverlauf als auch zeitlich befristet Projektaufgaben durchführen.[84] Durch eine projektspezifische Organisation soll die interdisziplinäre, fach- und funktionsübergreifende, mitunter auch die unternehmensübergreifende Zusammenarbeit, gewährleistet werden.[85] Durch die projektspezifische Zusammenstellung der Personen ergibt sich folglich eine spezifische Organisationsform, die durch eigene Regelungsformen und Abläufe gekennzeichnet ist. Sie tritt als die Stammorganisation überlagernde Organisation auf, die die bestehenden Machtverhältnisse im Unternehmen verändert und Konflikte hervorrufen kann.[86] Die damit entstehenden Hierarchieprobleme und Krisen werden in der Literatur betont.[87] In der angemessenen Verknüpfung der dauerhaften und stabilen Stammorganisation sowie der temporären und flexiblen Projektorganisation kann somit eine zentrale Herausforderung projektorientierter Unternehmen gesehen werden.[88]

2. Einmaligkeit

Das Merkmal der Einmaligkeit von Projekten kann einerseits auf die inhaltliche Aufgabe, andererseits aufgrund der projektspezifischen Rahmenbedingungen auf die individuelle Projektdurchführung bezogen werden.[89] Folglich kann Einmaligkeit i. S. v. erstmalig, neuartig oder auch außergewöhnlich verstanden, aber auch unter Berücksichtigung der Kontextfaktoren als einmalig definiert werden.[90] Herausforderungen können sich somit aufgrund des Projektgegenstands sowie der Kontextfaktoren ergeben. Projekte sind zudem mit bestimmten Unsicherheiten

84 Vgl. Pinkenburg, H. F. W. (1980), S. 111.
85 Vgl. Mörsdorf, M. (1998), S. 58 f.
86 Vgl. Madauss, B. J. (2000), S. 12.
87 Vgl. Heintel, P./Krainz, E. E. (2015); Litke, H.-D. (2007), S. 239 ff.; Kerzner, H. (2013), S. 230 f.
88 Vgl. Huemann, M. (2013), S. 41. Die Autorin betont insbesondere die unterschiedlichen Management-Logiken, die eine Linien- bzw. eine Projektstruktur unterscheiden.
89 Vgl. Dülfer, E. (1982), S. 10 f.; Pinkenburg, H. F. W. (1980), S. 108. Pinkenburg spricht von außergewöhnlichen Aufgaben, um das Projekt von „routinemäßigen Tätigkeiten und Abläufe[n; C. W]“ in der Stammorganisation abzugrenzen.
90 Vgl. Dülfer, E. (1982), S. 11.

verbunden, die sowohl Auswirkungen auf den Projektinhalt als auch auf die Planung und Durchführung haben können.

3. Zielvorgabe

Kennzeichnend für Projekte ist die Definition des Projektziels, das durch den Projekt-Träger und nicht durch den Projektverantwortlichen festgelegt wird. Hierbei zielt die aufgabenbezogene Zielvorgabe auf die nähere Beschreibung der Aufgabenstellung des Projektes ab und ermöglicht somit eine Abgrenzung zu anderen Projektvorhaben. Die Vorgabe kann unterschiedlich stark konkretisiert sein und aufgrund von externen oder internen Bedingungen variieren. Hierdurch können sich im Projektverlauf Unsicherheiten und Risiken ergeben. Die Zielvorgabe zielt ebenso auf den erfolgreichen Abschluss einer Projektaufgabe, d. h. die Beendigung des Projektes.[91] Nicht zuletzt beinhaltet die Zielvorgabe neben der Bestimmung des Sachziels auch die Definition von zusätzlichen Rahmenbedingungen, die den Handlungsspielraum der Projektarbeit bestimmen. Hierzu zählen Termin- und Kostenziele.[92] Aus dem Merkmal der Zielvorgabe können sich unterschiedliche Probleme und Konflikte ergeben, z. B. wenn sich Ziele gegenseitig ausschließen oder konträr wirken[93]. Eine weitere Gefahr besteht darin, dass Projektziele unzureichend im Kontext anderer Unternehmensziele betrachtet werden. Gerade bei veränderten Umfeldbedingungen kann dies im Zeitverlauf zu Fehlentwicklungen im Unternehmen führen.[94]

4. Zeitliche Begrenzung

Dieses Merkmal determiniert sich durch die Fertigstellung der Projektaufgabe bzw. durch die Festlegung eines definierten Endtermins. Daraus folgt, dass Art und Ablauf der eigentlichen Projektaufgaben die Dauer des Projektes bestimmen. Nach Dülfer (1982) ergibt sich die Eigenständigkeit dieses Merkmals jedoch erst durch die „normative Bedingung“[95], wonach Projekte mit begrenzten monetären Mitteln oder auch in einer möglichst kurzen Durchführungszeit abgeschlossen werden sollen. Folglich können inhaltliche oder zeitliche Planungsunsicherheiten die Einhaltung des vordefinierten Zeitrahmens beeinflussen.[96] Dies kann zu zeitlichen Engpässen und damit erhöhtem Arbeitsvolumen und ausgedehnten Arbeitszeiten führen. Gleichzeitig

---

[91] Vgl. Dülfer, E. (1982), S. 7 ff.
[92] Vgl. Dittberner, H. (1998), S. 90.
[93] Vgl. Litke, H.-D. (2007), S. 55.
[94] Vgl. Pinkenburg, H. F. W. (1980), S. 108.
[95] Dülfer, E. (1982), S. 10.
[96] Vgl. Dülfer, E. (1982), S. 9 f.

stellt es besondere Anforderungen an die Motivation der Beteiligten. Eine weitere Herausforderung liegt in der Disposition von Ressourcen zu einem zeitlich befristeten Vorhaben. In Abhängigkeit von der Projektorganisation ergibt sich hieraus mitunter die Notwendigkeit, die Ressourcen neu in der Organisation zu platzieren.[97]

5. Ressourcenbegrenzung

Weiterhin ist die Ressourcenbegrenzung als Projektmerkmal zu nennen. Sie zielt in der Literatur vornehmlich auf die Begrenzung finanzieller Ressourcen in Form eines Projektbudgets ab. Analog zu den oben genannten zeitlichen Restriktionen von Projekten erfolgt damit auch eine Beschränkung des Handlungs- und Entscheidungsspielraums aufgrund budgetärer Beschränkungen.[98] Dieses Merkmal sollte nach Pinkenburg (1980) jedoch nicht nur auf den monetären Aspekt beschränkt werden, da für Projekte spezifische fachliche Ressourcen benötigt werden, die u. U. aufgrund der Neuartigkeit der Projektaufgabe nur in eingeschränkter Form zur Verfügung stehen.[99] Hieraus ergibt sich die Herausforderung, dass Mitarbeiter nicht im notwendigen Umfang zur Verfügung stehen bzw. mit anderen Tätigkeiten in der Linienorganisation betraut sind. Dies kann in der Folge zu zeitlichen Verzögerungen, steigenden Kosten oder auch Auswirkungen auf die Qualität des Liefergegenstandes führen.[100]

Neben diesen Merkmalen von Projekten aus DIN-Norm werden in der Literatur weitere Merkmale genannt.

6. Interdisziplinarität und Komplexität

Aufgrund der Aufgabenstellung, die vielfach verschiedene Qualifikationen und die Mithilfe aus unterschiedlichen Fachbereichen erfordert, hat Projektarbeit häufig einen interdisziplinären Charakter.[101] Aus der interdisziplinären Zusammenarbeit ergeben sich ein erhöhter Kommunikations- und Koordinationsaufwand sowie komplizierte Entscheidungsprozesse, die im Unternehmen gesteuert werden müssen.[102] Komplexität als Merkmal von Projekten wird in der Literatur von mehreren Autoren hervorgehoben.[103] Diese Komplexität ergibt sich zum einen auf-

97 Vgl. Bea, F. X. et al. (2011), S. 33.
98 Vgl. Dittberner, H. (1998), S. 92.
99 Vgl. Pinkenburg, H. F. W. (1980), S. 109 f.
100 Vgl. Litke, H.-D. (2007), S. 56.
101 Vgl. Patzak, G./Rattay, G. (2014), S. 20.
102 Vgl. Schulte-Zurhausen, M. (2014), S. 438.
103 Vgl. Patzak, G./Rattay, G. (2014), S. 20; Bea, F. X. et al. (2011), S. 34; Gareis, R. (2006), S. 59; Rinza, P. (1994), S. 9 ff.

grund der bereichsübergreifenden Zusammenarbeit im Projekt.[104] Zum anderen haben die Abhängigkeiten zwischen den unterschiedlichen Teilaufgaben hierauf Auswirkungen.[105] Da sowohl Projektinhalte als auch Abhängigkeiten Änderungen unterworfen sein können, sind Projekte nur eingeschränkt überschaubar.[106] Allerdings muss angemerkt werden, dass der Komplexitätsbegriff in der Literatur auch umstritten ist, da er sich nur schwer operationalisieren lässt.[107]

Die aufgezeigten Merkmale und damit einhergehenden Herausforderungen in der Projektarbeit vermitteln einen ersten Eindruck zu den verschiedenen Facetten von Projekten als Arbeits- und Organisationsform. Sie verdeutlichen, dass Projekte in Abhängigkeit zu ihrem Umfeld stehen. So sind Erwartungen der Stakeholder[108] an das Projekt ebenso wie Restriktionen und Vorgaben in Form von Zeit- und Kostenbeschränkungen zu berücksichtigen.

2.1.2.2 Herausforderungen auf Basis der Erkenntnisse der Erfolgsfaktorenforschung

Eine weitere Konkretisierung der Herausforderungen der Projektarbeit in Unternehmen kann über Untersuchungen der Erfolgsfaktoren[109] in Projekten erfolgen. Die Forschung nach relevanten Einflussgrößen auf den Projekterfolg hat eine lange Tradition und reicht in die 1970er-Jahre zurück.[110] Das zentrale Anliegen der empirischen Erfolgsfaktorenforschung kann dabei in der Identifikation von wesentlichen und zugleich verallgemeinerbaren Einflussfaktoren auf den Projekterfolg gesehen werden.[111] Nachfolgend sollen zentrale Erfolgsfaktoren sowohl breit angelegter als auch aktueller Erfolgsfaktorstudien dargestellt werden. Ziel ist es, hierdurch kritische Bereiche der Projektarbeit aus dem empirischen Forschungsstand zu identifizieren.

Als eine der ersten Arbeiten können die Ergebnisse von Murphy et al. (1974) sowie von Pinto/Slevin (1988) genannt werden. In der deutschsprachigen Erfolgsfaktorenforschung gehören die Arbeiten von Knöpfel et al. (1992) sowie Lechler (1997) zu den häufig zitierten und

---

104 Vgl. Dülfer, E. (1982), S. 13 f.
105 Vgl. Bea, F. X. et al. (2011), S. 34.
106 Vgl. Patzak, G./Rattay, G. (2014), S. 20.
107 Vgl. Schelle, H. (1989), S. 7.
108 Hierunter werden interessierte Parteien, d. h. Projektbetroffene und -beteiligte, verstanden (vgl. Motzel, E. (2010), S. 220 (Stichwort: Stakeholder)).
109 Vgl. Daum, A. (1993), S. 104. Der Autor zeigt auf, dass unterschiedliche Synonyme für den Begriff Erfolgsfaktor verwendet werden.
110 Eine sehr umfassende Studienübersicht liefert Lechler, T. (1997), S. 57 ff.
111 Vgl. Lechler, T. (2005), S. 504 f. Einen Überblick zu inhaltlichen und methodischen Kritikpunkten dieser Forschungsrichtung liefern auch Dömötör, R. (2011), S. 55 ff.; Nicolai, A. /Kieser, A. (2002).

umfassenden Untersuchungen. Auch die Projektmanagement-Verbände setzen sich intensiv mit der Erforschung von Erfolgsfaktoren in Projekten auseinander. Die Kooperationsstudien von Engel et al. (2008)[112] sowie von Komus et al. (2015) können hierunter gezählt werden. Tabelle 2 fasst die zentralen Erfolgsfaktoren aus den betrachteten Studien zusammen.

Trotz der unterschiedlichen Zielrichtungen sowie Erhebungs- und Auswertungsmethoden der Studien können aus dem Vergleich Tendenzen herausgearbeitet werden. Auffällig sind die deutlichen Parallelen zu den Projektmanagement-Funktionen, wie beispielsweise Planung, Steuerung, Überwachung. Darüber hinaus zeigen sich auch Erfolgsfaktoren, die sich aus dem Projektkontext ergeben. Insbesondere ist hierbei das Projektziel hervorzuheben, das in allen Studien als Erfolgsfaktor aufgeführt wird, sowie die Unterstützung durch das Top-Management im Unternehmen. Ein weiterer Schwerpunkt liegt im Projektpersonal. Zentrale Aspekte hierbei sind die ausreichende Anzahl, die entsprechende Qualifikation und Erfahrung, die Motivation und das Teamwork. Die Studienergebnisse zeigen weiterhin auf, dass eine übergreifende Betrachtung des Projektmanagements auch mit Blick auf die Unternehmensprozesse von Bedeutung ist. Dies unterstreicht auch die Studie von Becker et al. (2008), wonach insbesondere die übergeordnete Projektpriorisierung bzw. Portfolio-Entscheidungen, Planung und Steuerung von Projektressourcen sowie die Sicherstellung strukturierter Vorgehensweisen/Einführung von Standards und die Einhaltung von Termin- und Zeitvorgaben in vielen Unternehmen als Herausforderung wahrgenommen werden.[113]

Zusammenfassend kann festgehalten werden, dass die aus den Merkmalen von Projekten sowie den Erkenntnissen der Erfolgsfaktorenforschung herausgearbeiteten Faktoren eine Vielzahl unterschiedlicher Bereiche offenlegen, aus denen Herausforderungen für die Projektumsetzung erwachsen können. Die Beschreibungen lassen auch den Schluss zu, dass die aufgezeigten Faktoren nicht isoliert voneinander betrachtet werden können, sondern sich in einem komplexen und vielschichtigen System gegenseitig beeinflussen. Der Einsatz von projektförmigen Arbeits- und Organisationsstrukturen ist folglich mit Risiken für das Unternehmen verbunden.

---

112 Die Studie vergleicht Faktoren von erfolgreichen und gescheiterten Projekten. Die Ergebnisse werden dahingehend interpretiert, dass diese Faktoren in gleicher Weise den Projekterfolg beeinflussen und folglich vermieden bzw. gefördert werden sollten.

113 Vgl. Becker, W. et al. (2008), S. 23.

Tabelle 2: Erfolgsfaktoren in Projekten

Murphy et al. (1974)[119]	**Pinto/Slevin (1988)**[118]	**Knöpfel et al. (1992)**[117]	**Lechler (1997)**[116]	**Engel et al. (2008)**[115]	**Komus et al (2015)** [114]
- „Goal commitment of project team. - Accurate initial cost e-stimates. - Adequate project team capability. - Adequate funding to completion. - Adequate planning and control techniques. - Minimal start-up diffi-culties. - Task (vs. social) orien-tation. - Absence of bu-reacracy. - On-site project man-ager. - Clearly established success criteria."	- Project Mission - Top Management Sup-port - Project Schedule and Plan - Client Consultation - Personnel - Technical Tasks - Client Acceptance - Monitoring and Feed-back - Communication - Trouble-shooting	- Koordination - Zieldefinition - Führungsprozesse - Technische Mittel - Planung und Entschei-dung - Controlling (Termine, Kosten, Leistung) - Engagement - Zieländerung - Ausmaß Verantwortung - Kommunikation	- Information/Kommuni-kation - Partizipation - Planung/Steuerung - Projektleiter - Projektteam - Top-Management - Zieländerung - Konflikte	- Qualifikation - Kommunikation - Anforderungen und Ziele - Projektplanung - PM-Erfahrung auf Lei-tungsebene - Ressourcen zum Pro-jektstart - Unterstützung des Top-Managements - PM-Methodik - Stakeholder Manage-ment - Politik, Bereichsegois-men, interne Kompe-tenzstreitigkeiten - Technische Anforderun-gen	- Konfliktmanagement - Organizational Change Management - Teammotivation - Projektaufbauorganisa-tion - Change Request Ma-nagement - Projektteamwork - Projekt-Controlling - Steuern/Entscheiden - Projektauftrag - Projektinitialisierung - Projektstruktur - Risikomanagement
N = ca. 650 Projekte, USA	N = 418 Projekte, USA	N = 424 Projektbetei-ligte, div. europ. Län-der+Japan	N = 448 Projekte/Pro-jektbeteiligte, DE	N = 79 Unternehmen aus unterschiedl. Branchen	N = 314 Personen, keine Länderangabe

Vor diesem Hintergrund hat sich schon früh das Projektmanagement als spezieller Ansatz für die Abwicklung von Projekten entwickelt.[120] Projektmanagement kann dabei als übergeordneter Begriff für „alle willensbildenden und durchsetzenden Aktivitäten im Zusammenhang mit der Abwicklung von Projekten“[121] verstanden werden. In der deutschsprachigen Projektmanagement-Literatur hat sich das Verständnis des Projektmanagements als Führungskonzept etabliert[122], nach dem projektspezifische Aufgaben ganzheitlich und zentral geplant und durchgeführt werden.[123] Dabei werden in der Literatur unterschiedliche Ziele und Nutzenaspekte mit Projektmanagement in Verbindung gebracht.[124] Hierzu zählen beispielsweise methodisches und transparentes Vorgehen, Ergebnisorientierung (i. S. v. Projektergebnis, Terminen, Kosten, Produktivität), Ansprechpartner, aber auch die Schaffung einer zentralen Stelle. Projektmanagement wird somit nicht nur als Instrument zur systematischen Planung, Durchführung und Kontrolle von Projekten verstanden, sondern auch als Mittel zur effektiven und effizienten Unternehmensführung und -steuerung. Eine besondere Stellung wird hierbei dem Projektleiter zugesprochen, auf den im nächsten Abschnitt näher eingegangen wird.

114 Vgl. Komus, A. et al. (2015), S. 32. Insgesamt wurden 15 Kategorien untersucht. Die Übersicht zeigt lediglich die Faktoren mit hoher Effektenstärke auf den Projekterfolg.

115 Vgl. Engel, C. et al. (2008), S. 8.

116 Vgl. Lechler, T. (1997), S. 273 ff. Dargestellt sind die im erweiterten Prozess-Modell verwendeten Erfolgsfaktoren, die die Varianz des Projekterfolges zu 59 Prozent erklären.

117 Vgl. Knöpfel, H. et al. (1992), S. 11. Dargestellt sind häufige Problemfelder.

118 Vgl. Pinto, J. K./Slevin, D. P. (1988), S. 67. Die Faktoren werden weiter spezifiziert in: Project Mission: klare Projektziele; Top-Management Support: Unterstützung des Top-Managements in Form von Ressourcen, Autorität und Einflussnahme; Project Schedule and Plan: Detaillierte Projektplanung; Client Consultation: Kommunikation und Beratung mit allen Stakeholdern; Personel: Rekrutierung, Auswahl und Training des Projektpersonals; Technical Tasks: Verfügbarkeit von erforderlichen Technologien und notwendigem Wissen; Client Acceptance: Akzeptanz der Nutzer bzgl. des Projektergebnisses; Monitoring und Feedback: Kontinuierliche Projektüberwachung; Communication: Informationsbereitstellung an relevante Projektbeteiligte; Troubleshooting: Fähigkeit, auf Unerwartetes reagieren zu können.

119 Vgl. Baker, B. N. et al. (1988), S. 905. Die verwendete Quelle referenziert auf den vollständigen Report aus dem Jahr 1974.

120 Vgl. Casutt, C. (2005), S. 7. Der Autor betont, dass der Ursprung des modernen Projektmanagements eng mit den militärischen Aktivitäten in den 1940er-Jahren in den USA verknüpft ist. Insbesondere in der Luftfahrt- und Rüstungsindustrie kam es in den darauffolgenden Jahren zum Einsatz (vgl. Kerzner, H. (2013), S. 48 f.).

121 Haberfellner, R. (1992), Sp. 2091.

122 Vgl. Bea, F. X. et al. (2011), S. 7 ff.; Burghardt, M. (2012), S. 12; Zielasek, G. (1999), S. 9; Pinkenburg, H. F. W. (1980), S. 163 ff.

123 Vgl. Burghardt, M. (2012), S. 12.

124 Vgl. Patzak, G./Rattay, G. (2014), S. 32; Litke, H.-D. (2007), S. 18; Kraus, G./Westermann, K. (2014), S. 13; Gareis, R. (2006), S. 42; Casutt, C. (2005), S. 6; Rinza, P. (1994), S. 169 ff.; Schröder, H. J. (1970), S. 105 ff.; Kerzner, H. (2013), S. 3 f.

2.1.3 Projektleiter als Schlüsselfaktor

Der Rolle des Projektleiters wird in der Literatur eine hohe Bedeutung beigemessen.[125] Im Rahmenwerk des PMI (2008) heißt es: „The project manager is a lead person responsible for communicating with all stakeholders [...]. The project manager occupies the center of the interactions between stakeholders and the project itself."[126]

Als wesentlicher Projekterfolgsfaktor wurde der Projektleiter in der Projektmanagement-Literatur erst langsam durch Untersuchungen der Erfolgsfaktorenforschung seit den 1980er-Jahren erkannt. Dies ist insofern überraschend, als dass insbesondere Kompetenzen und Führungsstile von Führungskräften in der allgemeinen Management-Literatur als deutliche Einflussfaktoren auf die Leistungsfähigkeit von Organisationen hervorgehoben werden.[127]

Auf eine genauere Einordnung und Analyse des Projektleiters sowie die damit verbundenen Aufgaben, Herausforderungen und Arbeitsbedingungen soll in den beiden nächsten Abschnitten eingegangen werden.

2.1.3.1 Definition und Rolle des Projektleiters

Allgemein wird unter einem Projektleiter[128] die „für die Projektleitung verantwortliche Person"[129] verstanden. Er übernimmt damit eine Leitungsfunktion innerhalb des Projektes, die sich von der Entscheidungsfunktion (Auftraggeber) sowie der Ausführungsfunktion (Projektteams, Stakeholder) abgrenzt.[130] Dabei umfasst die Projektleitung und -führung sowohl das sachbezogene Management des Projektes im betriebswirtschaftlichen Sinne, d. h. die Ausrichtung aller

125 Vgl. Litke, H.-D. (2007), S. 164; Kremer, R. (2005), S. 113; Meredith, J. R./Mantel, S. J. (2012), S. 101; Vetter, H. (2013), S. 240; Vetter, R./Wiesenbauer, L. (1992), S. 43.

126 PMI (2008), S. 26.

127 Vgl. Turner, J. R. /Müller, R. (2005), S. 59.

128 In der Literatur wird teilweise zwischen den Rollen und Aufgaben der Projektleitung und des Projektleiters unterschieden. Mit der Sichtweise, dass die Leitung eines Projektes sinnvollerweise und meist bei einer Person liegen sollte bzw. liegt, werden die Begriffe Projektleitung und Projektleiter im weiteren Verlauf der Arbeit auf die Rolle des Projektleiters bezogen.

129 Motzel, E. (2010), S. 169.

130 Vgl. Schulte-Zurhausen, M. (2014), S. 447. Zwar betont der Leitungsbegriff den stärkeren Sachbezug im Vergleich zum Führungsbegriff, der stärker den Bezug zur Menschenführung herausstellt. Dennoch sind Leitung und Führung über die Führungsbeziehung zwischen Vorgesetztem und Mitarbeiter verknüpft, da hierbei sowohl personenbezogene als auch sachbezogene Aspekte der Beziehung zum Tragen kommen (vgl. Schulte-Zurhausen, M. (2014), S. 219). Hentze et al. sehen in den Begriffen einen fließenden Übergang, der in der Praxis kaum stringent durchgehalten werden kann (vgl. Hentze, J. et al. (2005), S. 12). Vor diesem Hintergrund werden die Begriffe im Weiteren synonym verstanden und verwendet.

Aktivitäten auf das Projektziel unter Berücksichtigung der vorgegebenen Zeit- und Kostenziele, als auch die operative Leitung und Führung der Mitarbeiter im Projekt.[131] Im Vergleich zur Führung in der Linienorganisation werden in der Projektleitung aufgrund der Merkmale von Projekten wesentliche Unterschiede hervorgehoben. So bestehen die Projektführung sowie die Projektorganisation nur für den Zeitraum des Projektes. Zudem ergeben sich aufgrund der interdisziplinären und funktionsübergreifenden Zusammenarbeit Abhängigkeiten zu unterschiedlichen Linienstellen. Das Weisungsrecht sowie der Zugriff auf Ressourcen sind somit vielfach eingeschränkter.[132] Darüber hinaus bestehen stärkere Unklarheiten, Unbestimmtheiten und Unsicherheiten im Projektkontext, die in der Führung der Teammitglieder berücksichtigt werden müssen.[133]

Zur Beschreibung von Stellen, Positionen und Funktionen in Projekten wird in der praxisnahen Projektmanagementliteratur[134] sowie von Projektmanagement-Verbänden[135] auf die Definition von Rollen zurückgegriffen anstelle des aus der Organisationslehre häufig verwendeten Begriffs „Funktion". Der Rollenbegriff hat seinen Ursprung in der Rollentheorie, die sich mit den Erwartungen zwischen einem Individuum und den sozialen Systemen beschäftigt.[136]

Unter einer Rolle wird die Gesamtheit „der Erwartungen verstanden, die an eine Person als Inhaberin einer Position gerichtet werden."[137] Rollen in Organisationen unterscheiden sich von anderen sozialen Systemen durch den Grad der Formalisierung und Strukturierung, durch ihre meist stärkere hierarchische Einbettung sowie durch ihre Spezialisierung und Abgrenzung zu anderen Rollen.[138] Der Nutzen des Rollenkonzepts im Projektmanagement liegt neben der Unterstützung für die Gestaltung der eigenen Rolle auch in der Klärung von Erwartungen an Projektbeteiligte bzw. von Projektbeteiligten sowie der Abstraktion von der Person.[139]

---

131 Vgl. Kuster, J. et al. (2011), S. 212.
132 Vgl. Kuster, J. et al. (2011), S. 212.
133 Vgl. Rattay, G. (2007), S. 16.
134 Vgl. Jenny, B. (2014), S. 75 ff.; Kremer, R. (2005), 101 ff.; Kuster, J. et al. (2011), S. 249 f.
135 Vgl. PMI (2013a); GPM (2014).
136 Vgl. Spieß, E./Rosenstiel, L. v. (2010), S. 4.
137 Neuberger, O. (2002), S. 314.
138 Vgl. Berthel, J./Becker, F. G. (2013), S. 137.
139 Vgl. Vetter, H. (2013), S. 238. Darüber hinaus nennt der Autor noch die Unterstützung des systemischen Verständnisses von Projektmanagement. Die Förderung des Verständnisses, dass Personen mehrere Rollen in einem Projekt oder auch projektübergreifend innehaben können, wird von Patzak/Ratty hervorgehoben (vgl. Patzak, G./Rattay, G. (2014), S. 144 ff.).

Der Projektleiter ist in der Ausübung seiner Leitungsfunktion Bestandteil der Projektorganisation.[140] Er übernimmt sowohl eine institutionelle, d. h. formale Rolle innerhalb der Projektorganisation als auch eine funktionale Rolle i. S. d. operativen Ausübung der Projektleitung. In der formalen Rolle übernimmt er die Projektleitung. Sein Handlungsspielraum ist durch die Übertragung von Weisungs- und Entscheidungsbefugnissen sowie die Wahl der Organisationsform bestimmt. Dieser Sichtweise folgend, formuliert das PMI (2013a): „The project manager is the person assigned by the performing organization to lead the team that is responsible for achieving the project objectives. The role of a project manager is distinct from a functional manager or operations manager"[141] Neben der Rolle des Projektleiters bestehen in der Projektorganisation grundsätzlich weitere Rollen[142], mit denen der Projektleiter in der Projektorganisation in Verbindung steht und die projektindividuell installiert werden können. Abbildung 2 zeigt die Hauptrollen der Projektorganisation, wie sie prinzipiell vorhanden sein können.[143]

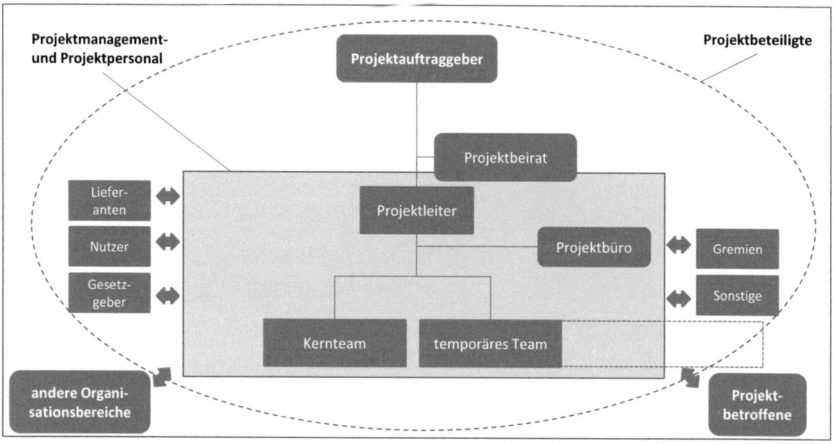

Abbildung 2: Projektorganisation als Prinzipdarstellung (In Anlehnung an Pannenbäcker, O. (2001), S. 56.))

Der Projektleiter bildet zusammen mit den Projektmitarbeitern das Projektteam. Die Projektmitarbeiter sind für die operativen Aufgaben im Projekt zuständig und können sowohl interne

140 Vgl. Bea, F. X. et al. (2011), S. 53 ff.; Schulte-Zurhausen, M. (2014), S. 447 ff.; Burghardt, M. (2012), S. 102 ff.

141 PMI (2013a), Kapitel 1.7.

142 Vgl. Patzak, G./Rattay, G. (2014), S. 146. Die Autoren nennen u. a. interne Projektauftraggeber, Projektlenkungsausschuss, Projektcontroller, Projektteam; Keßler, H./Winkelrhofer, G. A. (2004), S. 146., die insgesamt 14 formale Rollen aufführen.

143 Vergleichbare Übersichten finden sich u. a. bei Jenny, B. (2014), 76; Pfetzing, K./Rohde, A. (2011), S. 49.

als auch externe Mitarbeiter sein.[144] In Abhängigkeit von Komplexität und Notwendigkeit können das Projektbüro sowie Fachgremien ebenfalls zum Projektteam gezählt werden.[145] Der Projektbeirat[146] stellt die Verbindung zwischen dem Projektteam und dem Auftraggeber her. Darüber hinaus interagiert das Projektpersonal mit einer Reihe von internen und externen Betroffenen und Involvierten. Es ergibt sich somit ein vielschichtiges und vernetztes Zusammenwirken unterschiedlicher Akteure, aus dem sich wesentliche Einflussgrößen für die Rahmenbedingungen des Projekts und der Projektarbeit ergeben.

Die funktionale Rolle des Projektleiters kann weiter differenziert werden.[147] In der Literatur finden sich unterschiedliche Systematisierungen funktionaler Rollen.[148] Die Gliederung nach Keßler/Winkelhofer (2004) unterscheidet 14 funktionale Rollen des Projektleiters (siehe Tabelle 3). Neben der Vielzahl möglicher Rollen wird auch deutlich, dass der Projektleiter situativ unterschiedliche Rollen innehaben kann[149].

Nr.	Rolle	Funktion im Projektmanagement
01.	Leiter	Sicherstellung von Zuständig- /Verantwortlichkeiten, Aufgabenerledigung
02.	Manager, Organisator	Ressourcensteuerung
03.	Koordinator	Zusammenführung von Partnern
04.	Mediator, Übersetzer	Vermittlung zwischen den Kulturen
05.	Moderator	Ausgleich von Interessen
06.	Methodiker	Vorgabe der genutzten Methoden und Verfahren
07.	Konfliktmanager	Konfliktführung
08.	Stratege, Mikropolitiker	Management von Widerständen im Projekt
09.	Kontrolleur	Überprüfung der Aktivitäten und Leistung
10.	Prozessmanager	Sicherstellung des Projektablaufs (Logik)
11.	Beziehungsmanager	Kontakte zu Schlüsselpersonen sicherstellen
12.	Krisenmanager	Führung aus Krisensituationen
13.	Führungskraft	Mitarbeitereinsatz und Führung
14.	Aufklärer	Erzeugung von Transparenz

Tabelle 3: Funktionale Rollen des Projektleiters (Vgl. Keßler, H./Winkelhofer, G. (2004), S. 145.)

Hierbei zeigen sich Überschneidungen zu allgemeineren Rollenmodellen aus der Management-Forschung.[150] Als ein zentrales und häufig zitiertes Modell kann das Rollenmodell nach Mintz-

144 Vgl. Kremer, R. (2005), S. 101.

145 Vgl. Jenny, B. (2014), S. 82.

146 Häufig auch als Projektsteuerungsgremium, Lenkungsausschuss oder Steering Comittee bezeichnet.

147 Die Differenzierung unterschiedlicher Führungsrollen ist ein wesentlicher Bereich in der Rollenforschung (vgl. Wunderer, R. (1996), S. 159.)

148 Vgl. Keßler, H./Winkelhofer, G. A. (2004), S. 145; Kraus, G./Westermann, K. (2014), S. 160 ff.; Casutt, C. (2005), S. 22; Böck, R./Reiff, G. (2003), S. 168.

149 Vgl. Keßler, H./Winkelhofer, G. A. (2004), S. 144; Vetter, H. (2013), S. 241.

150 Vgl. Mintzberg, H. (1973), S. 92 f.; Staehle, W. H. (1991), der 24 Managementrollen untergliedert in institutions-, funktions-, personen- und interaktionsorientierte Rollen; Javidan, M./Dastmalchian, A. (1993), die

berg (1973) angeführt werden.[151] In seinen Studien identifizierte er auf Basis von Beobachtungen insgesamt zehn allgemeingültige Rollen, die mit einer Führungskraft in Verbindung gebracht werden.[152] Eine Überführung dieser Rollen in die Management-Funktionen zeigen verschiedene Autoren auf.[153] In der funktionalen Betrachtung zeigt sich neben der betriebswirtschaftlichen Funktionserfüllung auch die Verbindung der Führungskraft in ihrem sozialen Gefüge.[154] So spiegelt sich die Führungsfunktion beispielsweise in den Rollen Repräsentant, Führer, Informationsverteiler, Sprecher, Krisenmanager oder auch Verhandlungsführer wider. Die Organisationsfunktion kann in den Rollen Führer, Koordinator, Unternehmer oder auch Ressourcenverteiler gesehen werden.[155]

Insgesamt zeigt sich, dass der Projektleiter in seiner Rolle sowohl eine nach innen als auch nach außen gerichtete Funktion wahrnimmt. Während ersteres auf die zielgerichtete Planung, Durchführung und Kontrolle der Projektaktivitäten abzielt, verfolgt die nach außen gerichtete Funktion das Ziel der Berücksichtigung externer Anforderungen sowie deren angemessener Einbindung.

2.1.3.2 Aufgaben und Herausforderungen des Projektleiters

Während im Kapitel 2.1.2 die Merkmale und Herausforderungen von Projekten auf der Ebene der Organisation, d. h. des Unternehmens, beleuchtet wurden, widmet sich der folgende Abschnitt der individuellen Ebene mit Blick auf den Projektleiter.

Zur Annäherung an die Herausforderungen von Projektleitern erscheint es zweckmäßig, zunächst die damit verbundenen Aufgaben näher zu beleuchten. In der Literatur werden unterschiedliche Aufgabenschwerpunkte herausgestellt. Neben der Abwicklung des Projektes auf operativer Ebene[156] gehören zu den Kernaufgaben auch „das Erreichen des definierten Projekt-

fünf Rollen (Mobilizer, Ambassador, Driver, Auditor, Servant) identifizierten.; Quinn, R. (1988), S. 48. zitiert in Quinn, R. E. et al. (1996), S. 16., der acht Managerrollen (Innovator, Broker, Producer, Director, Coordinator, Monitor, Facilitator, Mentor) unterscheidet.

151 Vgl. Staehle, W. H. (1991), S. 14 ff.; Neuberger, O. (2002), S. 326 ff.

152 Die Ergebnisse von Mintzberg wurden in Nachfolgestudien in Deutschland bestätigt (vgl. Studie von Schreyögg, G. /Hübl, G. (1992), S. 88 ff.).

153 Vgl. Koontz, H. (1980), S. 181; Fleps, J. G./Büser, T. (2006), S. 16; Steinmann, H. et al. (2013), S. 21.

154 Vgl. Fleps, J. G./Büser, T. (2006), S. 17.

155 Vgl. Fleps, J. G./Büser, T. (2006), S. 17.

156 Vgl. Kuster, J. et al. (2011), S. 102; Jenny, B. (2014), S. 80.

ziels unter Einhaltung des Kosten- und Terminrahmens bei voller Erfüllung des geforderten Leistungsumfangs und der geforderten Qualität“ [157].[158]

Die beschriebenen Aufgaben des Projektleiters als Verantwortlicher für die Leitung, d. h. das Management eines Projektes können den Projektmanagement-Funktionen zugeordnet werden. Diese werden in der Literatur vergleichbar zu den allgemein gültigen Managementfunktionen dargestellt.[159] Dabei zeigen sich unterschiedliche Detailtiefen in der Darstellung der Teilfunktionen.[160] Eine detaillierte Unterteilung der Funktionen nehmen Patzak/Rattay (2014) vor. Die Autoren untergliedern die Managementaufgaben in die Aufgaben: (1.) Planung, (2.) Organisation, Kommunikation, Koordination, (3.) Führung, (4.) Steuerung, Controlling.[161]

Übergreifend ist zu konstatieren, dass im Unterschied zu den klassischen Managementfunktionen die Funktion der Personalausstattung bzw. des Personaleinsatzes fehlt. Begründet wird dies durch den Verbleib der Entscheidungsbefugnis in der Linienorganisation.[162] Darüber hinaus stellen die dargestellten Aufgabenbeschreibungen den Projektleiter als klaren Verantwortlichen für die Erreichung der Projektziele, d. h. der Sach- und Formalziele, dar. Hieraus kann abgeleitet werden, dass der Projektleiter einen Beitrag zu den übergeordneten Aufgaben des Projektmanagements leistet. Diese sind sowohl effektivitäts- als auch effizienzorientiert und zielen darauf ab, die Unternehmensentwicklung in gewünschter Form zu unterstützen und zur Wertsteigerung des Unternehmens beizutragen.[163]

Eine weitere Konkretisierung der Aufgaben des Projektleiters kann über die konkreten Tätigkeitsbeschreibungen erfolgen. Auch hier können in der Literatur zahlreiche listenartige Übersichten identifiziert werden.[164] Auf eine tiefergehende Darstellung unterschiedlicher Übersichten soll an dieser Stelle verzichtet werden. Tabelle 4 fasst zentrale Aufgaben aus den Aufgaben-

157 Burghardt, M. (2012), S. 119.
158 Die Zielerreichung unter Einhaltung der Rahmenbedingungen (Zeit, Kosten, Qualität) wird auch hervorgehoben von: Schelle, H. et al. (2008), S. 320; Bea, F. X. et al. (2011), S. 56.
159 Vgl. Patzak, G./Rattay, G. (2014), S. 24; Kerzner, H. (2013), S. 5. Die klassischen Managementfunktionen lauten: (1) Planung, (2) Organisation, (3) Personaleinsatz, (4) Führung, (5) Kontrolle (vgl. Steinmann, H. et al. (2013), S. 9f).
160 Vgl. Systematisierungsansätze von Bea, F. X. et al. (2011), S. 56; Rinza, P. (1994), S. 14; Litke, H.-D. (2007), S. 168.
161 Vgl. Patzak, G./Rattay, G. (2014), S. 24; ähnlich auch Zell, H. (2003), S. 59.
162 Vgl. Kerzner, H. (2013), S. 5.
163 Vgl. Bea, F. X. et al. (2011), S. 19.
164 Vgl. Litke, H.-D. (2007), S. 168 f.; Schelle, H. et. al (2008), S. 320; Patzak, G./Rattay, G. (2014), S. 155; Kuster, J. et al. (2011), S. 103; Burghardt, M. (2012), S. 119.

beschreibungen, die in der Literatur genannt werden, entlang der Projektmanagement-Funktionen nach Patzak/Rattay (2014) zusammen.

Funktionen des Projektmanagements[165]	Aufgaben des Projektleiters (Beispiele)
Planung	Projektziel/-auftrag definieren und festhalten; Machbarkeitsprüfung; Termine und Kosten sowie Projektablauf (Phasen, Meilensteine, Aufgaben) planen und regelmäßig aktualisieren; Risiken analysieren
Organisation, Kommunikation, Koordination	Zusammenstellung und Organisation des Projektteams; Koordination des Projektablaufs; Moderation der Projektsitzungen/-workshops; Berichtswesen und Dokumentation erstellen; Ressourcenbeschaffung; Schnittstellenmanagement (Umfeldmarketing, Projektmarketing) und Partner/-Lieferantenmanagement
Führung	Führung der Projektmitarbeiter; Teamentwicklung; Vorbereitung von Entscheidungen
Steuerung, Controlling	Überwachung der Termine; Kosten und des Projektfortschritts; bei Abweichungen Gegenmaßnahmen einleiten; Risiko- und Chancenmanagement; Wirtschaftlichkeitsbeurteilung

Tabelle 4: Aufgaben des Projektleiters (Vgl. Litke, H-D. (2007), S. 168 f.; Schelle, H. et al. (2008), S. 320; Patzak, G./Rattay, G. (2014), S. 155; Kuster, J. et al. (2011), S. 103; Burghardt, M. (2012), S. 119.)

Es zeigt sich, dass der Projektleiter mit diesen weitreichenden und umfassenden Aufgaben als „Unternehmer im Unternehmen“[166] betrachtet werden kann. Kritisch merken jedoch einige Autoren an, dass die Beschreibungen vielfach ein Idealbild zeichnen, das kaum von einer Person erfüllt werden kann.[167] Auffällig bei der Analyse der Aufgaben ist zudem die starke Betonung projektinterner Aufgaben wie des Führens von Mitarbeitern oder des Erstellens von Projektplänen. Aktivitäten, die sich nach außen richten, beispielsweise die Pflege von Netzwerken oder das Lieferantenmanagement, sind weniger vertreten. Eine weitere Schwäche kann zudem darin gesehen werden, dass die Auflistungen zum Teil den Eindruck eines linearen, checklistenartigen Abarbeitens vermuten lassen. Aus Untersuchungen dessen, was Manager jedoch tatsächlich im Arbeitsalltag tun, wird deutlich, dass der klassische, lineare Managementprozess zu kurz greift.[168]

Es bleibt damit festzuhalten, dass sich ein breites, damit aber auch wenig konkretes Spektrum möglicher anspruchsvoller Aufgaben ergibt, das aus Sicht von Projektleitern zu Herausforderungen führen könnte. Auch ergibt sich nur in Ansätzen ein genaues und gleichzeitig allgemeingültiges Aufgabenprofil für Projektleiter. Vielmehr konkretisieren sich die jeweiligen Aufgaben in Abhängigkeit vom jeweiligen Projekt und den damit verbundenen Umfeld- und Rahmen-

165 Vgl. Patzak, G./Rattay, G. (2014), S. 25.
166 Bea, F. X. et al. (2011), S. 56.
167 Vgl. Schelle, H. (2010), S. 67; Bea, F. X. et al. (2011), S. 57.
168 Vgl. Steinmann, H. et al. (2013), S. 22.

bedingungen. Übergeordnet nennt Kerzner (2013) folgende Faktoren, die in Einklang zu bringen sind, um als Projektleiter erfolgreich zu sein: „(1) the people to be managed, (2) the task to be done, (3) the tools available, (4) the organizational structure, and (5) the organizational environment, including the customer community“.[169]

Unter Berücksichtigung dieser Faktoren, der Aufgaben des Projektleiters sowie der zuvor dargestellten Projektmerkmale[170] kann aus der Literatur eine Reihe von Herausforderungen für die operative Leitung von Projekten abgeleitet werden. Die nachfolgende Auflistung stellt hierzu einige Aspekte heraus:[171]

- Ausbalancierung der Projektvorgaben aus dem magischen Dreieck[172]
- Umgang mit Planungsunsicherheiten (inhaltlich, personell, zeitlich)
- Zeitliche Gesamtplanung des Projektes
- Projektteamentwicklung innerhalb der Projektlaufzeit
- Teamführung und Teammotivation auf Zeit, bei wechselnden Projektbeteiligten und häufig ohne disziplinarische Befugnisse
- Ausbalancierung unterschiedlicher Projektmitarbeiter (Expertise, Erwartungshaltung etc.)
- Erwartungsmanagement in komplexen Stakeholder-Netzwerken
- Gewährleistung der Zusammenarbeit im Team
- Ergebnisorientierung unter Zeit- und Termindruck
- Führen in unterschiedlichen Hierarchieebenen
- Führen ohne ausreichende Weisungsbefugnis
- Häufig fragmentiertes Arbeiten

Die dargestellten Herausforderungen beziehen sich sowohl auf die aufgaben- als auch auf die mitarbeiterbezogene Führung. Zudem können sie sich aus der Führung des Projektumfeldes, d. h. der Projektstakeholder, ergeben. Die Aufgaben des Projektleiters werden somit im Span-

169 Kerzner, H. (2013), S. 178.
170 Vgl. Kapitel 2.1.2.1.
171 Vgl. Wastian, M. (2014), S. 391 ff.; Hinz, O. (2013), S. 18; Rattay, G. (2007), S. 15 ff.; Bohinc, T. (2012), S. 2 f.; Madauss, B. J. (2000), S. 17.
172 Die Faktoren Zeit, Kosten, Qualität/Leistung werden im Projektmanagement als das magische Dreieck bezeichnet, da hierüber die Abhängigkeiten zwischen typischen Projektmerkmalen (zeitlicher und finanzieller Begrenzung sowie festgelegter Zielvorgabe) zum Ausdruck kommen.

nungsfeld unterschiedlicher Anspruchsgruppen vollzogen, wobei der Projektleiter die Mittlerfunktion („Sandwichposition“[173]) einnimmt.

Die genannten Herausforderungen spiegeln sich auch in Studienergebnissen wider. So zeigt die Untersuchung von Posner (1987), dass insbesondere unzureichende Ressourcen, unrealistische Termine und unklare Projektziele zu Problemen in der Projektleitung führen.[174] Auch in der deutschen Onlinebefragung von Trobisch/Denisow (2010) zeigen sich die oben genannten Herausforderungen. Dort erwähnen Projektleiter, dass insbesondere der Umgang mit Unsicherheiten, Unklarheiten sowie Unverbindlichkeiten, die Klärung der Anforderungen und Ziele, die Ressourcenplanung ohne unmittelbaren Zugriff, die Aufrechterhaltung der Teamperformance über den Projektzeitraum sowie das Fehlen einer nachhaltigen Lessons Learned Kultur zu den größten Schwierigkeiten im Projektverlauf führen.[175]

Die vornehmlich psychologischen Konsequenzen der Projektarbeit, die letztlich das Arbeitsverhalten und das individuelle Erleben von Projekten beeinflussen, greifen Rosenstiel et al. (2012) auf. Die Autoren fassen aus Beschreibungen von Projektleitern Merkmale der Projektarbeit zusammen, die sie als informelle Merkmale von Projekten bezeichnen. Hierzu gehören u. a. der Umgang mit:[176]

- Widerständen und Ängsten (eigenen sowie denen anderer Personen)
- außerordentlichem Zeit-, Termin- und Kostendruck
- Unsicherheiten und ungeplanten Ereignissen/Veränderungen
- risiko-, konflikt- und krisenbehafteten Situationen
- begrenztem Zugriff auf Personen und Wissensressourcen
- projektinternen und -externen Personengruppen (in angemessener Form)
- eingeschränktem Zugriff auf strategisch wichtige Informationen und Strukturen.

173 Bohinc, T. (2012), S. 2.

174 Vgl. Posner, B. Z. (1987), S. 51. Darüber hinaus werden nachfolgende Probleme genannt: fehlendes Commitment der Teammitglieder, unzureichende Planung, unzureichende Kommunikation, Änderungen der Projektziele und Ressourcen sowie Konflikte mit der Stammorganisation. Die Gesamtbefragung belief sich auf 278 Personen.

175 Vgl. Trobisch, N./Denisow, K. (2010), S. 12. Die genannten Aspekte wurden von über 60 Prozent der Befragten genannt. Die quantitative Befragung umfasste 42 Projektleiter.

176 Vgl. Rosenstiel, L. v. et al. (2012), S. 12 f. Darüber hinaus nennen die Autoren den Umgang mit der Abhängigkeit von anderen Personengruppen (beteiligte/betroffene), mit limitierten Handlungs- und Entscheidungsspielräumen und mit der alleinigen Verantwortung für die Ergebnisse (auch finanziell).

Empirische Untersuchungen zur Wahrnehmung der Projektarbeit aus Sicht von Projektmitarbeitern unterstützen diese Merkmale.[177] Die skizzierten informellen Merkmale von Projekten verdeutlichen darüber hinaus, dass Projektleiter im Umgang mit Widersprüchen, d. h. Situationen, in denen divergierende Interessen aufeinandertreffen, konfrontiert sind. So sollen beispielsweise Projekte effizient abgewickelt werden, gleichzeitig aber auch die Projektergebnisse von allen Beteiligten angenommen werden. Für den Projektleiter ergeben sich hieraus Widersprüche in der Ausübung seiner Rolle, wie z. B. Dinge um- und durchzusetzen, aber gleichzeitig auch die Betroffenen einzubinden, schnelle Entscheidungen und Abläufe zu forcieren, gleichzeitig aber auch eine übergreifende Abstimmung und Information der Beteiligten zu gewährleisten.[178] Neben diesen Intrarollenkonflikten können darüber hinaus Interrollenkonflikte entstehen, d. h. Konflikte zwischen verschiedenen Projektrollen, wenn beispielsweise Aufgaben und Verantwortlichkeiten zwischen den Rollenträgern nicht eindeutig kommuniziert werden.[179]

2.1.4 Kompetenzen des Projektleiters

Aufgrund der Besonderheiten und Merkmale von Projekten, wie sie in den vorherigen Kapiteln beschrieben wurden, ergibt sich für den Projektleiter die Notwendigkeit, situationsübergreifend handlungsfähig zu sein.

Ziel dieses Kapitels ist es, den Kompetenzbegriff zu schärfen sowie bestehende Kompetenzverständnisse und deren Systematisierung darzulegen und zu analysieren. Darüber hinaus soll eine genaue Betrachtung von relevanten Kompetenzen für Projektleiter aus Sicht von Projektmanagement-Verbänden, von konzeptionellen Arbeiten von Experten im Bereich Projektmanagement sowie von empirischen Forschungsarbeiten erfolgen. Hierdurch sollen einerseits Ansatzpunkte für die Kategorisierung relevanter Kompetenzen für den weiteren Verlauf der Forschungsarbeit abgeleitet werden. Andererseits können erste Erkenntnisse zu den notwendigen Kompetenzen für Projektleiter herausgearbeitet werden. In Abgrenzung zu den empirischen Arbeiten werden in den konzeptionellen Veröffentlichungen von Experten allgemein notwen-

177 Mit der Wahrnehmung und Wirkung der Projektarbeit auf Projektleiter und -mitarbeiter haben sich in der Vergangenheit einige Studien auseinandergesetzt. Hierzu gehören u. a. Reichhart, T./Müller-Ettrich, R. (2014), die sich mit der Burn-out Gefährdung auseinandersetzen; Zika-Viktorsson, A. et al. (2006), die sich mit der Überlastung (Overload) beschäftigen; Gällstedt, M. (2003), die die Arbeitsbedingungen von Projektleitern untersucht; Aitken, A./Crawford, L. (2007), die Strategien zur Stressbewältigung analysieren.

178 Vgl. Rattay, G. (2007), S. 227 ff.

179 Vgl. Keßler, H./Winkelhofer, G. A. (2004), S. 145 ff. Die Autoren führen eine Reihe typischer Rollenkonflikte auf.

dige Kompetenzen von Projektleitern dargelegt, diese jedoch nicht nachvollziehbar empirisch begründet.[180]

2.1.4.1 Definition und Einordnung des Kompetenzbegriffs

Bei der wissenschaftlichen Betrachtung des Kompetenzbegriffs ist dieser zugänglich für unterschiedliche Wissenschaftsdisziplinen, wie beispielsweise die Soziologie, die Psychologie sowie die Arbeits- und Berufspädagogik.[181]

Der Ursprung der Kompetenzforschung in Deutschland liegt in der Berufs- und Bildungsforschung der 1970er- und 1980er-Jahre. In den Diskurs aufgenommen wurde der Kompetenzbegriff insbesondere vor dem Hintergrund der veränderten Anforderungen in der Arbeitswelt und der damit einhergehenden kritischen Reflexion der Relevanz von Qualifikationen. Das in den 1990er Jahren durch das Bundesministerium für Bildung und Forschung initiierte Projekt QUEM (Qualifikations-Entwicklungs-Management) intensivierte die Bemühungen durch ein umfangreiches Forschungsprogramm. Durch die Zusammenführung der unterschiedlichen Fachdisziplinen wurden u. a. theoretische Studien und Ansätze zur beruflichen Kompetenzentwicklung erarbeitet.[182] Die hieraus entstandenen Definitionen und Beschreibungen haben das Kompetenzverständnis in Deutschland stark geprägt.

In der deutschen Diskussion um den Kompetenzbegriff wird die Selbstorganisation als zentrales Merkmal der Kompetenz hervorgehoben.[183] Gemeint ist damit, „daß das Individuum selbst Ziele setzt, Pläne und Strategien zu ihrer Verwirklichung erprobt und aus dabei entstehenden Erfahrungen lernt".[184] Kompetenzen werden als Dispositionen, d. h. Fähigkeiten, Bereitschaften und Anlagen, verstanden, selbstorganisiert zu handeln.[185] Selbstorganisierte Handlungen bedingen insbesondere kognitive, physische, kommunikative und reflexive Handlungen.[186] Kompetenzen sind somit Selbstorganisationsdispositionen[187], die „von Wissen im engeren Sin-

180 Die Abgrenzung zwischen Expertenveröffentlichungen und empirischen Arbeiten nimmt auch Keim, G. (1997) unter Bezugnahme auf Pettersen, N. (1991b) vor (vgl. Keim, G. (1997), S. 25).

181 Vgl. Becker, M. (2008), S. 38 ff.

182 Vgl. ABWF (2004).

183 Vgl. Bergmann, B. (1999), S. 31; Erpenbeck, J. (1997), S. 312; Erpenbeck, J./Rosenstiel, L. v. (2007), S. XI; Grote, S. et al. (2012), S. 25.

184 Bergmann, B. (1999), S. 32.

185 Vgl. Erpenbeck, J. (1997), S. 310 ff.

186 Vgl. Erpenbeck, J./Heyse, V. (1999), S. 157.

187 Vgl. Erpenbeck, J./Rosenstiel, L. v. (2007), XIX.

ne fundiert, durch Regeln, Werte und Normen konstituiert, durch Interiorsationsprozesse personalisiert, als Fähigkeiten disponiert, durch Erfahrungen konsolidiert und aufgrund von Willen realisiert"[188] werden. Sie zeigen sich im konkreten Handeln[189] (Performanz) und werden als dessen Voraussetzung verstanden. Kompetenzen ermöglichen es, „selbstorganisiert und kreativ in offenen Situationen agieren zu können."[190] Wesentlich für dieses Kompetenzverständnis ist, dass es als erfassbar, messbar und entwickelbar verstanden wird.[191] Qualifikationen können dabei als ein grundlegender Faktor für die Entwicklung von Kompetenzen verstanden werden.[192]

In dieser Lesart kann Kompetenz vom Begriff der Qualifikation abgegrenzt werden, der sowohl Kenntnisse, Fertigkeiten und Haltungen als auch Eignung, Befugnis oder Status ausdrücken kann.[193] Qualifikation ist historisch eng mit der traditionellen Weiterbildung i. S. d. klassischen Wissensvermittlung in Form von z. B. Seminaren oder Lehrgangsangeboten verbunden.[194] Der Begriff Qualifikation beschreibt „die Gesamtheit an individuellen Fähigkeiten, Fertigkeiten und Kenntnissen im Berufsleben [...], die zur Erledigung arbeitsplatzspezifischer Tätigkeiten befähigt."[195] Bei der Entwicklung von Qualifikationen geht es vornehmlich um die Vermittlung von Wissensinhalten, Fähig- und Fertigkeiten, die durch klare Anforderungen vordefiniert sind und bescheinigt werden können. „Qualifikationen sind an Zeugnisse oder Zertifikate gebunden."[196] Sie stellen „Positionen eines gleichsam mechanisch abgeforderten Prüfungshandelns [dar; C. W.], sind Wissens- und Fertigkeitsdispositionen."[197]

Neben der Abgrenzung zum Begriff der Qualifikation wird der Kompetenzbegriff auch zu anderen Konstrukten abgegrenzt. Zu nennen sind hier insbesondere Persönlichkeit, Intelligenz und Fähigkeiten.[198] Zentrale Unterschiede zwischen Kompetenz sowie Persönlichkeit und Intelligenz werden insbesondere in ihrer zeitlichen Stabilität sowie im Situationsbezug gesehen.[199] So ist Kompetenz anders als Persönlichkeitsmerkmale oder Intelligenz über den Zeitver-

188 Heyse, V./Erpenbeck, J. (2009), S. XI.
189 Vgl. Heyse, V. (2007), S. 22.
190 Kauffeld, S. /Grote, S. (2014), S. 122.
191 Vgl. Sonntag, K./Schmidt-Rathjens, C. (2004), S. 19; Erpenbeck, J. (2010), S. 15.
192 Vgl. Erpenbeck, J./Rosenstiel, L. v. (2007), XII.
193 Vgl. Lisop, I. (2006), S. 418.
194 Vgl. Petersen, T. (2000), S. 175; Erpenbeck, J./Rosenstiel, L. v. (2007), S. XIX.
195 Staehle, W. H. (1999), S. 179.
196 Kauffeld, S. (2006), S. 28.
197 Erpenbeck, J./Rosenstiel, L. v. (2007), S. XIX.
198 Vgl. Kauffeld, S. (2006), S. 27 ff.
199 Zu den Unterschieden Kompetenz und Persönlichkeit siehe auch Erpenbeck, J./Hasebrook, J. (2011).

lauf entwickelbar und bedarf eines Anforderungs- und Situationsbezugs.[200] Fähigkeiten können als Kompetenzen verstanden werden, jedoch nur dann, wenn diese i. S. d. oben dargelegten Definition selbstorganisiert und dispositiv nach außen sichtbar werden (Performanz).

Übertragen auf den beruflichen Kontext, definiert Bernien (1997) berufliche Kompetenz als „diejenigen Fähigkeiten, Fertigkeiten, Wissensbestände und Erfahrungen des Menschen, die ihn in seiner beruflichen Tätigkeit sowohl in vertrauten als auch in neuartigen Situationen handlungs- und reaktionsfähig machen.“[201] Sie ist „damit in einem ganzheitlichen und integrativen Sinn zu verstehen und bezieht neben den fachlich-funktionalen auch die sozialen, motivationalen und emotionalen Aspekte menschlichen Arbeitshandelns mit ein.“[202] Eine sehr umfassende Definition der beruflichen Handlungskompetenz legen Kauffeld et al. (2003) vor, indem sie diese definieren als „alle Fähigkeiten, Fertigkeiten, Denkmethoden und Wissensbestände des Menschen, die ihn bei der Bewältigung konkreter sowohl vertrauter als auch neuartiger Arbeitsaufgaben selbstorganisiert, aufgabengemäß, zielgerichtet, situationsbedingt und verantwortungsbewusst – oft in Kooperation mit anderen – handlungs- und reaktionsfähig machen und sich in der erfolgreichen Bewältigung konkreter Arbeitsanforderungen zeigen“.[203]

Zur tiefergehenden Systematisierung des Kompetenzbegriffs haben sich in den letzten Jahrzehnten unterschiedliche Ansätze herausgebildet. Im Verständnis von Kompetenz als Dispositionen selbstorganisierten Handelns wird Kompetenz in vier Kompetenzklassen unterteilt. Personale Kompetenzen stellen dabei Dispositionen dar, „reflexiv selbstorganisiert zu handeln“[204]. Sie umfassen Dispositionen, wie z. B. die Entfaltung von Motivationen und Begabungen sowie die Entwicklung produktiver Einstellungen und Werthaltungen.[205] Fachlich-methodische Kompetenzen umfassen Dispositionen zur selbstorganisierten Lösung von Problemstellungen, wie z. B. fachliche Kenntnisse, Fertig- und Fähigkeiten, Wissen einzuordnen und zu bewerten. Sozial-kommunikative Kompetenzen beinhalten Dispositionen, kooperativ und im Austausch mit anderen zu handeln. Schließlich stellen aktivitäts- und umsetzungsorientierte Kompetenzen Dispositionen dar „aktiv und gesamtheitlich selbstorganisiert zu handeln und dieses Handeln auf die Umsetzung von Absichten, Vorhaben und Plänen zu richten“[206]. Sie integrieren neben

200 Vgl. Kauffeld, S. (2006), S. ff.
201 Bernien, M. (1997), S. 28.
202 Sonntag, K./Schaper, N. (2006), S. 271; ähnlich auch Bernien, M. (1997), S. 28.
203 Kauffeld, S. et al. (2003), S. 261.
204 Erpenbeck, J./Rosenstiel, L. v. (2007), S. XXIV.
205 Erpenbeck, J./Rosenstiel, L. v. (2007), S. XXIV.
206 Erpenbeck, J./Rosenstiel, L. v. (2007), S. XXIV.

den drei zuvor genannten Kompetenzen auch Emotionen, Motivationen, Fähigkeiten und Erfahrungen zur Realisierung von Handlungen.[207] Erpenbeck/Rosenstiel (2007) betonen hierbei, dass diese Kompetenzklassen in grundlegenden Kompetenzmodellen wiederzufinden sind.[208]

Aus pragmatischen Erwägungen heraus wird zur Beschreibung der allgemeinen beruflichen Handlungskompetenz diese in Fach-, Methoden-, Sozial- und personale Kompetenz/Selbstkompetenz unterteilt.[209] Hieran schließen sich auch neuere Veröffentlichungen zur Personalentwicklung an.[210] Kauffeld (2006) merkt jedoch hierzu an, dass die inhaltliche Spezifizierung der jeweiligen Kompetenzklassen aufgrund theoretischer und/oder praktischer Ziele unterschiedlich sein kann.[211] Es bedarf also stets einer konkreten Definition, was jeweils unter den Klassen verstanden werden soll. Zudem ist zu berücksichtigen, dass die genannten Einteilungen nicht gänzlich trennscharf voneinander betrachtet werden können, sondern vielmehr einander bedingen.[212] Gleichwohl ermöglicht die Einteilung in unterschiedliche Kompetenzklassen eine anwendungsorientierte Sichtweise auf die Fähigkeiten von Mitarbeitern.[213]

Das dargestellte Kompetenzverständnis unterscheidet sich von Kompetenzansätzen anderer Länder, wie z. B. in den Vereinigten Staaten von Amerika oder in Großbritannien.[214] Den amerikanischen Ansatz kennzeichnet, dass Kompetenzen als Bestandteil der Persönlichkeit verstanden werden, zeitlich konsistent, situationsunabhängig bestehen und sich auf die erfolgreiche Aufgabenerfüllung beziehen.[215] Vielfach wird hierbei auf die Definition von Spencer/Spencer (1993) Bezug genommen, die als wichtige Basis für das betriebliche Kompetenzmanagement gesehen wird.[216] Kompetenz wird hierbei beschrieben als „an underlying characteristic of an individual that is causally related to criterion-referenced effective and/or superior performance in a job or situation. Underlying characteristics means the competency is a fairly deep and enduring part of a person's personality and can predict behaviour in a wide variety of situations

207 Erpenbeck, J./Rosenstiel, L. v. (2007), S. XXIV.
208 Erpenbeck, J./Rosenstiel, L. v. (2007), S. XXIV.
209 Vgl. Kauffeld, S. (2006), S. 23.
210 Vgl. Mudra, P. (2004), S. 363; Kauffeld, S./Grote, S. (2014), S. 122; Mentzel, W. (2012), S. 175; Nicolai, C. (2014), S. 342.
211 Vgl. Kauffeld, S. (2006), S. 23. Erpenbeck/Rosenstiel betonen, dass die Zuordnungen von Einzel- und Teilkompetenzen aufgrund von unterschiedlichen Zielrichtungen und Wertungen erfolgen kann (vgl. Erpenbeck, J./Rosenstiel, L. v. (2007), S. XXIV).
212 Vgl. Pätzold, G. (2006), S. 74.
213 Vgl. Berthel, J./Becker, F. G. (2013), S. 420.
214 Eine umfassende Betrachtung der Kompetenzverständnisse nehmen Delamare Le Deist, F./Winterton, J. (2005) vor.
215 Vgl. Kauffeld, S. (2006), S. 18.
216 Vgl. Grote, S. et al. (2012), S. 16.

and job tasks."[217] Die Autoren unterteilen Kompetenz in Motives, Traits, Self-Concept, Knowledge und Skills, wobei Knowledge und Skills deutlich sichtbarer (visible) sind als die anderen drei Elemente, die als „more hidden, "deeper," and central to personality"[218] charakterisiert werden.

Der britische Ansatz betont demgegenüber deutlicher die funktionale, d. h. anforderungsorientierte Ausrichtung von Kompetenzen, wie sie im Kompetenzmodell der National Vocational Qualification zum Ausdruck kommt.[219] Kennzeichnend für dieses Kompetenzverständnis ist die Einteilung in „Kategorien von Handlung, Verhalten oder Ergebnis"[220] und somit die Orientierung an Anforderungen und deren erfolgreicher Bewältigung, d. h. der Leistung.[221]

Im Unterschied zum in Deutschland weit verbreiteten Kompetenzverständnis, das die Selbstorganisationsdisposition hervorhebt, werden im angloamerikanischen Sprachraum vielfach individuelle Leistungsdispositionen in Form von Knowledge, Skills und Abilities (KSA-Ansatz) mit dem Kompetenzbegriff in Verbindung gebracht.[222]

Zusammenfassend kann festgehalten werden, dass der Kompetenzbegriff länderspezifisch geprägt ist und unterschiedlich systematisiert werden kann. Dies wird vor dem Hintergrund des nächsten Abschnittes, der sich den Kompetenzen des Projektleiters aus unterschiedlichen Perspektiven nähert, zu berücksichtigen sein. Im Rahmen der vorliegenden Arbeit wird hierbei das Kompetenzverständnis in der deutschen Lesart, d. h. als Selbstorganisationsdisposition zugrunde gelegt.

2.1.4.2 Relevante Kompetenzen aus Sicht der Projektmanagement-Verbände

Die International Project Management Association (IPMA)[223], die in Deutschland durch die Gesellschaft für Projektmanagement (GPM) in Erscheinung tritt, gehört zu den weltweit be-

[217] Spencer, L. M./Spencer, S. M. (1993), S. 9.
[218] Spencer, L. M./Spencer, S. M. (1993), S. 11.
[219] Vgl. Haase, K. (2011); Delamare Le Deist, F./Winterton, J. (2005), S. 31 ff.
[220] Vgl. Kauffeld, S. (2006), S. 18.
[221] Vgl. Kauffeld, S. (2006), S. 18.
[222] Vgl. Sonntag, K./Schmidt-Rathjens, C. (2004), S. 18.
[223] Die IPMA wurde 1965 gegründet und unterstützt seitdem die Verbreitung des Projektmanagements in Europa, Afrika und Asien (vgl. Casutt, C. (2005), S. 7). Einen ausführlichen Überblick über die Entwicklung des Projektmanagements findet sich u. a. bei Kerzner, H. (2013), 47 ff. sowie Saynisch, M. (1984)).

kanntesten und dominierenden Verbänden im Bereich Projektmanagement.[224] Sie definiert Kompetenz als „a collection of knowledge, personal attitudes, skills and relevant experience needed to be successful in a certain function."[225] Diese Definition findet in der deutschen National Competence Baseline (NCB) ihre Entsprechung und deutet auf ein Kompetenzverständnis i. S. d. individuellen Leistungsdisposition hin. Die GPM/IPMA (2014) definiert folglich Kompetenz als „die Kombination von Wissen, persönlichem Verhalten, Fertigkeiten und spezifischer Erfahrung, die nötig ist, um in einer bestimmten Funktion erfolgreich zu sein."[226]

In der Ausgestaltung relevanter Kompetenzen für Projektmanagementpersonal unterscheidet die GPM/IPMA seit 2008 in der deutschen NCB zwischen drei Projektmanagement-Bereichen, die insgesamt 46 Elemente umfassen.[227] Unter PM-technische Kompetenzen fallen fachlich-methodische Kompetenzen i. S. v. grundlegenden Projektmanagementkompetenzen. Persönliches Verhalten und Fertigkeiten des Projektleiters[228] (Sozialkompetenz) werden unter PM-Verhaltenskompetenzen aufgeführt. Unter PM-Kontextkompetenzen sind Kompetenzen im Umgang mit dem Projektumfeld (Organisation der Linie) und den Fähigkeiten zum Arbeiten in projektorientierten Organisationen zusammengefasst.[229] Tabelle 5 stellt einige Beispiele für die jeweiligen Kompetenzbereiche zusammen. Diese werden auch bei den verbandseigenen und stufenweise aufgebauten Zertifizierungen zugrunde gelegt.[230]

Kompetenzbereiche	Beispiele der Elemente
PM-technische Kompetenz (Fach- und Methodenkompetenz; insgesamt 20)	Projektmanagementerfolg; Interessierte Parteien; Projektanforderungen und Projektziele; Risiken und Chancen; Qualität; Projektorganisation; Teamarbeit; Problemlösung; Projektstrukturen
PM-Verhaltenskompetenz (Sozialkompetenz; insgesamt 15)	Führung; Engagement und Motivation; Selbststeuerung; Durchsetzungsvermögen; Entspannung und Stressbewältigung; Offenheit; Kreativität; Ergebnisorientierung; Effizienz; Beratung; Verhandlungen
PM-Kontextkompetenz (insgesamt 11)	Projektorientierung; Programmorientierung; Portfolioorientierung; Einführung von Projekt-, Programm- und Portfolio-Management; Stammorganisation; Geschäft; Personalmanagement; Finanzierung

Tabelle 5: Kompetenzbereiche und Elemente nach GPM/IPMA (Vgl. ICB-NCB:2009.)

224 Vgl. Sydow, J./Braun, T. (2015), S. 233. Aktuell vereint die IPMA als Dachverband 55 Mitgliedsverbände weltweit (vgl. GPM/IPMA unter http://www.gpm-ipma.de/ueber_uns/ipma.html [zuletzt geprüft am 08.02.2015]).

225 IPMA (2006), S. 9. in der Fassung ICB3.0.

226 GPM (2014), S. 19.

227 Vor 2008 unterschied die GPM/IPMA zwischen Grundlagen-, Soziale, Methoden- und Organisations-Kompetenz (vgl. ProjektMagazin (Stichwort: PM-Kanon) unter https://www.projektmagazin.de/glossarterm/pm-kanon [zuletzt geprüft am 22.01.2014]).

228 Die GPM/IPMA verwendet sowohl die Begriffe Projektmanager als auch -leiter. Beide Begriffe werden im Rahmen dieser Arbeit synonym verstanden.

229 Vgl. GPM (2014), S. 19.

230 Vgl. GPM (2014).

Das PMI veröffentlichte 1987 erstmalig ihren Standard „The Project Management Body of Knowledge“ (PMBOK) als eigenständiges Dokument.[231] Nach Aussage des PMI stellt es eine Zusammenfassung von Wissen zum Projektmanagement dar, das sich in der Praxis bewährt hat. Seit 1998 ist es eine anerkannte Norm des American National Standards Institute (ANSI). Inhaltlich beschreibt das PMBOK den Projekt- sowie Managementkreislauf und die damit verbundenen Prozesse.[232] Im Gegensatz zum Kompetenzverständnis der GPM/IPMA betont das PMI die „demonstrated ability to perform activities within a project environment that lead to expected outcomes based on defined and accepted standards“[233], was auf ein leistungsbezogenes Kompetenzverständnis schließen lässt. Zudem wird im Unterschied zur GPM/IPMA kein kompetenzbasierter, sondern ein prozessorientierter Ansatz verfolgt. Folglich geht es nach diesem Ansatz nicht um einzelne, erforderliche Kompetenzen, sondern um die Zielerreichung, die durch unterschiedliche Aktivitäten erreicht werden kann. Die Prozessgruppen Initiierung, Planung, Ausführung, Überwachung sowie Abschluss sind übergeordnet in zehn Wissensgebieten zu berücksichtigen. Diese beziehen sich auf das Projektmanagement von Integration, Umfang, Zeit, Kosten, Qualität, Personal, Kommunikation, Risiko, Beschaffung sowie Stakeholdern.[234] In der Systematisierung relevanter Kompetenzen hebt das PMI neben bereichsspezifischen Fähigkeiten (area-specific skills) und grundsätzlichen Managementfertigkeiten (management proficiencies) die nachfolgenden Kompetenzen (competencies) hervor:[235]

- Knowledge (Wissen), d. h. das (Vor-)wissen des Projektleiters bzgl. des Projektmanagements
- Performance (Leistung), d. h., was der Projektleiter im Stande ist, mit seinem Projektmanagementwissen im Projekt zu erreichen
- Personal (i. S. v. Haltung, Persönlichkeitsmerkmalen und Führung), d. h. das gezeigte Verhalten in der Projektarbeit.

Ein effektiver Projektleiter zeichnet sich in der Zusammenarbeit mit dem Projektteam sowie mit Stakeholdern wie folgt aus: „Effective project managers acquire a balance of technical, interpersonal, and conceptual skills that help them analyze situations and interact appropri-

[231] Vgl. PMI (2008), S. 361.
[232] Vgl. PMI (2013a), Kapitel Introduction, Appendix A.
[233] PMI (2007), S. 2.
[234] Vgl. PMI (2013a) Im Original: Project Management Integration, Project Scope Management, Project Time Management, Project Cost Management, Project Quality Management, Project Human Resource Management, Project Communication Management, Project Risk Management, Project Procurement Management sowie Project Stakeholder Management.
[235] Vgl. PMI (2013a), Kapitel 1.7.1.

ately."[236] Während technische sowie konzeptionelle Fähigkeiten jedoch nicht weiter konkretisiert sind, werden in der Interaktion mit Stakeholdern im PMBOK insbesondere die nachfolgenden zwischenmenschlichen Fähigkeiten hervorgehoben (siehe Tabelle 6):[237]

Kompetenzen – Notwendige Fähigkeiten des Projektleiters
- Leadership, d. h. Ausrichtung des Teams auf das Projektziel durch Kommunikation, Motivation und Inspiration - Team Building, d. h. Teammitglieder auf ein gemeinsames Ziel ausrichten, Art der Zusammenarbeit definieren und koordinieren - Motivation, d. h. Rahmenbedingungen schaffen und Zufriedenheit der Teammitglieder sicherstellen - Communication, d. h. situationsangemessene und offene Kommunikation ermöglichen - Influencing, d. h. zielgerichtete Beeinflussung anderer zur gemeinsamen Zusammenarbeit - Decision Making, d. h. Entscheidungen ggf. auch im Team herbeiführen - Political and Cultural Awareness, d. h. Berücksichtigung der Projektrahmenbedingungen und kultureller Besonderheiten - Negotiation, d. h. die zielgerichtete Aushandlung von Interessen - Trust buildung, d. h. Vertrauen innerhalb des Projektteams und der Stakeholder sicherstellen - Conflict Management, d. h. die aktive Auseinandersetzung mit Konflikten und deren Lösung - Coaching, d. h. Entwicklung der Kompetenzen und Leistungsfähigkeit der Teammitglieder

Tabelle 6: Zwischenmenschliche Fähigkeiten des Projektleiters auf Basis des PMBOK (Vgl. PMI (2013a), Kapitel 1.7.2, Appendix 3.)

Auch das PMI führt auf Basis ihres Projektmanagement-Grundverständnisses Zertifizierungen durch. Aktuell werden insgesamt acht Zertifizierungen angeboten, wobei diese verschiedene Themenfelder abdecken, wie z. B. (Einzel-)Projektmanagement, Programmmanagement oder auch agiles Projektmanagement. An die Teilnahme an den jeweiligen Zertifizierungen sind unterschiedliche Voraussetzungen in Bezug auf Vorbildung und Berufserfahrung geknüpft.[238]

Beide Verbände stellen darüber hinaus Modelle zur Kompetenzentwicklung zur Verfügung, die auf den zuvor geschilderten Kompetenzverständnissen aufbauen. Bei der GPM/IPMA stellt die IPMA Competence Baseline (ICB) das Kompetenzentwicklungsmodell dar, wobei mittels definierter Level (D bis A) entsprechende Anforderungen und Prüfkriterien für die jeweiligen Kompetenzelemente festlegt werden, anhand derer die Kompetenzausprägung erhoben und entwickelt werden kann. Zur Zulassung für ein bestimmtes Level müssen Vorbedingungen erfüllt sein. Hierzu zählt auch die nachgewiesene Berufserfahrung.

Das PMI veröffentlichte 2002 erstmalig das Project Manager Competency Development (PMCD) Framework. Aufbauend auf den genannten Kompetenzbereichen, werden hierin insbe-

---

236 PMI (2013a), Kapitel Appendix X3.
237 Vgl. PMI (2013a), Kapitel 1.7.2., Appendix X3.
238 Vgl. PMI (2014).

sondere Performance und Personal Competences berücksichtigt[239], während die Dimension Knowledge weitestgehend über die Zertifizierung zum Project Management Professional (PMP) abgedeckt wird. Für jeden Kompetenzbereich und das damit einhergehende Kompetenzelement erfolgt eine detaillierte Beschreibung der Anforderungskriterien (Performance Criteria) und Belege (Types of Evidence), die eine Bewertung des Kompetenzelements und -bereiches für die betroffene Person ermöglichen.[240]

Insgesamt lässt sich festhalten, dass beide Verbände von der Entwickelbarkeit von Kompetenzen ausgehen. Darüber hinaus wird deutlich, dass die Verbände unabhängig vom konkreten Projektinhalt wiederkehrende Kompetenzanforderungen definieren, die mit Hilfe von Kompetenzmodellen transparent gemacht werden können und als Maßstab zur Identifizierung von Entwicklungsbedarf oder auch zur Zertifizierung genutzt werden. Im Unterschied zur GPM/IPMA stellt das PMCD Framework des PMI einen stärkeren Bezug zur Personalbewertung und -entwicklung von Projekt-Personal her. So werden in diesem Rahmenmodell explizit Personalentwicklungsinstrumente vorgestellt, die zur Kompetenzentwicklung genutzt werden können.[241]

Anzumerken ist jedoch, dass mit Blick auf die historische Entwicklung des PMI Rahmenwerkes dieses zunächst nicht auf wissenschaftliche Erkenntnisse basierte[242], sondern vielmehr auf Wissen, das als „generally recognized as good practice"[243] eingestuft wurde. Wissenschaftliche Erkenntnisse spielen auch bisher in der Entwicklung und Überarbeitung der Rahmenwerke eine eher untergeordnete Rolle.[244]

239 Vgl. PMI (2007), S. 1.

240 Vgl. PMI (2007), S. 5 ff. Die Kernbereiche des Frameworks beziehen sich auf: (1) Performance: Initiating, Planning, Executing, Monitoring and Controlling, Closing a Project; (2) Personal: Communicating, Leading, Managing, Cognitive Ability, Effectiveness, Professionalism.

241 Neben Mentoring, Coaching und Peer-to-peer werden auch Rollenspiele, Training on-the-job, Group Training, In-House Trainings, CBT sowie individuelle Trainings, PMI-Sponsored Programs, Public Education und Konferenzen vorgeschlagen.

242 Vgl. Morris, P. W. G. et al. (2006), S. 714.

243 PMI (2013a), Kapitel 1.1. Konkretisiert heißt es dort weiter: „"Generally recognized" means the knowledge and practices described are applicable to most projects most of the time, and there is consensus about their value and usefulness. "Good practice" means there is general agreement that the application of the knowledge, skills, tools, and techniques can enhance the chances of success over many projects."

244 Vgl. Morris, P. W. G. et al. (2006), S. 715. Als Gründe hierfür nennen die Autoren u. a. Abhängigkeiten von den komplexen Zertifizierungsstrukturen sowie von den Einflüssen der unterschiedlichen Akteure, wie z. B. Berater (Consultants) und Konsumenten, aber auch der Projektmanagement-Organisationen selbst (vgl. S. 715 ff.).

2.1.4.3 Relevante Kompetenzen aus Sicht konzeptioneller Arbeiten von Experten

Experten[245] setzen sich seit längerer Zeit mit der Rolle des Projektleiters und der damit verbundenen relevanten Kompetenzen auseinander. Nach Crawford (2002) kann die Auseinandersetzung mit dem Aufgabengebiet des Projektleiters durch die Veröffentlichung von Gaddis (1959) bis in die 1950er Jahre zurückverfolgt werden.[246] Dort setzt sich dieser mit den Fragen auseinander, welche Aufgaben Projektleiter in der Spitzentechnologie erfüllen, welche Merkmale diesen Personenkreis auszeichnen und welche Form von Training für den Erfolg notwendig ist.[247] Im Ergebnis führt der Autor eine Reihe von Fähigkeiten auf, wobei diese nicht weiter kategorisiert oder durch empirisch erhobene Daten nachvollziehbar untermauert werden. Die Beschreibungen lassen erkennen, dass Fähigkeiten sowohl im planerisch-organisatorischen, kommunikativen, vermittelnden und repräsentativen Bereich als auch im Umgang mit Unsicherheiten, Erwartungen, Risiken und Krisen vorhanden sein müssen. Darüber hinaus stellt er die Fähigkeiten heraus, Verantwortung zu übernehmen, Weitblick zu besitzen, eine umfassende Projektperspektive einzunehmen und das Projekt kontinuierlich voranzutreiben.[248]

Im weiteren Zeitverlauf folgte eine Reihe von Expertenveröffentlichungen, die sich mit Kompetenzen des Projektleiters beschäftigen. Zu nennen sind hier beispielsweise allgemeine Fähigkeitsbeschreibungen, wie die detaillierte Aufzählung von Archibald aus dem Jahr 1976. Er nennt 14 zentrale Merkmale von effektiven Projektleitern,[249] z. B. Fähigkeiten zum Zeitmanagement, zur effektiven Kommunikation und Integration oder auch die Fähigkeit, Probleme zu identifizieren und Entscheidungen zu treffen sowie Initiative zu zeigen und Führung zu übernehmen.[250] Diese listenartige Form der Beschreibung zeigt sich auch in jüngeren Veröffentlichungen. So nennen auch Schelle et al. (2008) 16 allgemeine Anforderungen an Projektleiter und ihre Fähigkeiten (siehe Tabelle 7):

245 Zur Definition und Abgrenzung des Expertenbegriffs siehe auch Kapitel 2.1.4.

246 Vgl. Crawford, L. (2002), S. 156.

247 Vgl. Gaddis, P. O. (1959).

248 Vgl. Gaddis, P. O. (1959), S. 90 ff.

249 Der Autor verwendet den Begriff Projektmanager, der in dieser Arbeit synonym zum Begriff des Projektleiters verstanden wird.

250 Vgl. Archibald, R. D. (2003), S. 99 f.

Kompetenzen - Allgemeine Fähigkeiten des Projektleiters
- „Fähigkeit, eine Vision zu entwickeln und zu verfolgen - Berufs-/Lebenserfahrung - Zielstrebigkeit - Einsatzbereitschaft - Selbständiges, unternehmerisches Denken - Mut zum kalkulierbaren Risiko - Strategisches, vorausschauendes Denken und Handeln - Lernfähigkeit (Lernen aus Fehlern und Erfolgen, Lernen von anderen) - Analysefähigkeit (z. B. komplexe Zusammenhänge im Kosten-/Finanzmittelbereich durchschauen) - (Selbst-)Kritikfähigkeit - Fähigkeit, Prioritäten zu setzen und zu verfolgen - Teamfähigkeit - Führungsqualitäten (z. B. Fähigkeit zu delegieren, Fähigkeit, Entscheidungen zu treffen) - Machtbewusstsein - Übergreifendes Denken (projekt-, unternehmensübergreifend) - Kundenorientierung“

Tabelle 7: Allgemeine Fähigkeiten des Projektleiters (Schelle, H. et al. (2008), S. 321 f.)

Kritisch angemerkt wird in der Literatur jedoch, dass diese Anforderungen verhältnismäßig undifferenziert und in der Realität kaum in einer Person vorzufinden sind.[251]

Mit Blick auf die Anforderungen von Projektleitern in projektorientierten Unternehmen nennen Bea et al. (2011) drei Fähigkeitsbereiche. Neben den Fähigkeiten im Umgang mit strategischen Problemstellungen, d. h. konzeptionellem Denken sowie dem Umgang mit vielschichtigen und verknüpften Aufgabenstellungen, nennen die Autoren Fähigkeiten zum teaminternen Beziehungsmanagement, d. h. die Förderung des fachübergreifenden Zusammenarbeitens sowie die Schaffung von Rahmenbedingungen und Spielräumen zur eigenständigen und kreativen Selbstorganisation innerhalb des Teams. Zudem nennen sie Fähigkeiten zum externen Beziehungsmanagement, d. h. Interessensvermittlung zwischen Projekt, Gesamtunternehmen und sonstigen externen Gruppen.[252]

Neben diesen bereits dargestellten Kompetenzbeschreibungen finden sich in der Literatur weitere Ausführungen, die sich im Detaillierungsgrad unterscheiden, jedoch inhaltlich vielfach Überschneidungen zu den dargestellten Kompetenzprofilen aufweisen.[253] Übergreifend kann festgehalten werden, dass neben der allgemeinen Beschreibung von Fähigkeiten, die teilweise auf Anforderungskataloge der Verbände zurückzuführen ist, vielfach gezielte einzelne Aspekte

[251] Vgl. Hauschildt, J. et al. (2000), S. 23 f.; Litke, H.-D. (2007), S. 166.
[252] Vgl. Bea, F. X. et al. (2011), S. 736.
[253] Vgl. Einsiedel, A. A. (1987), S. 53 f.; Strobel, W. (1989), S. 132 f.; Haberfellner, R. (1992), Sp. 2100 f.; Litke, H.-D. (2007), S. 165 f.; Lang, K./Rattay, G. (2005), S. 91 ff.; Gareis, R. (2006), S. 605 f.; Kerzner, H. (2013), S. 178 ff.; Meredith, J. R./Mantel, S. J. (2012), S. 118 ff.

herausgestellt werden. Darüber hinaus weisen die Ansätze unterschiedliche Kompetenzverständnisse auf, die in der Folge zu unterschiedlichen Systematisierungen der Teilkompetenzen führen.

2.1.4.4 Relevante Kompetenzen aus Sicht der empirischen Forschung

Auf Basis der Literatursichtung zu empirischen Forschungsergebnissen können unterschiedliche Fragestellungen identifiziert werden, die zu einer Auseinandersetzung mit Projektleiterkompetenzen führen. Untersuchungsfelder stellen beispielsweise den Projektleiter als Erfolgsfaktor für Projekte[254], relevante Kompetenzen aus Sicht von Verbänden und unterschiedliche Personengruppen, wie z. B. Vorgesetzte oder Praktiker[255], dar. Darüber hinaus finden sich Studien zur Darstellung notwendiger Kompetenzen und deren Entwicklung im Umgang mit Projektmerkmalen, z. B. Komplexität und Veränderung,[256] oder auch im Kontext der Projektführung.[257] Mit Blick auf die Problemstellung dieser Arbeit sollen Erkenntnisse aus empirischen Arbeiten in die nachfolgenden zwei Bereiche untergliedert werden:

- Untersuchung zur Identifizierung bedeutender Fähigkeiten von Projektleitern
- Arbeiten aus dem Bereich der Personal- und Karriereentwicklung (Auswahl, Einsatz und Entwicklung)

Dem ersten Bereich zuzuordnen ist die breit angelegte Studie von Posner (1987). Auf Basis einer schriftlichen Befragung von 287 Projektleitern, die überregional an Projektmanagement-Seminaren teilnahmen und aus unterschiedlichen Technologieunternehmen stammten, ging er der Frage nach, welche Fähigkeiten, d. h. persönlichen Merkmale, Eigenschaften, Verhaltensweisen und Techniken, aus ihrer Sicht einen überdurchschnittlichen Projektleiter ausmachen und welche Faktoren oder Variablen mit hoher Wahrscheinlichkeit zu Problemen in der Projektarbeit führen.[258] Tabelle 8 fasst die zentralen Ergebnisse, die inhaltsanalytisch ausgewertet wurden, zusammen. Die Angaben in den eckigen Klammern spiegeln die Antworten in Prozent wider:

---

254 Vgl. Keim, G. (1997); Günther, A. E. K. (2008).
255 Vgl. Crawford, L. (2005); Hodgson, D. et al. (2011); Trobisch, N./Denisow, K. (2010), S. 14; Crawford, L. (2002).
256 Vgl. Crawford, L./Nahmias, A. H. (2010); Thomas, J./Mengel, T. (2008).
257 Vgl. Müller, R./Turner, J. R. (2010a); Müller, R./Turner, J. R. (2010b). Mit der Darstellung notwendiger Kompetenzen in Stellenanzeigen beschäftigen sich u. a. Ahsan, K. et al. (2013); Chipulu, M. et al. (2013).
258 Vgl. Posner, B. Z. (1987).

Kompetenzkategorie	Erläuterung
Kommunikative Fähigkeiten [84 Prozent]	Zuhören; Überzeugen
Organisationsfähigkeiten [75 Prozent]	Planung; Ziele setzen; Analytische Fähigkeiten
Fähigkeiten zur Teambildung [72 Prozent]	Empathie; Motivation; Gemeinschaftsgefühl
Führungsfähigkeiten [68 Prozent]	Vorbild/Beispiel für andere sein; energisch; visionär; delegieren; Optimismus
Fähigkeiten im Umgang mit Situationen [59 Prozent]	Flexibilität; Kreativität; Ausdauer; Beharrlichkeit
Technische Fähigkeiten [46 Prozent]	Erfahrung; Projektwissen

Tabelle 8: Fähigkeiten von Projektleitern (Vgl. Posner, B. Z. (1987), S. 53.)

Die Untersuchung von Borchert/Günther (2007) zielt auf die Analyse von Kompetenzanforderungen und Qualifizierungsmaßnahmen bei unterschiedlichen Projektarten in der IT-Dienstleistungsbranche ab. Hierzu wurden Daten überwiegend aus einer Online-Befragung von 207 Projektleitern analysiert und bezogen auf relevante Kompetenzen faktoranalytisch ausgewertet. Im Ergebnis identifizieren die Autoren eine unzureichende Systematisierung der Kompetenzklassen in fachliche, konzeptionelle, soziale und persönliche Kompetenzen, um die Fähigkeiten von Projektleitern zu bestimmen.[259] Darüber hinaus zeigen die Ergebnisse eine Diskrepanz zwischen den Fähigkeiten und den Anforderungen in Projekten auf. So entsprechen insbesondere projektinterne Fähigkeiten, Problemlösungsfähigkeiten sowie konzeptionelle und Interaktionsfähigkeiten durchschnittlich nicht den wahrgenommenen Anforderungen in Projekten, obwohl diese als bedeutsam für die Projektbearbeitung anzusehen sind.[260] Tabelle 9 stellt identifizierte Kompetenzfaktoren und damit verbundene Fähigkeiten beispielhaft zusammen.

Kompetenzklasse	Erläuterung
Projektumfeldkenntnisse	Kenntnisse über Wettbewerber; Kenntnisse über das Marktumfeld; Kenntnisse anderer Projekte im eigenen Unternehmen
IT-spezifische Kenntnisse	Kenntnisse von Programmiersprachen, Formaten und Techniken; Kenntnisse von Betriebssystemen; Kenntnisse von Software
Projektinterne Kenntnisse	Kenntnisse über dieses Projekt; Kenntnisse über das Unternehmen des Auftraggebers
Konzeptionelle Fähigkeiten	Planungs- und Organisationsfähigkeit; Projektmanagement-Tool Kenntnisse; Koordinationsfähigkeit; Kontrollfähigkeit
Problemlösungsfähigkeiten	Fähigkeit, Kritik zu äußern; Fähigkeit, Kritik anzunehmen; Fähigkeit, Konflikte zu managen; Fähigkeit, Ziele eindeutig zu kommunizieren; Führungsfähigkeit
Interaktionsfähigkeiten	Fähigkeit, zu vertrauen; Kooperationsfähigkeit; Fähigkeit, kultur- und organisationsübergreifend zu arbeiten; Fähigkeit, Lob auszusprechen; Motivationsfähigkeit
Kommunikationsfähigkeit	Elektronische Kommunikationsfähigkeit; Fähigkeit der allgemeinen Kommunikation
Persönliche Fähigkeiten	Selbständigkeit; Verantwortungsbereitschaft; Flexibilität; Motivation zur persönlichen Weiterentwicklung; Fähigkeit, in komplexen Zusammenhängen zu denken

Tabelle 9: Kompetenzfaktoren von IT-Projektleiter (Vgl. Borchert, M./Günther, A. E. K. (2007), S. 27 ff.)

259 Die Autoren beziehen sich hierbei auf die Systematisierung von Katz und erweitern diese um die persönliche Kompetenz (vgl. Borchert, M./Günther, A. E. K. (2007), S. 30).

260 Vgl. Borchert, M./Günther, A. E. K. (2007), S. 32 f.

Müller/Turner (2010b) widmen sich der Identifizierung und Entwicklung von geeigneten Profilen von Führungskompetenzen (leadership competencies profile) von Projektleitern, die in unterschiedlichen Projektarten[261] tätig sind. Sie gingen der Frage nach, welche Kompetenzprofile erfolgreiche Projektleiter auszeichnen und wie diese in Abhängigkeit zu bestimmten Projektarten stehen. Die Untersuchungsdaten basierten auf einer weltweiten Online-Befragung,[262] wobei unterschiedliche Zielgruppen, wie beispielsweise Mitglieder von Projektmanagement-Verbänden[263] oder Master-Studenten in Projektmanagement-Studiengängen an Universitäten in unterschiedlichen Ländern,[264] in die Befragung einbezogen wurden. Zur Erhebung und Auswertung der Kompetenzen wurde auf den Leadership Development Questionnaire[265] zurückgegriffen, der anschließend faktoranalytisch ausgewertet wurde.[266] Im Ergebnis zeigt sich, dass unabhängig vom Projekttyp insbesondere die kritisch-analytischen Fähigkeiten und das Urteilsvermögen (Critical analysis & Judgement), Überzeugungskraft und Einflussvermögen (Influence), Motivation sowie Zielorientierung, Ermutigung und Unterstützung anderer (Conscientiousness) erfolgreiche Projektleiter auszeichnen.[267]

Zum zweiten Themenbereich empirischer Forschungsarbeiten, aus dem sich relevante Kompetenzen von Projektleitern ableiten lassen, kann der Beitrag von Pettersen (1991a) gezählt werden. Der Autor analysiert im Rahmen einer Literaturstudie ca. 60 Publikationen, die sich mit Prädiktoren zur Leistungsbestimmung von Projektleitern (performance predictors for project managers) auseinandersetzen, um ein integriertes Anforderungsprofil für die Auswahl von Projektleitern zu erstellen. Tabelle 10 stellt die zentralen Bereiche des Anforderungsprofils dar.[268] Obgleich diese Expertenveröffentlichung sich auf eine Literaturstudie beschränkt, gibt sie doch wertvolle Hinweise auf die in der Literatur als relevant erachteten Fähigkeiten von Projektleitern.

---

261 Zur Bestimmung der Projektarten wurde auf die am häufigsten genutzten Kategorisierungen gemäß der Forschungsarbeit von Crawford, L. et al. (2006a) aufgesetzt.

262 Im Rahmen der Online-Befragung wurden zwei Fragebögen verwendet. Der erste widmete sich der Bewertung des Projekterfolges sowie der Einstufung des Projektes im Hinblick auf die Projektart, wohingegen der zweite Fragebogen den Leadership Development Questionnaire sowie demografische Daten beinhaltete (vgl. Müller, R./Turner, R. (2010b), S. 441).

263 Neben Mitgliedern des PMI und der IPMA wurden auch die Mitglieder der Association of Project Management, American Society for the Advancement of Projektmanagement und Special Interest Groups (nicht näher spezifiziert) befragt (vgl. Müller, R./Turner, J. R. (2010b), S. 441).

264 Es wurden Studenten an Universitäten in Großbritannien, Irland, Australien, Neuseeland, den Vereinigten Staaten von Amerika und Kanada befragt (vgl. Müller, R./Turner, J. R. (2010b), S. 441).

265 Vgl. Dulewicz, V./Higgs, M. J. (2005).

266 Vgl. Müller, R./Turner, J. R. (2010b), S. 441.

267 Vgl. Müller, R./Turner, J. R. (2010b), S. 444.

268 Vgl. Pettersen, N. (1991a), S. 21 ff.

Anforderungsbereiche	Erläuterung
Problemlösung	Fähigkeiten, wie z. B. Analyse von Problemen, Bewertung von Lösungsoptionen mit Blick auf die praktische Umsetzung, Entscheidungen zu treffen
Administration	Managementfähigkeiten, wie z. B. Planung und Organisation, strategisches und organisationales Wissen sowie Spezialwissen
Supervision und Team Management	Fähigkeiten im Umgang und mit der Führung von Projektteams, wie z. B. Verantwortlichkeiten delegieren, Entwicklung der Teammitglieder, Konfliktlösung
Beziehungsmanagement	Fähigkeiten, wie z. B. mündliche Kommunikation, Einflussnahme, Überzeugungsfähigkeit, Verhandlungsfähigkeit
Andere persönliche Qualitäten	Persönlichkeitsmerkmale, wie z. B. etwas erreichen zu wollen, proaktives Verhalten, Selbstvertrauen, emotionale Stabilität

Tabelle 10: Kompetenzanforderungen (Vgl. Pettersen, N. (1991a), S. 22 f.)

Als gegensätzlicher Analyseansatz zur Auswertung von Pettersen (1991a) kann die Untersuchung von Hauschildt et al. (2000) gesehen werden, die sich mit der Fragestellung auseinandersetzt, welche Gruppe von Fähigkeiten Projektleiter natürlicherweise mitbringen, welche Projektleitertypen hieraus abgeleitet werden können und wie diese mit dem Projekterfolg korrespondieren. Auf Basis von Interviews und Fragebögen wurden Führungskräfte aus 58 Unternehmen gebeten, ihre Projektleiter bezogen auf ausgewählte Fähigkeiten und den von ihnen erzielten Projekterfolg zu bewerten.[269] Darüber hinaus wurde eine generelle Einschätzung zur Relevanz der ausgewählten Fähigkeiten im Hinblick auf den Projekterfolg erfragt. Mittels einer Faktorenanalyse identifizieren sie insgesamt sieben Fähigkeitsfaktoren: Organisations-/Konfliktfähigkeiten, Erfahrung, Entscheidungsfähigkeit, produktive Kreativität, Organisation mittels Kooperation, kooperative Führung, integratives Denken.[270]

Mit dem Ziel, relevante Faktoren zu identifizieren, die maßgeblich den Erfolg und die Akzeptanz einer Projektleiterlaufbahn bestimmen, führt Hölzle (2009) im Rahmen ihrer Arbeit u. a. Experteninterviews mit Vertretern[271] von 20 Unternehmen aus unterschiedlichen Branchen[272] durch.[273] Hierbei werden auch relevante Kompetenzen des Projektleiters thematisiert. Zur Sys-

269 Alle befragten Unternehmen waren Preisträger eines Design-Awards der Hannover Messe zwischen 1993 und 1994 und waren innerhalb der letzten drei Jahre an den Markt gegangen.

270 Vgl. Hauschildt, J. et al. (2000), S. 26 ff.

271 Die Vertreter haben unterschiedliche Positionen inne bzw. kamen aus unterschiedlichen Abteilungen z. B. Geschäftsführung, Qualitätsmanagement, PMO, Leiter PM, Human Resources (vgl. Hölzle, K. (2009), S. 118).

272 Zu den untersuchten Branchen gehörten Telekommunikation, IT, Dienstleistung, Anlagen-/Maschinenbau, Automobil/Elektro, Metallerzeugung und Verarbeitung sowie Medizintechnik und Logistik (vgl. Hölzle, K. (2009), S. 118).

273 Die Auswertung der Interviews erfolgte in Anlehnung an das von Meuser/Nagel (1991) dargelegte Verfahren (vgl. Hölzle, K. (2009), S. 113 ff.). Zur Identifizierung relevanter Faktoren wurden Experteninterviews mit Projektleitern eines Technologieunternehmens der Automobil- und Elektroindustrie internet-basiert befragt. Die Ergebnisse wurden mit Hilfe der Conjoint-Analyse ausgewertet (vgl. Hölzle, K. (2009), S. 164 ff.).

tematisierung der Interviewantworten ergänzt die Autorin auf Basis einer Literaturanalyse und kritischen Reflexion die gängigen Kompetenzkategorien in Fach-, Methoden- und soziale Kompetenz[274] um die Führungs- und unternehmerische Kompetenz, um den Anforderungen entsprechend der Bedeutung, der Projektgröße und der Forderung nach (Mit-)Unternehmertum gerecht zu werden.[275] Im Rahmen ihrer Untersuchung konnte anhand der dargestellten Kompetenzklassen festgestellt werden, dass Fähigkeiten aus der Klasse soziale und Führungskompetenz am deutlichsten hervorstechen. Die Rangfolge der notwendig erachteten Kompetenzklassen ist in Tabelle 11 in eckigen Klammern gekennzeichnet.[276]

Die dargestellten Ergebnisse zeigen, dass Fähigkeiten von Projektleitern aus unterschiedlichen Fragestellungen heraus untersucht werden. Methodisch greifen diese vor allem auf Befragungen von Experten sowie Selbst- und Fremdbewertungen von Projektleitern zurück. Vielfach wird ein breiter, aus der Literatur abgeleiteter Kompetenzrahmen für die Erhebung verwendet. Im Ergebnis werden hierdurch in den Studien verschiedene Fähigkeiten hervorgehoben, jedoch vielfach aufgrund der gewählten methodischen Herangehensweise oder des Schwerpunkts der Fragestellung nicht tiefergehend analysiert. So bleiben die Gründe für die Notwendigkeit einzelner Kompetenzen offen. Auch kann hierüber nur teilweise eine Ableitung zu den Herausforderungen der Projektarbeit abgelesen werden.

Kompetenz-klasse	Erläuterung
Fach-kompetenz [3]	Erfahrung und Wissen aus unterschiedlichen Fachbereichen, die ein Projektleiter im Laufe seiner Berufsbiografie sammeln konnte.
Methoden-kompetenz [5]	Fähigkeiten eines Projektleiters zum effizienten Umgang mit Problemen sowie erworbene Projektmanagementkenntnisse. Hierzu zählen: Zielorientierung; Organisationsfähigkeit; Beurteilungsvermögen; Entscheidungsfähigkeit; Problemlösungsfähigkeit; Analysefähigkeit; Anwendung erlernter Konzepte auf aktuelle Problemstellung; Projekterfahrung (als Teammitglied und/oder als Projektleiter)
Soziale Kompetenz [1]	Fähigkeiten zum Aufbau und zur Pflege zwischenmenschlicher Beziehungen, persönliche Qualitäten und Auftreten. Hierunter fallen z. B.: Kontaktfähigkeit; Flexibilität; Teamfähigkeit; Kreativität; Kommunikationsvermögen; Konfliktfähigkeit; diplomatisches Geschick; Durchsetzungsvermögen; Lernbereitschaft; Verantwortungsbereitschaft
Führungs-kompetenz [2]	Fähigkeiten, die die Interaktion mit dem Team beeinflussen: Führungserfahrung; Delegationsvermögen; Motivationsfähigkeit; Kooperationsvermögen; Teamführung (aufgaben- und mitarbeiterorientiert); Kritikfähigkeit (Kritik geben und annehmen)
Unternehmerische Kompetenz [4]	Fähigkeiten, die hilfreich für die zielgerichtete Durchführung eines Projektes sind, z. B.: Planungs- und Organisationsfähigkeit; Risikofreudigkeit; Erkennen von Chancen; Fähigkeit des Zeitmanagements; Fähigkeit des Kosten- und Investitionsmanagements; Kenntnis der organisatorischen Strukturen

Tabelle 11: Kompetenzen des Projektleiters (Vgl. Hölzle, K. (2009), S. 20 ff.; S. 132 f.)

274 Der Begriff soziale Kompetenz wird synonym zum Begriff Sozialkompetenz verstanden und im Folgenden auch gleichbedeutend verwendet.

275 Vgl. Hölzle, K. (2009), S. 20 ff.

276 Vgl. Hölzle, K. (2009), S. 132 f. Die Gesamtbefragung belief sich auf 25 Interviews in 20 Unternehmen.

Insgesamt ergibt sich aus den betrachteten Beschreibungen von Projektmanagement-Verbänden, konzeptionellen Arbeiten von Experten und empirischen Arbeiten ein heterogenes Bild notwendiger Kompetenzen für Projektleiter. Gespiegelt an den Ausführungen zum Kompetenzbegriff, wird Kompetenz in den Arbeiten unterschiedlich theoretisch fundiert und systematisiert. Hierbei zeigen die dargestellten Kompetenzprofile Fähigkeiten auf, die der Fach-, Methoden- und Sozialkompetenz zugeordnet werden können. Aber auch Fähigkeiten der Führung sowie unternehmerische Fähigkeiten sind von Bedeutung. Im Hinblick auf die Ausdifferenzierung der Kompetenzen innerhalb der Kompetenzklassen lassen die Ergebnisse vermuten, dass eine ausgewogene Ausprägung von Fähigkeiten für die Rollenausübung grundsätzlich zielführend erscheint. Allerdings deuten Studienergebnisse auf die besondere Relevanz einzelner Kompetenzklassen hin. So stellen Untersuchungen die große Bedeutung sozialer Kompetenzen von Projektleitern in der Projektarbeit heraus.[277] Krainz (2009) merkt die Vernachlässigung sozialer Kompetenzen im Projektmanagement kritisch an und betont, dass die Interaktion in Projekten als komplexes System mit einer eigenen Dynamik und mit Widersprüchen verbunden ist.[278] In seiner qualitativen Studie kommt er zu dem Ergebnis, dass unabhängig von der Komplexität des Projektes die Bedeutung der Sozialkompetenz gegenüber dem Methoden- und dem allgemeinen Management-Wissen bei über 50 Prozent liegt.[279] Die empirischen Untersuchungen zeigen weiterhin auf, dass Projekterfahrung ein wichtiger Faktor in der Projektarbeit darstellt.[280] Es stellt sich daher die Frage, inwieweit dies in den Personalentwicklungsangeboten von Projektleitern aufgegriffen wird.

2.1.5 Zwischenfazit

Projekte haben sich deutlich als Organisationsform in der Praxis etabliert, um den geänderten Rahmenbedingungen gerecht zu werden. Die genauere Betrachtung der Projektdefinitionen und der dahinterliegenden Merkmale lässt den Begriff jedoch immer noch unscharf erscheinen. So werden teilweise unterschiedliche Aspekte zur Charakterisierung von Projekten genutzt, um sie von der Linienorganisation und den -aufgaben abzugrenzen.

277 Vgl. El-Sabaa, S. (2001), S. 6; Pant, I./Baroudi, B. (2008), S. 127.

278 Vgl. Krainz, E. E. (2009), S. 238.

279 Vgl. Krainz, E. E. (2009), S. 251. In der Studie wurden Interviews mit einer nicht weiter spezifizierten Anzahl von erfahrenen Projektmanagern und Leitungsverantwortlichen für Projekte aus der Industrie, aus der öffentlichen Verwaltung, aus Spitälern, aus der öffentlichen Wirtschaftsförderung und aus der Wissenschaft geführt (vgl. Krainz, E. E. (2009), S. 251). Zu einer vergleichbaren Rangfolge kommt auch El-Sabaa, S. (2001).

280 Vgl. Gaddis, P. O. (1959), S. 95; Posner, B. Z. (1987), S. 53; Hölzle, K. (2009), S. 132 f.

Die verschiedenen Bereiche, in denen Projektstrukturen zum Einsatz kommen, unterstreichen die flexible Erscheinungsform, die durch die spezifische Kombination der Projektmerkmale sowie strukturelle und inhaltliche Gegebenheiten beeinflusst wird. Diese Beobachtungen sind für die weitere Analyse von Bedeutung. Eine praktische Relevanz ergibt sich für die zielgerichtete Personalentwicklung. Ein ungenaues Funktions- und Arbeitsfeld, in dem Projektleiter agieren, erschwert die Bestimmung von Ansatzpunkten für die Entwicklung von Anforderungsprofilen, mit deren Hilfe eine systematische und zielgerichtete Personalentwicklung erfolgen kann. Darüber hinaus ist diese Beobachtung für die weiteren Forschungsschritte von Relevanz, da diese die vielfältigen Erscheinungsformen und das heterogene Verständnis von Projekten in der Auswahl der Befragten sowie der Auswertung berücksichtigen muss.

Herausforderungen in der Projektarbeit ergeben sich einerseits aufgrund der Merkmale von Projekten, wie z. B. zeitlicher und monetärer Begrenzung, andererseits aber auch aufgrund der gesamtunternehmerischen sowie operativen Koordination und Steuerung von Projekten. Das Projektmanagement wird hierbei als Instrument zur systematischen Planung, Durchführung und Kontrolle von Projekten hervorgehoben. Eine zentrale Stellung wird dabei dem Projektleiter zugewiesen. In der operativen Projektarbeit erwachsen Herausforderungen für den Projektleiter insbesondere aus den projektimmanenten Rahmenbedingungen sowie aus den strukturellen und ablauforganisatorischen Gegebenheiten. Es wird deutlich, dass aufgrund dieser Kontextfaktoren der Projektleiter in einem komplexen Spannungsfeld aus unterschiedlichen, mitunter auch widersprüchlichen Erwartungen und Anforderungen agiert. Hierbei ist er gefordert, situativ angemessen, problemlösungsorientiert und effizient zu handeln.

Wie sich zeigte, ist die damit angesprochene Kompetenz zur Handlung (Handlungskompetenz) in Forschung und Praxis unterschiedlich belegt. So finden sich sowohl Definitionen, die Kompetenz als individuelle Leistungsdisposition verstehen, als auch solche, die sie als Selbstorganisationsdisposition begreifen. Während ersteres auf die Performanz abzielt, wird in der zweiten Begriffsauffassung die eigenständige Fähigkeit, in neuen, unbekannten Situationen handlungsfähig zu sein, hervorgehoben.

Die Analyse unterschiedlicher Systematisierungen von Kompetenzprofilen von Projektleitern lässt vermuten, dass ein breitgefächertes und ebenso flexibles Kompetenzprofil bei Projektleitern für deren Aufgabenerfüllung notwendig ist. Gleichzeitig ermöglicht diese breite Darstellung von Kompetenzen jedoch keine genaue Ableitung relevanter Kompetenzen für die Bewältigung konkreter Herausforderungen in der praktischen Projektarbeit.

Für die weitere Analyse sind diese Beobachtungen von Bedeutung, da neben einer tiefergehenden Erhebung relevanter Kompetenzen eine Verbindung zu den wahrgenommenen Herausforderungen sowie den genutzten Personalentwicklungsmaßnahmen vorgenommen werden muss. Damit ergeben sich die nachfolgenden vertiefenden Fragestellungen für die empirische Erhebung:

- Mit welchen Herausforderungen sehen sich Projektleiter konfrontiert? Welche Rollenwahrnehmung haben die Befragten?
- Welche Kompetenzen sind aufgrund der geschilderten Herausforderungen für deren Bewältigung wesentlich bzw. gewinnen zukünftig an Relevanz?
- Welche Personalentwicklungsmaßnahmen sind für die Entwicklung dieser Kompetenzen relevant?

2.2 Ausrichtung der Personalentwicklung und Personalentwicklungsangebote für Projektleiter

Ziel dieses Kapitels ist es, den Entwicklungsstand sowohl im Bereich der Personalentwicklung als auch im Hinblick auf die Personalentwicklungsangebote für Projektleiter zu erheben. Hierzu werden zunächst relevante Grundlagen und Konzepte der Personalentwicklung beleuchtet sowie typische Personalentwicklungsmaßnahmen systematisch dargestellt. Hierdurch sollen das Begriffsverständnis der Maßnahmen geschärft und eine systematische Bestandsaufnahme der Personalentwicklungsangebote für Projektleiter in der Praxis angeleitet sowie die Datenauswertung und Interpretation unterstützt werden.

2.2.1 Ausrichtung der Personalentwicklung

Die Ausrichtung der Personalentwicklung hat vor dem Hintergrund gesellschaftlicher, politischer und wirtschaftlicher Veränderungen in den letzten Jahrzehnten deutliche Veränderungen erfahren. Berthel/Becker (2013) ordnen sie innerhalb der Unternehmung dem Teilbereich des Personalmanagementsystems zu. Sie ist damit Bestandteil des primären Personalsystems, das unmittelbar auf die Verhaltenssteuerung des Personals ausgerichtet ist und sich sowohl mit bereits im Unternehmen vorhandenen als auch teilweise mit potenziellen neuen Mitarbeitern befasst.[281] In der Literatur werden mit der Personalentwicklung mehrere Ziele im Unternehmen in Verbindung gebracht, z. B.:[282]

- Erhöhung der Leistungs- und Wettbewerbsfähigkeit
- Erhöhung der Flexibilität (z. B. Unabhängigkeit vom externen Arbeitsmarkt; Sicherung der Beschäftigungsfähigkeit der Mitarbeiter)
- Erhöhung der Mitarbeitermotivation und -integration
- Berücksichtigung individueller Erwartungen und individuellen Leistungsvermögens
- Sicherstellung des ausreichenden Fach- und Führungskräftebestands

Vielfach werden die Ziele der Personalentwicklung weiter nach Interessengruppen untergliedert und die jeweiligen Zielpositionen konkretisiert. Neben individuellen und betrieblichen Zielen werden teilweise auch gesellschaftliche Ziele hervorgehoben.[283] Die Gegenüberstellung der Zielpositionen zeigt, dass individuelle oder personale sowie betriebliche, d. h. organisationale, Lernziele in Beziehung zueinander stehen, jedoch nicht zwingend identisch sind.[284] Die Zieldefinition der Personalentwicklung ergibt sich folglich aus den Erwartungen der unterschiedlichen Anspruchsgruppen an die Personalentwicklung.[285]

2.2.1.1 Definition und Prozess der Personalentwicklung

Die Personalentwicklung ist eine junge Fachdisziplin,[286] der sich zahlreiche Fachrichtungen, wie beispielsweise die Psychologie, die Pädagogik oder auch die Betriebswirtschaftslehre, mit verschiedenen Zielrichtungen und Methoden nähern.[287] In der Literatur findet sich eine Vielzahl unterschiedlicher Definitionen, was unter Personalentwicklung verstanden werden kann und welche Inhalte und Ziele sie verfolgt. Nach Becker (2009) ist der Begriff Personalent-

281 Vgl. Berthel, J./Becker, F. G. (2013), S. 22.

282 Vgl. Kauffeld, S./Grote, S. (2014), S. 120; Mudra, P. (2004), S. 132 f.; Jung, H. (2011), S. 252; Mentzel, W. (2012), S. 10 f.

283 Vgl. Becker, M. (2009), S. 283; Berthel, J./Becker, F. G. (2013), S. 422 ff., die nach drei Interessengruppen untergliedern. Olfert, K. (2015), S. 42 ff. Olfert unterscheidet darüber hinaus noch Ziele der Personalentwicklung aus Sicht der Vorgesetzten.

284 Vgl. Becker, M. (2011), S. 116. Schanz sieht im Begriffswechsel von „(betrieblicher) Aus- und Weiterbildung“ hin zu „Personalentwicklung“ ein Signal für die Neuorientierung der Personalentwicklung in Bezug auf ihren „Doppelzielcharakter“ zur Integration von Mitarbeiter- und Unternehmenszielen (vgl. Schanz, G. (2000), S. 143).

285 Vgl. Becker, M. (2011), S. 117.

286 Vgl. Becker, M. (2009), S. 3; Krämer, M. (2012), S. 13.

287 Vgl. Ridder, H.-G. (2009), S. 135; Becker, M. (2013), S. 28.

wicklung von „Heterogenität und Unschärfe"[288] geprägt und die theoretische Fundierung noch unzureichend.[289] Gleichwohl sind Schwerpunkte und Entwicklungen in den Definitionen erkennbar.[290] So betonen frühe Definitionen insbesondere die Qualifikation von Mitarbeitern im Hinblick auf die bestehenden und die zukünftigen Anforderungen und Aufgaben,[291] wobei spätere Begriffsbestimmungen die Entwicklung von Kompetenzen herausstellen.[292] Weiterhin ist der Aspekt der systematischen, d. h. intendierten, planerischen und zielgerichteten, Entwicklung von Personal ein häufig vorkommendes Element.[293] Eine übergreifende Gemeinsamkeit vieler Definitionen stellt die Betonung von Personalentwicklungsmaßnahmen, die zur Erfüllung des jeweiligen Zieles genutzt werden, dar.[294] Nicht zuletzt zeigen sich aber auch Unterschiede im Hinblick auf die inhaltliche Reichweite[295] der Personalentwicklung.[296]

Zur Erfassung der „jeweiligen Strukturkerne"[297] der Ansätze entwickelte Neuberger (1991) Rahmenmodelle[298] der Personalentwicklung.[299] Im Folgenden soll auf drei Sichtweisen, die vornehmlich die individuelle Entwicklung einer Person thematisieren, näher eingegangen werden.[300]

1. Personalentwicklung als Job-Man-Fit

Dieses Verständnis kann als Variante des rationalen Problemlösungsansatzes der Personalentwicklung verstanden werden.[301] Hierbei wird der Bildungsbedarf (Fähigkeitslücke) als Differenz zwischen bestehenden Qualifikationen einer Person und den identifizierten Stellenanforderungen ermittelt.[302] Ziel ist es hierbei, eine möglichst gute Passung zwischen den Qualifika-

288 Becker, M. (2009), S. 3.
289 Vgl. Becker, M. (2013), S. 28.
290 Vgl. Zusammenstellung der Begriffsdefinitionen bei Mudra, P. (2004), S. 137 ff.; Becker, M. (2011), S. 9 f.
291 Vgl. u. a. Definitionen von Conradi, W. (1983), Schuler, H. (1989), Staehle, W. H. (1991) zitiert in Mudra, P. (2004), S. 137 ff.
292 Vgl. u. a. Definitionen von Münch (1995), Ortner, G. E. (1995) zitiert in Mudra, P. (2004), S. 137 ff. sowie Definition von Bröckermann, R. (2009) zitiert in Becker, M. (2011), S. 9 f.
293 Vgl. u. a. Definitionen von Beck, M. (1991); Bühner, R. (1994) zitiert in Mudra, P. (2004), S. 137 ff.
294 Vgl. u. a. Definitionen von Becker, F. G. (1988), Conradi, W. (1983) zitiert in Mudra, P. (2004), S. 137 ff.
295 Becker unterscheidet Personalentwicklung im engeren Sinn (Bildung (Aus- und Weiterbildung)), im erweiterten Sinn (Bildung und Förderung) sowie im weitesten Sinne (Bildung, Förderung und Organisationsentwicklung) (vgl. Becker, M. (2009), S. 4).
296 Vgl. u. a. Definitionen von Böhm, H.-J. (1995), Scholz, C. (1989) zitiert in Mudra, P. (2004), S. 137 ff. sowie Becker, M. (2009) zitiert in Becker, M. (2011), S. 9 f.
297 Mudra, P. (2004), S. 142.
298 Vgl. Neuberger, O. (1991), S. 57 ff.
299 Vgl. Neuberger, O. (1991), S. 39 ff.
300 Vgl. Schmidt, B. (2007), S. 130 ff.
301 Vgl. Neuberger, O. (1991), S. 63.
302 Vgl. Kolb, M. (2010), S. 489.

tionen des Mitarbeiters und seiner Position zu schaffen.[303] Die Definition der Personalentwicklung nach Conradi (1983) kann als Vertreter dieser Sichtweise verstanden werden, da er von definierten Arbeitsaufgaben ausgeht und Personalentwicklungsaktivitäten einseitig als Anpassungsmaßnahmen versteht.[304]

2. Personalentwicklung als Grenzüberschreitungsprozess

In diesem Grundmodell wird die Personalentwicklung dergestalt verstanden, dass sie sich an den bestehenden oder notwendigen Möglichkeiten ausrichtet, die zu einer Selbstentwicklung des Individuums beitragen, wie z. B. beim Eintritt ins Berufsleben oder der Übernahme einer neuen Stelle. „Die Person wird nicht verändert, sie verändert sich in der Auseinandersetzung mit den tiefgreifenden Umstellungen, die ihr abverlangt werden."[305] Lernprozesse sind somit nicht auf das Erlernen technischer und anforderungsspezifischer Kenntnisse begrenzt, sondern beinhalten auch identitätsformende Veränderungen, die aus der Auseinandersetzung mit sich und der Interaktion mit anderen erwachsen.[306] Ein Modell, das dieses Grundkonzept wieder aufgreift, ist z. B. die lebenszyklusorientierte Personalentwicklung.[307]

3. Personalentwicklung als Selbstorganisation und -entwicklung

Im Verständnis der Personalentwicklung als Ermöglicher der individuellen Selbstentwicklung wird davon ausgegangen, dass das Individuum in der Umsetzung von Handlungen sowie in der langfristigen Entwicklung sich letztlich selbst entwickelt und organisiert. Da somit von außen vorgegebene, handlungsorientierte Kompetenzen lediglich angeregt, aber nicht vorgegeben werden können,[308] besteht die zentrale Aufgabe der Personalentwicklung darin, Anreize und Hilfestellung für die individuelle Entwicklung der Selbstorganisation zu geben.[309]

Der Vergleich der skizzierten Modelle zeigt, dass ersteres stärker einer objektivierten Personalentwicklung zugerechnet werden kann, während letzteres einen deutlichen Bezug zum Subjekt,

---

303 Vgl. Oechsler, W. A. (2011), S. 487.

304 Vgl. Neuberger, O. (1991), S. 63. Im Zusammenhang mit Themenfeldern wie Arbeitszufriedenheit, Umgang mit Stress, Leistung u. ä. wird auch vom Person-Job-Fit gesprochen. Hierbei wird neben der genannten Auslegung i. S. d. Passung zwischen den Anforderungen und Fähigkeiten einer Person auch die Passung zwischen Erwartungen, Werten und Bedürfnissen herausgestellt (vgl. Weinert, A. B. (1998), S. 120 f.).

305 Neuberger, O. (1991), S. 64.

306 Vgl. Neuberger, O. (1991), S. 64. So werden dem Autor folgend der Person „inter- und apersonale Integrations- und Distanzierungsleistungen abverlangt".

307 Siehe hierzu u. a. Sattelberger, T. (1991); Graf, A. (2007).

308 Vgl. Neuberger, O. (1991), S. 310.

309 Vgl. Berthel, J./Becker, F. G. (2013), S. 430.

d. h. zu einer individualisierten Personalentwicklung ausgehend von den Bedürfnissen des Einzelnen, herstellt.[310]

Wird Personalentwicklung als zielgerichteter Prozess verstanden, so sind inhaltliche und prozessuale Elemente entsprechend zu systematisieren.[311] Hieraus ergibt sich die Anforderung, „Ordnung und Kombination der verschiedenen Maßnahmen nach Maßgabe eines geschlossenen ziel- und problemorientierten Konzeptes“[312] zu entwickeln und im Unternehmen zu implementieren. Die konzeptionelle Personalentwicklung wird dabei als Regelkreis verstanden. Ausgangspunkt bilden bereits vorhandene oder zukünftig mögliche Abweichungen zwischen den Arbeitsplatzanforderungen und den bestehenden Mitarbeiterqualifikationen.[313] In der allgemeinen Literatur zur Personalentwicklung zeigen sich in Abhängigkeit von den jeweiligen Schwerpunkten unterschiedliche Detaillierungsgrade eines typischen Ablaufprozesses der Personalentwicklung.[314] Becker (2011) spricht von einem „Funktionszyklus systematischer Personalentwicklung“[315], in dem er sechs Phasen für eine effektive und effiziente Personalentwicklung definiert: „Bedarfsanalyse, Ziele setzen, Kreatives Gestalten, Durchführung, Erfolgskontrolle und Transfersicherung“.[316] Das Prozessmodell der Personalentwicklung von Solga et al. (2011) spiegelt zentrale Elemente des Funktionszyklus wider. Wie Abbildung 3 zeigt, konkretisieren die Autoren die einzelnen Aktivitäten in den jeweiligen Phasen und betonen darüber hinaus die stärkere Einbindung der strategischen Unternehmensziele in die Bedarfsanalyse, das Management des Lerntransfers über die Phasen der PE-Konzeption, -Durchführung und des Transfers sowie die Evaluation der Personalentwicklung über den gesamten Personalentwicklungsprozess hinweg.[317] Es wird ersichtlich, dass es sich bei diesem Prozess um ein komplexes Ineinandergreifen von unterschiedlichen Bestandteilen handelt, die iterativ, aber auch koordiniert vollzogen werden.

Im Zusammenhang mit dem Personalentwicklungsprozess werden auch Problemfelder und Herausforderungen thematisiert. Scholz (2014) weist auf Schwierigkeiten bei der Identifizierung des Entwicklungsbedarfes hin. So sind Anforderungs- und Fähigkeitsprofile aufgrund der

---

310 Vgl. Drumm, H. J. (2008), S. 337 zur Objektivierung und Individualisierung der Personalentwicklung.
311 Vgl. Berthel, J./Becker, F. G. (2013), S. 417.
312 Berthel, J./Becker, F. G. (2013), S. 417.
313 Vgl. Kanning, U. P. (2014), S. 504.
314 Siehe hierzu z. B. Scholz, C. (2014), S. 575; Drumm, H. J. (2008), S. 339; Berthel, J./Becker, F. G. (2013), S. 433; Mentzel, W. (2012), S. 19; Bröckermann, R. (2012), S. 310; Jung, H. (2011), S. 256 ff.
315 Becker, M. (2011), S. 19.
316 Becker, M. (2011), S. 19.
317 Vgl. Solga, M. et al. (2011), S. 24 f.

Erhebungsmethodik sowie ihrer strukturellen Merkmale nicht immer gänzlich vergleichbar. Hieraus können sich Ungenauigkeiten bei der Bestimmung des Personalentwicklungsbedarfs ergeben.[318]

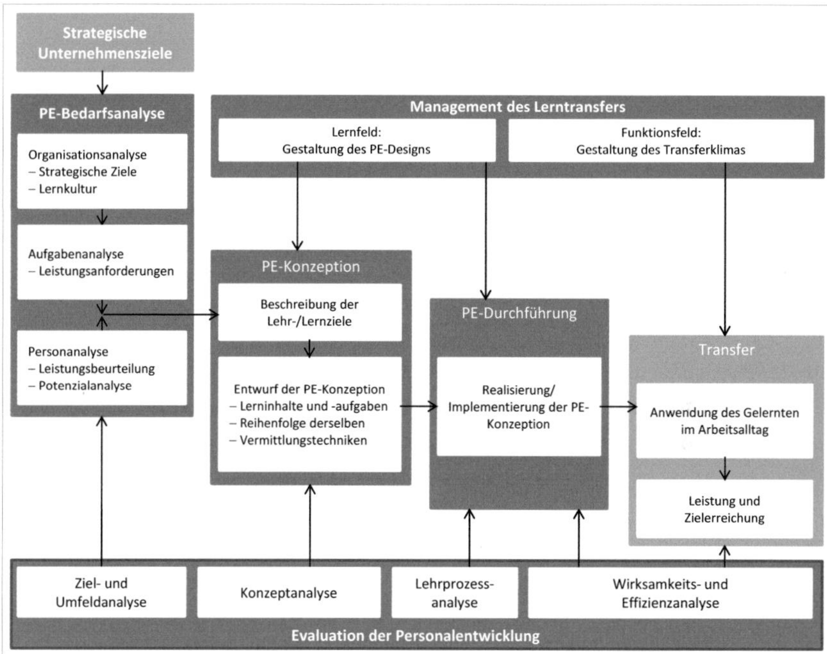

Abbildung 3: Prozessmodell der Personalentwicklung (Vgl. Solga et al. (2011), S. 24.)

Drumm (2008) sieht darüber hinaus weitere Schwierigkeiten, die im Zusammenhang mit dem Personalentwicklungsprozess stehen: Neben geeigneten methodischen Instrumenten zur Identifizierung von Defiziten, von Entwicklungswünschen, von Maßnahmen sowie von Entwicklungskandidaten, die alle hohe Anforderungen an die prognostische und planerische Qualität aufwerfen, ergeben sich für ihn Zuordnungsprobleme von Entwicklungserfolgen. Darüber hinaus sieht er die inhaltliche Abstimmung der Maßnahmen auf das Tätigkeitsfeld des Mitarbeiters (Anwendungsbezug) sowie die Etablierung der Personalentwicklung als lebenslangen Lernprozess als problematisch an.[319] In eine ähnliche Richtung geht auch Kühl (2008), der anmerkt, dass sich die Personalentwicklung von einem zyklischen Ablauf hin zu einem kontinuierlichen

318 Vgl. Scholz, C. (2014), S. 576.
319 Vgl. Drumm, H. J. (2008), S. 337 f.

Prozess aus Bedarfsanalyse, Intervention und Evaluation entwickelt hat. Führungskräfte werden somit zum dauerhaften Nutzer von Entwicklungsmaßnahmen. Folglich wird auch die Personalentwicklung zu einem kontinuierlich fortschreitenden Prozess, bei dem Führungskräfte ein „systematisches Betreuungsverhältnis“[320] während der gesamten Tätigkeit im Unternehmen mit der Personalentwicklung eingehen.[321]

2.2.1.2 Methoden und Instrumente der Personalentwicklung

Die Abhängigkeit von Strategien und Zielen führt dazu, dass immer wieder neue Kombinationen und Konstellationen von Personalentwicklungsmaßnahmen entstehen, so dass auf eine hohe Anzahl von Methoden zurückgegriffen werden kann.[322]

In der Literatur finden sich unterschiedliche Ansätze, wonach Personalentwicklungsmaßnahmen strukturiert werden können, wobei sich bislang keine einheitliche Systematisierung durchsetzen konnte[323]. So werden Maßnahmen beispielsweise nach den Hauptanwendungsgebieten[324] (Weiterbildung, Karriereplanung, Arbeitsstrukturierung, Bildung, Förderung, Organisationsentwicklung), nach der organisatorischen Anbindung[325] (stellengebundene, -übergreifende und -ungebundene Maßnahmen), nach zeitlicher, inhaltlicher und räumlicher Nähe[326] (into-, on-, near-, off-, out-of-the-job, laufbahnbezogen) sowie nach der genutzten Methode[327] (edukations-, erfahrungs-, feedbackbasiert) systematisiert.

Im Hinblick auf die Zielrichtung der vorliegenden Arbeit erscheint eine weitere Darstellung und Analyse entlang der Systematisierung von Stock-Homburg (2013) und Conradi (1983) geeignet, um die Methode einzelner Maßnahmen sowie die Ausgestaltung i. S. d. zeitlichen und räumlichen Nähe zum Arbeitsplatz herauszuarbeiten. Die Auswahl der skizzierten Maßnahmen erfolgt dabei basierend auf der Literaturrecherche zu den Themenfeldern Personalentwicklung und Projektmanagement sowie auf in empirischen Untersuchungen häufig thematisierten Maßnahmen.[328]

320 Kühl, S. (2008), S. 142.
321 Vgl. Kühl, S. (2008), S. 142.
322 Vgl. Ridder, H.-G. (2009), S. 143.
323 Vgl. Solga, M. et al. (2011), S. 25.
324 Vgl. Staehle, W. H. (1999), S. 880 ff.; Becker, M. (2013), S. 390 ff., S. 450 ff., S. 746 ff.
325 Vgl. Bühner, R. (2005), S. 111.
326 Vgl. Conradi, W. (1983), S. 22 ff.
327 Vgl. Stock-Homburg, R. (2013), S. 229 ff., 239 ff., 250 ff.
328 Vgl. u. a. Gareis, R. (2006), S. 619 f.; Schelle, H. et al. (2008), S. 388 ff.; Keßler, H./Winkelhofer, G. A.

Edukationsbasierte Maßnahmen

Zu den edukationsbasierten Maßnahmen können sowohl traditionelle Personalentwicklungsmaßnahmen gezählt werden, die einen schulungsorientierten Charakter aufweisen, als auch Maßnahmen, die einen stärkeren Austausch zwischen Lehr- und Lernbeteiligten ermöglichen.[329] Hierbei handelt es sich um „Methoden zur Vermittlung übergeordneter bzw. tätigkeitsbezogener Kenntnisse und Fähigkeiten. Sie werden zumeist außerhalb des Arbeitsplatzes eingesetzt.“[330] Hierunter können nachfolgende Maßnahmen verstanden werden: (Lehr-)Vortrag, Schulungen/Seminare/Kurse/Training, Zertifizierungen, Studiengänge, Rollen-/Planspiel/Simulation sowie elektronische Lernformen (E-Learning, Blended-Learning).

Der (Lehr-)Vortrag stellt eine Möglichkeit der Wissensvermittlung dar. Kennzeichnend für diese Maßnahme ist, dass im Wesentlichen der Vortragende zu Wort kommt, während die Zuhörer eher passiv teilnehmen. Dem damit verbundenen Vorteil, viele Informationen einem Teilnehmerkreis zur Verfügung zu stellen, steht der Nachteil gegenüber, dass der Wissenstransfer in die Praxis dadurch erschwert wird, dass der Teilnehmer keine Übungs- oder Wiederholungsaufgaben durchläuft.[331]

Bei den traditionellen Formen der Weiterbildung, wie z. B. Schulungen, Seminaren und Kursen, steht meist die Vermittlung von Wissen für eine bestimmte Gruppe im Vordergrund. In den letzten Jahren hat sich der Begriff Training als Synonym für Schulung im Sprachgebrauch ausgeweitet.[332] Insofern können Seminare als eine Trainingsmethode verstanden werden.[333] Allgemein zielt ein Training meist darauf ab, praktische Kenntnisse[334] und Verhaltensweisen in bestimmten Situationen zu vermitteln. Dies wird häufig durch Übungen mit anschließendem Feedback durchgeführt.[335] Seminare zielen meist auf die „Vermittlung von Grundlagenwissen und zeigen dabei hauptsächlich theoretische Zusammenhänge auf“[336] (Wissen). Je nach Ausge-

(2004), S. 91 ff.; Kuster, J. et al. (2011), S. 36 f.; Bea, F. X. et al. (2011), S. 745 ff.; Crawford, L. et al. (2006b).

329 Vgl. Stock-Homburg, R. (2013), S. 230 ff.

330 Stock-Homburg, R. (2013), S. 229.

331 Vgl. Petersen, T. (2000), S. 171 f.

332 Vgl. Büdenbender, U./Strutz, H. (2011), S. 278.

333 Vgl. Kauffeld, S. (2010), S. 3.

334 Vgl. Petersen, T. (2000), S. 183.

335 Vgl. Lippmann, E. (2009), S. 29 f. Im Rahmen dieser Arbeit soll Training als geplante Maßnahme mit dem Ziel der Erweiterung von Kenntnissen, Fähigkeiten, Fertigkeiten oder Verhaltensweisen verstanden werden (vgl. Tomuzia, D. J. A. (2012), S. 19).

336 Petersen, T. (2000), S. 167 f.

staltung ergibt sich dabei ein Anteil an Erfahrungsaustausch, der sich jedoch meist bedingt durch die Gruppengröße auf wenige Beispiele begrenzt.[337] Kennzeichnend für diese Form der Personalentwicklung sind die bereits zuvor definierte zeitliche Befristung sowie der Ablauf, der sich auf ein- oder mehrtägige Veranstaltungen, unternehmensintern oder -extern organisiert, beschränkt.[338]

Als eine Erweiterung von Schulungen, Seminaren, Kursen und Trainings können Zertifizierungsmaßnahmen i. S. v. Personenzertifizierungen verstanden werden. Hierbei wird am Ende einer Maßnahme eine Bewertung über die angemessene Anwendung der Lerninhalte durch einen neutralen Assessor vorgenommen. Grundlage für die Bewertung bilden häufig Normen oder Standards. Mit einer Zertifizierung wird eine erbrachte Leistung und Kompetenz bestätigt.[339] In diesem Verständnis sind sie von Teilnahmebescheinigungen an einer Veranstaltung zu unterscheiden. Zertifikate können dabei mehrere Funktionen erfüllen, z. B. die eines Lernanreizes, die einer Beurteilung oder auch die einer Selektionsfunktion. Entsprechend können sie für verschiedene Gruppen unterschiedliche Bedeutung haben.[340]

Neben diesen kurzzeitigen Maßnahmen dienen Studiengänge der Wissensvermittlung über einen längeren Zeitraum. Kennzeichnend für das berufsbegleitende Studium ist die Aufrechterhaltung des Arbeitsverhältnisses mit dem Unternehmen. Nach einem bereits vordefinierten Curriculum können Mitarbeiter in Vollzeit oder in Teilzeit einen Abschluss erlangen, wobei hier zwischen staatlich anerkannten und trägerbezogenen Abschlüssen unterschieden werden kann. Je nach Studienangebot werden hierbei Präsenzveranstaltungen, E-Learnings oder auch Blended-Learning-Elemente integriert.

Rollen-/Planspiele etc. werden insbesondere in der Personal- und Führungskräfteentwicklung in den letzten Jahren vermehrt genutzt. Sie stellen gruppendynamische Methoden dar, mit deren Hilfe die Wahrnehmung von Gruppenprozessen, das Einfühlungsvermögen und die eigene Rollenwahrnehmung verbessert werden sollen.[341]

---

337 Ein Training kann sich sowohl auf einen Einzelnen als auch auf eine Gruppe beziehen (vgl. Brinkmann, R. D. (2011), S. 15).

338 Vgl. Brinkmann, R. D. (2011), S. 14 f. bezogen auf die Maßnahme Seminar.

339 Vgl. Nuissl, E. (2003), S. 9 ff.; Gareis, R. (2006), S. 609.

340 Vgl. Käpplinger, B. (2007), S. 11 ff.

341 Vgl. Büdenbender, U./Strutz, H. (2011), S. 130 f.

E-Learning oder Blended Learning stellen elektronische Lernformen dar, die sich jedoch nicht stringent der Systematik nach der Nähe zum Arbeitsplatz zuordnen lassen.[342] Hierunter fallen Maßnahmen wie das Computer-Based-Training (CBT), d. h. die Nutzung von vordefinierten Lernprogrammen am Computer, das Web-Based-Training (WBT)[343] sowie virtuelle Seminare und Lernportale.[344] Die beiden letzteren Maßnahmen nutzen das Internet als Kommunikationsmedium, um z. B. geografische Distanzen beim Lernen zu überwinden (virtuelle Seminare) oder vielfältige Methoden im Lernprozess, wie z. B. Coaching Funktionen oder den Austausch mit Experten, zu integrieren bzw. zu ermöglichen.[345] Als wesentlicher Vorteil werden neben der Möglichkeit kooperativen Lernens auch die örtliche und zeitliche Unabhängigkeit und damit einhergehende Möglichkeiten des individuellen und flexiblen Lernens gesehen.[346] Eine kombinierte Version aus Präsenzveranstaltungen und CBT/WBT stellt das Blended Learning dar. Hierbei erfolgt ein regelmäßiger Wechsel zwischen Phasen mit direktem Austausch (zwischen Trainern und Teilnehmern) sowie computergestützten Lernphasen.[347] Diese Maßnahmen versuchen, unterschiedliche Elemente optimal und sinnvoll miteinander zu kombinieren und die jeweiligen Vorteile der Vermittlungsformen (z. B. gemeinsame Interaktion in Präsenzphasen und zeitliche Flexibilität) auszuschöpfen.[348]

Wie die Beschreibungen zeigen, sind edukationsbasierte Maßnahmen durch eine deutliche Strukturierung und Standardisierung gekennzeichnet. Lerninhalte sind vielfach bereits vordefiniert und für einen breiten Adressatenkreis bestimmt, wodurch verhältnismäßig wenig Spielraum für individuelle Rückfragen, Vertiefungen oder Übungen bleibt. Aufgrund ihrer deutlichen Fokussierung auf die systematische Wissensvermittlung sowie des eingeschränkten Kontext- und Anwendungsbezugs unterliegen diese Maßnahmen der Kritik, „träges Wissen“[349] zu erzeugen, das lediglich einen eingeschränkten Transfer in den Praxisalltag erfährt.[350]

---

342 Vgl. Mentzel, W. (2012), S. 182.

343 WBTs können als Weiterentwicklung der CBTs verstanden werden, da hier eine kontinuierliche Verbindung zum Internet eine zusätzliche Kommunikation und Interaktion ermöglicht.

344 Vgl. Mentzel, W. (2012), S. 217 ff.

345 Vgl. Mentzel, W. (2012), S. 216 ff.

346 Vgl. Lermen, M./Pätzold, H. (2010), S. 72.

347 Vgl. Wihler, A. et al. (2014), S. 393.

348 Vgl. Lermen, M./Pätzold, H. (2010), S. 73.

349 Vgl. Wihler, A. et al. (2014), S. 388.

350 Vgl. Wihler, A. et al. (2014), S. 388.

Erfahrungsbasierte Maßnahmen

Erfahrungsbasierte Maßnahmen stellen „Methoden zur Vermittlung realer Handlungen und Problemsituationen in komplexen anwendungsorientierten Lernsituationen am Arbeitsplatz (Training-on-the-Job) bzw. in der Nähe des Arbeitsplatzes (Training-near-the-Job)“[351] dar. Lernen findet folglich in der konkreten Aufgabe statt, wodurch eine Person umfassend gefordert wird.[352] Die nachfolgenden Maßnahmen können hierunter gefasst werden: Einarbeitung, Job Enlargement/Enrichment und der Workshop.

Bei der Einarbeitung geht es um die systematische Anleitung einer Person zur Erfüllung von Arbeitsaufgaben. Die Person lernt dabei durch Beobachten und eigenständiges Nachmachen sowie durch eine anschließende Kontrolle.[353] Neben der fachlichen Qualifizierung kann eine systematische Einarbeitung im Sinne eines Einarbeitungsplans auch die soziale Einbindung von neuen Mitarbeitern in einem Arbeitsbereich unterstützen.[354] Dabei kann ein Pate, d. h. eine erfahrenere Person, die Integration unterstützen und für operative Fragen zur Verfügung stehen.[355]

Die Erweiterung der Arbeitsaufgaben innerhalb eines Aufgabenfeldes durch vergleichbare Tätigkeiten wird als Job Enlargement bezeichnet. Der damit einhergehende vergrößerte Arbeitsumfang geht meist konform mit einer veränderten Arbeitsstrukturierung.[356] Bei einem Job Enrichment zielt die Maßnahme auf eine qualitative Erweiterung des Aufgabenbereiches.[357] Diese vertikale Aufgabenbereicherung ist im Unterschied zum Job Enlargement, also zur horizontalen Aufgabenerweiterung, mit einer Ausweitung des Kontroll- und Entscheidungsspielraums verbunden.[358]

Der Workshop ist eine zusätzliche und arbeitsbegleitende Form der Personalentwicklung, der häufig zur „Ideenfindung und der Erarbeitung von Problemlösungen in der Gruppe“[359] genutzt

---

351 Stock-Homburg, R. (2013), S. 239.
352 Vgl. Stock-Homburg, R. (2013), S. 238.
353 Vgl. Scholz, C. (2011), S. 348.
354 Vgl. Stock-Homburg, R. (2013), S. 239.
355 Vgl. Bröckermann, R. (2012), S. 128.
356 Vgl. Scholz, C. (2011), S. 349.
357 Vgl. Scholz, C. (2011), S. 349.
358 Vgl. Holtbrügge, D. (2015), S. 166 f.; Eisele, D./Doyé, T. (2010), S. 270 f.; Berthel, J./Becker, F. G. (2013), S. 471 f.
359 Heeg, F. J. (1993), S. 382; ähnlich auch Hofmann, L. M. (2010b), S. 1228.

wird. Hierbei kommen Menschen zusammen, die zur Bearbeitung einer Aufgabe hilfreich sein können. Entsprechend können die Gruppengröße sowie die Dauer variieren.[360] Darüber hinaus kann ein Workshop auch dazu genutzt werden, einem bestimmten Personenkreis Informationen, wie z. B. zu neuen Verfahren, Ergebnissen oder Strategien, darzustellen und zu erläutern.[361]

Im Gegensatz zu edukationsbasierten Maßnahmen zielen erfahrungsbasierte Maßnahmen stärker auf eine anwendungsorientierte Wissensvermittlung im realen Kontext ab. Kritisch angemerkt wird jedoch, dass, obwohl es sich hierbei nicht um grundlegend neue Lernformen handelt, diese eine positive Bewertung ohne konkrete Begründung erfahren.[362]

Feedbackbasierte Maßnahmen

Im Unterschied zu den Maßnahmen, die insbesondere allgemeines bzw. spezifisches, aufgabenbezogenes Wissen vermitteln, zielen feedbackbasierte Maßnahmen auf die „Vermittlung von Fähigkeiten und Kenntnissen durch intensive (zumeist persönliche) Interaktion zwischen lernenden und lehrenden Personen."[363] ab. Diesen Formen werden mehr Flexibilität sowie bedarfs- und nutzergerechter Einsatz zugeschrieben.[364] Ihre Zuordnung entlang der zeitlichen, inhaltlichen und räumlichen Nähe ist in der Literatur jedoch nicht eindeutig. So werden sie sowohl als Maßnahmen On-/Near- bzw. Parallel-to-the-job klassifiziert.[365] Hierbei wird die Beratungs- und Betreuungsorientierung[366] der Ansätze hervorgehoben, weshalb sie vielfach auch als begleitende Maßnahmen der Personalförderung zugeordnet werden.[367] Als Maßnahmen dieser Kategorie werden in der Literatur insbesondere Coaching, Mentoring und die kollegiale Beratung i. S. d. strukturierten Fallberatung genannt.[368]

---

360 Vgl. Heeg, F. J. (1993), S. 382; Brinkmann, R. D. (2011), S. 16.
361 Vgl. Büdenbender, U./Strutz, H. (2011), S. 314.
362 Vgl. Schiersmann, C. (2007), S. 85.
363 Stock-Homburg, R. (2013), S. 250.
364 Vgl. Peters, S. et al. (2006), S. 3, bezogen auf Mentoring.
365 Vgl. Wunderer, R. (2007), S. 363 (parallel-to-the-job); Bartscher, T. et al. (2012), S. 250 (on-the-job); Mudra, P. (2004), S. 220 (near-the-job).
366 Vgl. Ryschka, J./Tietze, K.-O. (2011), S. 95 ff.; Stock-Homburg, R. (2013), S. 250, S. 257.
367 Vgl. Scholz, C. (2014), S.1185, bezieht sich auf Förderung der Führung.; Becker, M. (2013), S. 658 ff.
368 Vgl. Wihler, A. et al. (2014), S. 393 ff.; Ryschka, J./Tietze, K.-O. (2011), S. 95.

Trotz der deutlichen Etablierung von Coaching[369] als Personalentwicklungsmaßnahme,[370] konnte sich bislang noch keine allgemeingültige Definition durchsetzen[371]. Dabei merken Autoren kritisch an, dass aufgrund der Unschärfe und der Marktintransparenz Coaching als Oberbegriff für eine Vielzahl von Personalentwicklungsmaßnahmen verwendet wird und falsch verstanden werden kann.[372] Nach Tonhäuser (2009) ist Coaching als „ein personenzentrierter, interaktiver Beratungs-, Begleitungs- und Unterstützungsprozess von begrenzter zeitlicher Dauer zu verstehen, der im beruflichen Kontext stattfindet."[373] Dabei ist hervorzuheben, dass zwischen den Austauschpartnern möglichst keine Unterschiede in der Hierarchie bestehen, sodass ein Austausch auf Augenhöhe stattfindet.[374] Eng verknüpft mit dem Coaching-Begriff ist der Grundgedanke der Hilfe zur Selbsthilfe, d. h. der Coachee soll befähigt werden, Probleme eigenständig zu bewältigen.[375] Darüber hinaus werden in der Literatur weitere Ziele genannt:

- Förderung der (Selbst-)Reflexion und Selbstwahrnehmung[376]
- Verbesserung und erweiterte Wahrnehmung des Erlebens und Verhaltens[377]
- Weiterentwicklung von individueller Lern- und Veränderungsfähigkeit[378]
- Bewältigung von Rollenanforderungen,[379] Konflikten und Krisen[380]

Dabei richtet sich die Maßnahme sowohl an Führungskräfte als auch an Mitarbeiter.[381] Schreyögg (2009) sieht neben der Verbindung aus fachlichen und persönlichen Themenbereichen auch die Flexibilität in der Auswahl der Themeninhalte sowie die Arbeit in Diaden bzw. Kleingruppen als einen entscheidenden Vorteil. Dadurch würde es ermöglicht, in einem vertraulichen Umfeld schwierige Themen zu besprechen.[382] Weiterhin kann Coaching auch als Präventivmaßnahme verstanden werden, die nicht akute Probleme bearbeitet, sondern auch tieferliegende Ursachen analysiert.[383] Im Unterschied zu traditionellen Managementtrainings stellt Schreyögg (2012) heraus, dass Coaching die „perfekt zugeschnittene Form der Personal-

369 Zur historischen Entwicklung/Nutzung von Coaching siehe u. a. Böning, U. (2005), S. 28 ff.
370 Vgl. Rauen, C./Eversmann, J. (2014), S. 563.
371 Vgl. Schiessler, B. (2010), S. 25; Tonhäuser, C. (2009), S. 54.
372 Vgl. Gross, P.-P./Stephan, M. (2011), S. 224; Böning, U. (2005), S. 22, 28.
373 Tonhäuser, C. (2009), S. 55.
374 Vgl. Rauen, C./Eversmann, J. (2014), S. 566.
375 Vgl. Rauen, C. (2005), S. 112.
376 Vgl. Rauen, C./Eversmann, J. (2014), S. 566; Böning, U. (2003), S. 284 f.
377 Vgl. Rauen, C./Eversmann, J. (2014), S. 566.
378 Vgl. Backhausen, W./Thommen, J.-P. (2006), S. 22.
379 Vgl. Looss, W. (2002), S. 15; Backhausen, W./Thommen, J.-P. (2006), S. 22; Böning, U. (2003), S. 284 f.
380 Vgl. Mayerhofer, H./Michelitsch-Riedl, G. (2009), S. 460; Böning, U. (2003), S. 284 f.
381 Vgl. Jung, H. (2011), S. 551.
382 Vgl. Schreyögg, A. (2009), S. 322.
383 Vgl. Rauen, C. (2003), S. 33.

entwicklung für Manager“[384] darstellt. In der Literatur finden sich unterschiedliche Varianten des Coachings. Die Unterscheidung richtet sich dabei nach der Sozialform (einzeln/Gruppe) sowie nach der Beziehung des Coaches zur Organisation (intern/extern).[385]

Als Personalentwicklungsmaßnahme in Unternehmen sowie für den Wissenstransfer zwischen Personen „bezeichnet Mentoring die Tätigkeit einer erfahrenen Person (Mentor/in), die ihr fachliches Wissen oder ihr Erfahrungswissen an eine unerfahrenere Person (Mentee oder Protegé) weitergibt.“[386] Dabei wird die Betreuung vielfach auch mit einer hierarchisch höher gestellten Person in Verbindung gebracht.[387] Beim Mentoring stehen neben der Weitergabe von Wissen auch bestimmte Verhaltensweisen, die in der jeweiligen Organisation[388] gelten, sowie ggf. auch die Vermittlung von Kontakten i. S. d. Netzwerkens, im Vordergrund.[389] Darüber hinaus dient Mentoring auch zur Integration neuer Mitarbeiter in die Organisation sowie der Vermeidung von erhöhter Fluktuation.[390] Nach Kram (1985) kann der Mentor zwei Funktionen übernehmen: Neben der aktiven Förderung des beruflichen Aufstiegs, z. B. durch die Verschaffung von Sichtbarkeit und Schutz, kann er auch als Sponsor oder Coach auftreten. Eine psychosoziale Funktion kann er erfüllen, indem er z. B. durch Betreuung und Unterstützung den Mentee emotional stärkt und selbst als Vorbild oder auch Berater fungiert.[391] Vorteile des Mentorings werden insbesondere in der Ermöglichung von informellen und selbstgesteuerten Lernprozessen zwischen Mentor und Mentee sowie in der Weitergabe von informellen Strukturen, Beziehungen und Werten in Unternehmen gesehen. Hierdurch kann das organisationale Lernen gefördert werden, da sich Lerneffekte aus dem Mentoring sowohl beim Mentee als auch beim

---

384 Schreyögg, A. (2012), S. 73.

385 Vgl. Jung, H. (2011), S. 552. Aus der zunehmendem Verbreitung und Weiterentwicklung von Coaching ergeben sich zudem Schwierigkeiten in der Abgrenzung zu anderen Maßnahmen. Zu nennen ist hier vor allem die Supervision, die als Beratungsform ursprünglich insbesondere in sozialen Berufen, wie z. B. bei Therapeuten und Sozialarbeitern, zum Einsatz kam. Zudem werden Unterschiede in der Zielgruppe und deren Funktion gesehen. So richtet sich Coaching vornehmlich an Personen mit Führungsverantwortung (Managementfunktion), wohingegen Supervision bei Personen mit Sachfunktionen genutzt wird. Zwar ist Supervision seit einiger Zeit auch im Wirtschaftsunternehmen verbreitet, allerdings ergeben sich dort häufig begriffliche Schwierigkeiten, da der „Supervisor“ dort häufig als Führungsfunktion mit operativ kontrollierendem Charakter geprägt ist (vgl. Schreyögg, A. (o. J. a), (o. J. b). Vor diesem Hintergrund soll im Rahmen dieser Arbeit der Begriff Coaching verwendet werden, auch wenn der Meinung einiger Autoren gefolgt wird, dass die verwendeten Methoden beider Formate sich sehr ähnlich sind.

386 Graf, N./Edelkraut, F. (2014), S. 6. Mentee und Protegé werden in der Literatur häufig synonym verwendet (vgl. Fellenberg, F. (2007), S. 425). Diesem Verständnis schließt sich die Autorin an. Für einen umfassenden Überblick zur Mentoring-Forschung siehe auch Blickle, G. (2000).

387 Vgl. Berthel, J./Becker, F. G. (2013), S. 384.

388 Bzw. in Organisationen, sofern es sich um Formate, wie z. B. Cross-Mentoring, d. h. unternehmensübergreifendes Mentoring, handelt.

389 Vgl. Lippmann, E. (2009), S. 30.

390 Vgl. Blickle, G. (2002), S. 71; Lippmann, E. (2009), S. 30.

391 Vgl. Kram, K. E. (1985), S. 22 ff.

Mentor einstellen können. Darüber hinaus nennen Autoren die Flexibilität der Maßnahme und die verhältnismäßig geringen Kosten.[392] Mentoring-Maßnahmen sind grundsätzlich auf keine betriebliche Hierarchieebene beschränkt. Als Mentor können sowohl Vorgesetzte als auch andere Führungskräfte (auch außerhalb des Unternehmens) in Frage kommen. Die Beratung und Betreuung umfasst meist einen längeren Zeitraum.[393] Mentoring-Beziehungen können sowohl formal organisiert sein (z. B. zur Förderung von Frauen in der Karriereentwicklung) oder auch informell entstehen. Ebenso wie Coaching haben sich unterschiedliche Mentoring-Formate im Zeitverlauf entwickelt. Neben dem klassischen internen Mentoring, in dem sowohl Mentor als auch Mentee in derselben Organisation tätig sind, bestehen auch weitere Varianten, wie z. B. unternehmensübergreifendes Mentoring (Cross-Mentoring) oder auch Blended Mentoring (Einsatz von Online-Elementen in der Betreuung).[394]

Die kollegiale Beratung[395] ist in ihrer Entstehungsgeschichte, ihren Bezügen und Praktiken eng mit der Supervision verbunden.[396] Hierbei haben sich unterschiedliche Konzepte kollegialer Beratung herausgebildet.[397] Unter Berücksichtigung einschlägiger Literatur definiert Tietze (2010) kollegiale Beratung[398] als „ein Format personenorientierter Beratung, bei dem im Gruppenmodus wechselseitig berufsbezogene Fälle der Teilnehmer systematisch und ergebnisorientiert reflektiert werden.“[399] Sie kann somit verstanden werden als „eine Form gegenseitiger beruflicher Beratung in einer von Kollegen selbst geleiteten Gruppe. Die Fallberatung, auch kollegiale Fallberatung oder kollegiale Beratung genannt, stellt ein diagnostisches Instrument zur Reflexion und Klärung beruflicher Probleme – genannt »Fälle« dar.“[400] Auf individueller Ebene werden insbesondere die Entwicklung von praktisch umsetzbaren und angemessenen Problemlösungen sowie die nachhaltige Erhöhung der Problemlösungskompetenz durch kollegiale und kooperative Problemlösungsstrategien hervorgehoben.[401] Darüber hinaus stehen die

392 Vgl. Lukoschat, H./Kletzing, U. (2006), S. 87 f.

393 Vgl. Olfert, K. (2015), S. 490.

394 Vgl. Graf, N./Edelkraut, F. (2014), S. 18 ff. Die Autoren geben dort einen Überblick über diese und weitere Mentoring-Formate; siehe auch Höher, F. (2014), S. 86 ff. In diesem Verständnis kann Mentoring von Networking in der Form abgegrenzt werden, dass es sich beim Mentoring um eine engere und verbindlichere Austauschbeziehung handelt (vgl. Grote, S. et al. (2009), S. 418).

395 In der Literatur finden sich unterschiedliche Schreibvarianten dieses Begriffs. Zum besseren Verständnis wird eine einheitliche Schreibweise gewählt.

396 Vgl. Linderkamp, R. (2011), S. 39.

397 Vgl. Linderkamp, R. (2011), S. 42 ff.

398 Tietze weist darauf hin, dass vielfach weitere Begriffe Verwendung finden, z. B. Intervision, kollegiale Praxisberatung, kooperative Beratung, kollegiale Supervision, kollegiale Beratung und Supervision, kollegiales Team Coaching (vgl. Tietze, K.-O. (2010), S. 15).

399 Tietze, K.-O. (2010), S. 24.

400 Rimmasch, T. (2010), S. 17.

401 Vgl. Rimmasch, T. (2010), S. 17.

Erweiterung des beruflichen Handlungsrepertoires und die Sicherung der beruflichen Handlungsfähigkeit sowie die Wahrnehmung der eigenen Persönlichkeit im Vordergrund.[402] Einige Autoren erweitern das Wirkungsspektrum kollegialer Beratung auf die Organisation i. S. d. organisationalen Lernens. Neben der zielgerichteten Förderung des Austausches unter Führungskräften und der Ermöglichung von Verhaltensänderungen und deren praktischer Erprobung im Alltag können auch Kernthemen des Unternehmens und der Führungsebene transparent werden.[403] Als Vorteile der kollegialen Beratung werden die gemeinschaftliche Förderung der Problemlöse- und Sozialkompetenz sowie die Förderung der Führungskultur genannt, da ein offener Umgang mit Herausforderungen signalisiert wird. Durch den gemeinschaftlichen Austausch in der Gruppe wird gleichsam der organisationale Austausch gefördert.[404] Von dieser strukturierten und methodengeleiteten Form grenzt Knoll (2008) den kollegialen Austausch als Beratungstyp ab. Diesen versteht er als allgemeines, handlungsleitendes Prinzip, aus dem sich Personen aus dem gleichen Handlungsfeld über berufliche und persönliche Erfahrungen austauschen. Anwendungsfelder stellen hierbei z. B. der Austausch nach einem Vortrag oder ein Rundgespräch nach einem Plenumsgespräch dar.[405]

Insgesamt zeigen feedbackbasierte Maßnahmen einen hohen Grad an Individualisierung, d. h. der bedarfsgerechten Unterstützung einer Person. Aufgrund ihrer Ausrichtung auf die Verbesserung der Reflexions- und Problemlösungsfähigkeit werden sie insbesondere für die Entwicklung der Sozial- sowie für die personale Kompetenz/Selbstkompetenz hervorgehoben.[406]

Wie die Erläuterungen der Maßnahmen verdeutlichen, sind alle genannten Maßnahmen dazu geeignet, die Handlungskompetenz in einer bestimmten Weise zu beeinflussen. Jedoch hat die Wahl der Personalentwicklungsmaßnahme einen Einfluss auf die Kompetenzklasse, die schwerpunktmäßig entwickelt wird.[407]

---

402 Vgl. Nowoczin, J. (2012), S. 31 f.
403 Vgl. Nowoczin, J. (2012), S. 35; Hinz, O. (2008), S. 77.
404 Vgl. Wihler, A. et al. (2014), S. 397.
405 Vgl. Knoll, J. (2008), S. 54 f.
406 Vgl. Sonntag, K./Schaper, N. (2006), S. 284 bezogen auf Coaching und Mentoring.
407 Vgl. Erpenbeck, H./Heyse, V. (1996), S. 88.

2.2.2 Ausrichtung der Personalentwicklungsangebote

Dieses Kapitel widmet sich der Darstellung, Analyse und Bewertung bestehender Personalentwicklungsangebote für Projektleiter. Hierbei sollen die Angebote sowohl inhaltlich mit Blick auf die in den Maßnahmen adressierten Kompetenzklassen als auch methodisch/strukturell, d. h. nach der Art der Methode sowie bezogen auf strukturelle Besonderheiten, untersucht werden.

Für die systematische Analyse und Bewertung der Entwicklungsangebote erscheint die Nutzung bestehender Systematisierungsansätze sinnvoll. Der differenzierte Ansatz von Hölzle (2009), der in Fach-, Methoden-, soziale, Führungs- sowie unternehmerische Kompetenz unterscheidet und damit Parallelen zu grundlegenden Kompetenzklassifizierungen aufweist, aber auch konkret für Projektleiter definiert wurde, erscheint hierzu zweckmäßig. Hierdurch wird es möglich, eine breitgefächerte Darlegung der Ergebnisse vorzunehmen sowie eine Orientierungshilfe für die inhaltliche Analyse der Angebote zu erhalten. Für die Analyse der bestehenden Methoden erscheint eine möglichst offene Systematisierung sinnvoll, um das Angebotsfeld in seinen unterschiedlichen Formen zu erfassen. Die in Kapitel 2.2.1.2 dargestellte Untergliederung von Stock-Homburg (2013) bietet mit der Unterscheidung in lediglich drei Bereiche (edukations-, erfahrungs- sowie feedbackbasierte Maßnahmen) diesen Freiraum und wird daher verwendet. Darüber hinaus konnten im vorherigen Kapitel häufig diskutierte Maßnahmen sowie deren strukturelle Besonderheiten der gewählten Systematisierung zugeordnet werden. Auf diese soll im Rahmen der Analyse und Bewertung ebenfalls Bezug genommen werden. Das Kapitel schließt mit einer zusammenfassenden inhaltlichen und methodischen Bewertung und Diskussion der Entwicklungsangebote.

Als Grundlage für die Angebotsanalyse wurden Aus- und Weiterbildungsportale[408] und Datenbanken[409] aus dem deutschsprachigen Raum sowie einschlägige Fachzeitschriften[410] und Veröffentlichungen zu Studiengängen an Hochschulen[411] sowie zu Projektmanagement-Organisationen[412] genutzt. Einschränkend ist jedoch zu erwähnen, dass über diese Recherche nur eine Momentaufnahme der Angebote für Projektleiter dargestellt werden kann. Gleichwohl ist es möglich, Schwerpunkte in der Ausrichtung der Angebote zu identifizieren.

Auf Basis der beschriebenen Quellen können die Angebote entsprechend der Anbieter weiter untergliedert werden. Zu den externen Anbietern können

- Projektmanagement-Organisationen[413]
- Akademien, Institute, Verbände, Vereine und kommerzielle Anbieter[414] sowie
- Universitäten und Hochschulen

gezählt werden. Darüber hinaus ergab die Recherche auch Ergebnisse zu unternehmensinternen Aus- und Weiterbildungsangeboten.

408 Aus- und Weiterbildungsportale: (1.) Suchmaschine des deutschen Bildungsservers für Weiterbildungskurse InfoWeb für Weiterbildung (IWWB) des Deutschen Instituts für internationale pädagogische Forschung (DIPF) http://www.iwwb.de [zuletzt geprüft am 07.02.2015]. Mittels dieser Suchmaschine konnten Angebote aus insgesamt 35 Angebotssuchmaschinen abgefragt werden. Die Selektion erfolgte auf der Grundlage von Online-Angeboten, die unmittelbar auf die Zielgruppe Projektleiter bzw. Projektmanager und auf Projektmanagement eingingen. Die zunächst hohe Anzahl an Treffern (Anfang Februar 2015 über 14.200 Maßnahmen) ergibt sich durch die Darstellung einzelner Angebote und den jeweiligen Termin. Diese Treffermenge wurde in einem nächsten Schritt um folgende Punkte bereinigt: 1) die Mehrfachnennungen von Angeboten in den jeweiligen Suchmaschinen; 2) thematisch nicht zuzuordnende Angebote, wie z. B. EDV, Elektrotechnik; 3) Angebote außerhalb Deutschlands. Die Treffermenge umfasste Angebote in Form von Seminaren, Kursen, Lehr-, Studien- Fernlehrgängen, Informationsveranstaltungen, Coaching/Beratung sowie Blended Learnings. (2.) Hochschulkompass betrieben von der HRK. In der HRK sind aktuell 268 staatliche und staatlich anerkannte Hochschulen und Universitäten in Deutschland zusammengeschlossen. 94 Prozent aller Studenten in Deutschland sind in diesen Mitgliedshochschulen eingeschrieben. (Vgl. http://www.hrk.de/hrk/aufgaben-und-struktur/ [zuletzt geprüft am 22.02.2015]), http://www.hochschulkompass.de [zuletzt geprüft am 08.02.2015]. Die Selektion erfolgte über die Fächersuche „Projektmanagement".

409 Da der Coaching-Begriff ebenso wie der Begriff Coach nicht geschützt sind, wurde im Rahmen dieser Arbeit auf die Coach-Datenbank der Christoph Rauen GmbH (http://www.coach-datenbank.de/ [zuletzt geprüft am 16.02.2015]) zurückgegriffen. Dort hinterlegte Coaches müssen definierte Kriterien für die Aufnahme erfüllen. Die Recherche beschränkte sich auf die Selektion nach dem Beratungsschwerpunkt „Projektmanagement" sowie die Position des Kunden als „Projektleitung".

410 Zu den Fachmagazinen zählen z. B. ProjektMagazin, Zeitschrift für Training und Weiterbildung.

411 Z. B. Flyer, Modulhandbücher und Informationsbeiträge auf der Homepage.

412 Z. B. Flyer, Homepagebeiträge, Zusatzmaterial und Buchveröffentlichungen.

413 Hierunter sind Organisationen zu verstehen, die Angebote für das Projektmanagement auf Basis ihrer Rahmenwerke vornehmen. Hierbei handelt es sich sowohl um Verbände (PMI, GPM/IPMA) als auch um Unternehmen (z. B. Axelos Ltd.).

414 In Abgrenzung zu den Projektmanagement-Organisationen bildet kein eigenes Rahmenwerk die Basis für die Angebote.

2.2.2.1 Projektmanagement-Organisationen

Bei der Recherche zu Angeboten seitens der Projektmanagement-Organisationen kann neben den Angeboten der in Kapitel 2.1.4.2 dargestellten Verbände GPM/IPMA und PMI zudem auf den Anbieter Axelos[415] zurückgegriffen werden. Dieser ist der aktuelle Eigentümer der Projektmanagement-Methode PRINCE2, die ursprünglich von der englischen Regierung als Standard für IT-Projektmanagement entwickelt wurde.[416] Alle drei Organisationen liefern Rahmenwerke oder international anerkannte Standards auf deren Basis sich Personen qualifizieren und zertifizieren lassen können. Nicht zuletzt kann hierin ihre Bedeutung für die Praxis abgelesen werden.[417]

Die GPM/IPMA bietet im Rahmen der Qualifizierung von Projektpersonal Seminare und Workshops von wenigen Tagen an. Inhaltlich werden unterschiedliche Themenfelder angesprochen. Neben Grundlagenseminaren (Projektmanagement Grundlagenseminar) sind auch Methoden, wie beispielsweise Agiles Projekt Management, Risikomanagement sowie Stakeholdermanagement, Gegenstand der Maßnahmen. In geringerer Differenzierung werden darüber hinaus Maßnahmen angeboten, die sich mit Präsentation, Führung und Kommunikation beschäftigen sowie Projektmanagement im internationalen Kontext oder Multiprojektmanagement ansprechen. Das Angebot richtet sich meist an eine weite Zielgruppe von (Teil-)Projektleitern, -mitarbeitern, -betroffenen oder auch (weiblichen) Führungskräften, aber auch an fachfremde Gruppen, wie z. B. Lehrer.[418] Die Durchführung dieser Maßnahmen erfolgt dabei durch GPM/IPMA zertifizierte Referenten sowie autorisierte Trainingspartner, d. h. Kooperationspartner, die sich aus kommerziellen Weiterbildungsanbietern, aber auch aus Vertretern von Hochschulen rekrutieren.[419] Ferner gehören Lehrgänge in Form von abgestuften Qualifizierungsstufen, die ebenfalls auf dem Rahmenwerk aufsetzen, zur Angebotspalette der GPM/IPMA.

---

415 Axelos Ltd. ist ein Joint Venture Unternehmen der britischen Regierung sowie der Capita Plc (vgl. https://www.axelos.com/about-axelos [zuletzt geprüft am 12.01.2016]).

416 Vgl. Klotz, M. (2015), S. 18. Der Standard ist nach sieben Projektprozessen sowie sieben Themengebieten strukturiert. Die Projektprozesse lauten: Das Projekt vorbereiten, lenken, initiieren, Steuern einer Projektphase, Managen der Produktlieferung, der Phasenübergänge, Abschließen des Projektes. Die sieben Themengebiete lauten: Business Case, Organisation, Qualität, Pläne, Risiken, Änderungen, Fortschritt. (Vgl. TSO (2014). Neben Prozessen und Themengebieten umfasst die PRINCE2-Methode auch Grundprinzipien sowie Informationen zur Anpassung der Methode unter Berücksichtigung der Projektumgebung.

417 Vgl. Kunz, C. (2010), S. 533 ff.

418 Vgl. http://www.gpm-ipma.de/qualifizierung_zertifizierung/seminare_workshops/pm_ seminar_termine.html [Stand: 15.02.2015].

419 Vgl. http://www.gpm-ipma.de/qualifizierung_zertifizierung/ipma_4_l_q_lehrgaenge_fuer_ projektmanager/autorisierte_trainingspartner.html [Stand: 11.01.2016].

Das PMI bietet gleichermaßen Weiterbildungsangebote in Form von Seminaren und Kursen an. Inhaltlich decken diese gleichfalls unterschiedliche Bereiche ab. So finden sich Themen wie Change Management, (Team-)Führung und Konfliktmanagement, aber auch organisationale Themen wie die Verbesserung von Projektmanagement Offices (PMOs).[420] Das PMI selbst bietet aktuell drei Wege der Weiterbildung[421] an. Neben Präsenz-Seminaren können auch E-Learning-Angebote gewählt werden.[422] Zudem unterstützen autorisierte Kooperationspartner (Registered Education Providers) das PMI, womit das Angebot auch grundsätzlich in unterschiedlichen Ländern abgedeckt ist.[423]

Axelos verweist auf seinen Informationsseiten lediglich auf Zertifizierungen und entsprechende Vorbereitungskurse durch Examination Institutes bzw. akkreditierte Trainingspartner. Inwieweit auch hier ein solches Angebot vorhanden ist, kann somit nicht beantwortet werden.

Alle drei Projektmanagement-Organisationen bieten zudem abgestufte und häufig aufeinander aufbauende Zertifizierungsstufen an.[424] Dabei werden unterschiedliche Nachweise über Vorwissen und/oder Berufserfahrung für die Teilnahme vorausgesetzt.[425] Darüber hinaus sind für den Erhalt der Zertifikate teilweise Re-Zertifizierung sowie Nachweise über regelmäßige Weiterbildungsmaßnahmen notwendig.[426]

Die inhaltlichen Schwerpunkte variieren bei der GPM/IPMA-Zertifizierung entsprechend der Zertifizierungsstufe. In Abhängigkeit von der Zertifizierungsstufe werden die Kompetenzen[427] entsprechend intensiv in den Vorbereitungskursen zur Zertifizierung behandelt und im Rahmen der Zertifizierung geprüft.[428] Dies zeigt sich in der Gewichtung der Fragen und Aufgaben im Rahmen der schriftlichen Prüfung. Während im niedrigsten Level (D) noch ein starker Fokus

---

420 Vgl. http://learning.pmi.org/ [zuletzt geprüft am 23.02.2016].

421 Hierunter fallen allgemeine Angebote, aber auch Angebote zum Nachweis/Erhalt bereits erlangter Personenzertifizierungen.

422 Siehe hierzu auch www.pmi.org/Professional-Development.aspx [zuletzt geprüft am 11.11.2013].

423 Siehe Auswahlbedingungen „Location“ unter http://learning.pmi.org/ [zuletzt geprüft am 15.02.2015].

424 So unterscheidet z. B. die GPM/IPMA vier Stufen, wobei das niedrigste Level (Level D) der Projektmanagementfachmann darstellt, gefolgt vom Projektmanager (Level C), vom Seniorprojektmanager (Level B) sowie vom Projektmanagementdirektor (Level A). Axelos unterscheidet zwischen Foundation Examination, Practitioner Examination sowie Professional Examination.

425 Vgl. für GPM/IPMA: GPM (2014); PMI: PMI (2014); Axelos: https://www.axelos.com/qualifications/prince2-qualifications [zuletzt geprüft am 11.01.2016].

426 GPM/IPMA fordert u. a. Nachweise über Projekte sowie Teilnahmenachweise zu Weiterbildungen; PMI fordert professional development units (PDUs), Axelos verlangt für die Practitioner Examination eine erneute Zulassung (Reregistration).

427 Zum Kompetenzverständnis der GPM/IPMA siehe Kapitel 2.1.4.2.

428 Vgl. PM-ZERT (2014), S. 5 ff.

auf die PM-technischen Kompetenzelemente gelegt wird (70 Prozent), sinkt dieser Anteil bei Level A auf 40 Prozent. Demgegenüber gewinnen PM-Verhaltens- und PM-Kontextkompetenzelemente an Bedeutung von jeweils 15 Prozent (Level D) auf jeweils 30 Prozent (Level A).[429]

Beim PMP-Zertifikat des PMI wird das inhaltliche Schwergewicht mit 30 Prozent auf die Durchführungsphase des Projektes gelegt, gefolgt von der Phase Monitoring and Controlling mit 25 Prozent. Bei näherer Betrachtung der benötigten Wissens- und Fähigkeitsgebiete zeigt sich beim PMP-Zertifikat, dass sehr stark das Wissen über Techniken (techniques) und Prozesse (procedures) abgefragt wird. Persönliche Verhaltenselemente, wie z. B. Beziehungsmanagement (Relationship Management), aktives Zuhören sowie Zeitmanagement werden unter dem übergreifenden Punkt „Cross-Cutting Knowledge and Skills“[430] zusammengefasst. Sie werden jedoch nicht direkt in den Prüfungsfragen angesprochen.[431]

Ein Vergleich mit der PRINCE2-Zertifizierungen zeigt, dass das Foundation-Zertifikat auf den Nachweis von fundiertem Wissen und Verständnis zur PRINCE2-Methode abzielt, um mit dieser zu arbeiten bzw. in einem auf PRINCE2 basierenden Projektsetting zu arbeiten. Es kann somit als Grundlagenzertifikat verstanden werden, das aber auch eine Voraussetzung für die Practitioner-Zertifizierung darstellt. Letzteres zielt darauf ab „[…] to confirm whether the candidate has achieved sufficient understanding of how to apply and tailor PRINCE2 in a scenario situation. A successful Practitioner candidate should, with suitable direction, be able to start applying the method to a real project but may not be sufficiently skilled to do this appropriately for all situations.“[432] Sie stellt somit stärker die praktische Umsetzung in den Vordergrund und ist gleichzeitig Voraussetzung für die Professional-Zertifizierung.

2.2.2.2 Akademien, Institute, Verbände, Vereine und kommerzielle Anbieter

Zu der zweiten Anbietergruppe können Akademien, Institute, Verbände sowie kommerzielle Anbieter gezählt werden. Das Angebotsspektrum umfasst eigene Seminare, Lehrgänge und Studiengänge meist in Form von Kooperationen mit Hochschulen und Akademien. Darüber hinaus

429 Vgl. PM-ZERT (2014), S. 11.
430 PMI (2011), S. 12.
431 Vgl. PMI (2011), S. 3.
432 Foundation purpose unter https://www.axelos.com/qualifications/prince2-qualifications [zuletzt geprüft am 11.01.2016].

bieten diese Anbieter auch Vorbereitungskurse gemäß den Projektmanagement-Organisationen sowie eigene Zertifizierungen und Lehrgänge für Projektleiter an.

Die Dauer der angebotenen Maßnahmen ist vielfach auf wenige Tage beschränkt, als Kompaktseminar, -lehrgang oder in Intervallen bzw. Modulen. Klassische Fernstudiengänge sind eher selten zu finden. Einige Anbieter stellen den zertifizierten Nachweis erlangter Kompetenzen heraus und berufen sich dabei auf eigene Zertifizierungen oder Titel, die von Hochschulen verliehen werden. Dies geht häufig einher mit der Erbringung von Leistungsnachweisen in Form von Praxisberichten, Abschlussarbeiten und schriftlichen und/oder mündlichen Prüfungen.

In einem verhältnismäßig geringen Umfang werden Studiengänge, Workshops, Informationsveranstaltungen, E-Learning-Angebote, Beratungsformen wie Coaching oder auch Angebote zum Praxis- und Erfahrungsaustausch angeboten. Bezogen auf Coaching-Maßnahmen, konnte diese Beobachtung aus der IWWB-Analyse durch die genauere Recherche mittels der Coach-Datenbank der Christoph Rauen GmbH etwas relativiert werden.[433] Hier fanden sich über 70 Coaches, die Coaching mit dem Schwerpunkt Projektmanagement in Deutschland anbieten. Eine höhere Anzahl an Coaching-Anbietern (ca. 130 Coaches) konnte durch die Abfrage nach dem Schwerpunkt Projektmanagement sowie der Position des Kunden (Projektleitung) erzielt werden.[434] Allerdings erlaubt diese Recherche keine tiefergehende inhaltliche Analyse des Beratungsangebots, da die Beratungsthemen individuell und bedarfsorientiert definiert werden. Zur inhaltlichen Angebotsanalyse wurden diese auf Überschriftsebene und unter Berücksichtigung des Kompetenzverständnisses einzelner Kompetenzklassen nach Hölzle (2009) analysiert.[435] Angebote zur Erweiterung von Fachkompetenzen i. S. v. Wissen und Erfahrung aus verschiedenen Fachbereichen durch Berufserfahrung konnten hierbei nur mittelbar über Fachtrainings, wie z. B. Datenschutz, IT-Recht oder auch IT-Infrastruktur, gefunden werden. Demgegenüber steht jedoch ein breites Angebotsspektrum zur Vermittlung von Methodenkompetenzen. Allen voran können allgemeine Angebote zum Projektmanagement, Grund- und Aufbaukurse sowie Vorbereitungskurse für Zertifizierungen gemäß den Projektmanagement-Organisationen genannt werden. Zudem sind Angebote zu erwähnen, die sich auf die Anwendung

---

433 Vgl. http://www.coach-datenbank.de/ [zuletzt geprüft am 16.02.2016].

434 Die höhere Anzahl erklärt sich vermutlich daraus, dass sowohl der Suchbegriff Projektmanagement als auch Projektleitung zu einem Auswertungstreffer führten.

435 Vgl. Kapitel 2.1.4.4. Aufgrund der Vielzahl von Angeboten wurden die Angebote zunächst thematisch weiter zusammengefasst und anschließend den Kompetenzklassen zugeordnet.

von allgemeiner und projektspezifischer Software (z. B. Microsoft (MS) Project, Mindmanager), Optimierungsmethoden (z. B. Kanban, SixSigma) und Vorgehensmodellen (z. B. agiles PM) beziehen. Darüber hinaus werden Themenfelder zum Qualitäts-, Risiko-, Krisen- und Change Management adressiert. Es kann angenommen werden, dass die vermittelten Inhalte auch Einblicke in andere Fachbereiche, wie z. B. Finanzen, Controlling sowie Personal, ermöglichen.

Angebote zur Vermittlung von sozialen Kompetenzen i. S. v. „Fähigkeiten zur Initiierung und Pflege zwischenmenschlicher Fähigkeiten, persönlicher Qualitäten und von Auftreten“[436] finden sich ebenfalls in der Analyse, jedoch ist hier eine genaue Trennschärfe zur Methodenkompetenz nicht immer gegeben. So können Angebote zur Moderation, Präsentation und Rhetorik gleichfalls der Methoden- als auch der sozialen Kompetenz zugeordnet werden. Ähnlich verhält es sich auch bei Angeboten zum Konfliktmanagement und zur Kommunikation. Angebote zur Führung und Leitung sowie zur Motivation lassen eine Zuordnung zur Führungskompetenz nach Hölzle (2009) zu. Sie sind im Vergleich zu den Angeboten zur Vermittlung von Methodenkompetenzen jedoch weniger häufig zu finden. Angebote zur Verbesserung der unternehmerischen Kompetenz, d. h. Fähigkeiten, die hilfreich für die zielgerichtete Durchführung eines Projektes sind[437], sind in geringem Umfang unmittelbar identifizierbar (z. B. unternehmerisches Projektmanagement). Allerdings kann vermutet werden, dass Angebote, wie beispielsweise Verhandlungen, sowohl auf die effiziente Projektabwicklung abzielen als auch die Interaktion mit anderen und damit die Sozial- und Führungskompetenz ansprechen. In diesem Sinn kann angenommen werden, dass die zuvor genannten Angebote aus der Fach-, Methoden-, Sozial- und Führungskompetenz grundsätzlich auch für die unternehmerische Kompetenz förderlich sind.

Darüber hinaus bestehen Angebote, die sich gezielt auf die Rolle des Projektleiters beziehen. Diese sind zum Teil ebenfalls mit Zertifizierungsmöglichkeiten verknüpft. Zudem können hierbei Kombinationen mit anderen fachlichen Schwerpunkten, wie z. B. Prozessmanagement oder Spezialisierungen auf bestimmte Branchen, z. B. Werbung, Eventmanagement, IT oder Logistik, festgestellt werden.[438] Hier kann eine deutliche und wachsende Verzahnung und Anpassung der Angebotsinhalte bezogen auf die Branche vermutet werden. Über die Systematisierung von

[436] Hölzle, K. (2009), S. 22.
[437] Vgl. Hölzle, K. (2009), S. 23.
[438] Analysiert wurden die Angebote, die sich auf die Rolle „Projektleiter“ beziehen.

Hölzle (2009) hinausgehend, zeigen sich zudem einzelne Angebote zur Entwicklung der Persönlichkeit. Hierzu können Angebote, wie beispielsweise Selbstmanagement für Projektleiter oder auch angewandte Psychologie in Projekten, gezählt werden.

Insgesamt zeigt sich, dass die Bereiche zur Methoden- und sozialen Kompetenz verhältnismäßig differenziert angeboten werden, während die Themendichte für Führungs- und unternehmerische Kompetenz deutlich geringer ist. Diese Tendenz zeigt sich auch in der Anzahl an Angeboten, die durch eine Vielzahl von Maßnahmen im Bereich der Methodenkompetenz gekennzeichnet ist. Allgemeine Angebote zum Projektmanagement sowie Angebote zur Vorbereitung auf Zertifizierungen sind am stärksten vertreten. Die Vermittlung von Sozial- und Führungskompetenz sowie Unternehmerischer Kompetenz ist im Vergleich dazu deutlich weniger differenziert und seltener zu finden.

2.2.2.3 Universitäten und Hochschulen

Angestoßen durch die identifizierten Angebote aus der IWWB-Auswertung, wurde zur Analyse des Angebotsspektrums der Universitäten und Hochschulen zudem auf die Datenbank der Hochschulrektorenkonferenz (HRK), den Hochschulkompass, zurückgegriffen. Hierbei zeigt sich, dass sich Projektmanagement als Teilbereich von Studiengängen, aber auch als eigenständiges Studienfach etablieren konnte. So konnten Anfang Januar 2014[439] 142 Studienfächer identifiziert werden, die Projektmanagement aufgreifen.[440] Mit Stand Februar 2015[441] konnten über die Studienfachsuche Projektmanagement im Hochschulkompass insgesamt 167 Angebote von 88 Hochschulen in Deutschland identifiziert werden. Den überwiegenden Teil der Hochschulen, die Projektmanagement als Studienfach anbieten, stellen Fachhochschulen und Hochschulen ohne Promotionsrecht dar. Diese nehmen Projektmanagement bereits in Studiengänge auf, die zu einem ersten Hochschulabschluss führen (grundständig). Während in Bachelor-Studiengängen die Mehrzahl der Studiengänge in Vollzeit angeboten wird, flexibilisiert sich dies in den Masterstudiengängen, wo sowohl Vollzeit- als auch berufsbegleitende Studiengänge angeboten werden.

---

439 Stand 11.01.2014.

440 Eine Abfrage über die Fächersuche der HRK (www.hochschulkompass.de) ergab 142 Treffer mit dem Fachgebiet Projektmanagement [Stand: 11.01.2014].

441 Stand 21.02.2015.

Projektmanagement als eigenständiges Studienfach wird lediglich von wenigen Hochschulen angeboten.[442] Einige Studiengänge kombinieren Projektmanagement mit anderen fach- bzw. branchenbezogenen Lerninhalten, z. B. Projektmanagement Bau oder Projektmanagement Engineering.[443] Der überwiegende Teil der Angebote nimmt Projektmanagement als Teilgebiet in das Curriculum auf.[444] Hierzu zählen Studiengänge, wie beispielsweise Architektur, Bauingenieurwesen oder auch Medienwirtschaft.

Eine Verzahnung zwischen universitärer Bildung und Zertifizierungsverbänden kann ebenfalls festgestellt werden. So kooperiert beispielsweise die GPM/IPMA aktuell mit mehreren universitären Einrichtungen, u. a. mit den Schwerpunkten Softwareentwicklung, Innovationsforschung, BWL/Organisation oder auch Wirtschaftsinformatik.[445] Die Zulassung zu diesen Angeboten setzt sowohl akademische als auch praktische Erfahrungen im Projektmanagement voraus. Die Dauer der Weiterbildung variiert jedoch sehr stark und kann zwischen einigen Tagen und mehreren Monaten bzw. Semestern betragen. Seit 2001 hat das PMI eine eigene Akkreditierungsstelle für Bachelor-, Master- und Promotionsstudiengängen eingerichtet.[446]

Zur inhaltlichen Ausrichtung der Angebote wurden sechs Angebote von fünf Hochschulen, die unmittelbar Projektmanagement als Studiengang thematisieren, genauer analysiert. Hierbei handelt es sich um Masterstudiengänge zum Projektmanagement, die sowohl berufsbegleitend als auch in Vollzeit angeboten werden. Die Analyse erfolgte auf Basis von Beschreibungen der Studiengänge auf den Hochschulwebseiten sowie durch die Sichtung der Modulhandbücher, sofern diese zur Verfügung standen.

Inhaltlich können anhand der analysierten Unterlagen Schwerpunkte in der Methodenkompetenz identifiziert werden. So werden Projektcontrolling, -Reporting, Qualitäts-, Risiko-, Informations- und Wissensmanagement thematisiert sowie Finanzierung, Kostenmanagement, Prozess- und Ressourcenmanagement, IT und Recht. Hierbei kann vermutet werden, dass auch grundlegendes Fachwissen aus anderen Bereichen (z. B. Finanzen, Personal, Rechtsbereich etc.) vermittelt wird. In der übergreifenden Betrachtung werden zudem soziale Kompetenzen,

---

[442] Es konnten Angebote bei sechs Hochschulen identifiziert werden.

[443] Es konnten 15 kombinierte Studiengänge identifiziert werden.

[444] Dies konnte für 146 Studienangebote identifiziert werden.

[445] Vgl. http://www.gpm-ipma.de/ueber_uns/kooperationspartner.html [zuletzt geprüft am 11.11.2013].

[446] Mit Stand 17.01.2016 war kein Studiengang aus Deutschland PMI zertifiziert. Zur Recherche siehe http://www.pmi.org/gac/directory-accredited-programs-europe.aspx [zuletzt geprüft am 17.01.2016].

wie Kommunikation, Moderation und Präsentation, aufgeführt. Im Unterschied zu den Angeboten der Akademien etc. werden in den Studienangeboten auch Sprachen aufgeführt. Inhalte, die Führungskompetenzen adressieren, werden ebenfalls deutlich herausgestellt, z. B. Führungskonzepte oder auch Führung von interkulturellen Teams. Unternehmerische Kompetenzen sind ebenfalls genannt, wie z. B. strategisches Management. Zur Vermittlung der Inhalte kommen vielfach Vorlesungen, Seminare und Übungen zum Einsatz. Eher selten werden interaktive Formen, wie Gruppenarbeiten, Case Studies, Simulationen und Planspiele, in den Unterlagen aufgeführt. Insgesamt sind die fünf Kompetenzklassen grundsätzlich abgedeckt. Die Beobachtungen sind jedoch mit Vorsicht zu interpretieren, da es sich um eine sehr kleine Stichprobe von Studienangeboten handelt und sich die Beobachtung auf verschriftlichte Beschreibungen der Studiengänge bezieht.

Zusammenfassend kann festgehalten werden, dass sich im Hochschulbereich ein breites und zunehmend wachsendes Lehrangebot zum Projektmanagement entwickelt hat, das keineswegs mehr ein „exotisches Pflänzchen“[447] in der Lehrangebotspalette darstellt.[448] Die Angebote zeichnen sich durch eine strukturelle und inhaltliche Flexibilität aus, z. B. als Angebote in Voll- und Teilzeit sowie in Vertiefung in allgemeine, aber auch spezielle Branchen und Themenfelder. Zudem zeigt sich eine deutliche Verzahnung der Studienangebote mit den Projektmanagement-Verbänden.

2.2.2.4 Unternehmensinterne Personalentwicklungsangebote

Neben unternehmensexternen Angeboten für Projektleiter gibt die Recherche auch nähere Einblicke in die Ausgestaltung unternehmensinterner Entwicklungsmaßnahmen für Projektleiter. Die Veröffentlichungen zeigen dabei auf, dass sich Unternehmen aus unterschiedlichen Branchen mit der Entwicklung von Angeboten auseinandersetzen. Diese können grob in die beiden folgenden Bereiche gegliedert werden:

- Projektmanagement-Programme (Zertifizierung, Projekt- und Projektmanagement-Standards)[449]
- Einführung von Karriere- und Laufbahnmodellen.[450]

---

447 Wehnes, H. (2014), S. 75.
448 Vgl. Wehnes, H. (2014), S. 75 f.
449 Vgl. Maier, D./Prieß, A. (2011); Wuttke, T. (2002); Nimsch, C. et al. (2006).
450 Vgl. Steeger, O. (2002); Reck, R. (2012); Eichenberg, T./Scherer, E. K. (2012); Reumschüssel, T./Brauner, C. (2011); Widmann, M. (2010); Armbrecht, T./Ullmer, M. (2010); Grahl, S./Durst, T. (2009).

Erstere zielen dabei auf die Vermittlung eines gemeinsamen Grundverständnisses von Projektmanagement, von relevanten Prozessen und Instrumenten sowie von Arbeitsmethoden innerhalb des Unternehmens ab. Grundlage hierfür bilden teilweise die Veröffentlichungen der Projektmanagement-Verbände. Hierdurch sollen nicht nur die Qualität des Projektmanagements verbessert, sondern auch Wettbewerbsvorteile generiert werden.

Im Rahmen der Karriere- und Laufbahnmodelle soll Projektarbeit systematisch mit dem Personalentwicklungskonzept verknüpft werden.[451] Charakteristisch für die betrachteten Modelle sind eine stufenweise Steigerung der Projektverantwortung mit flankierenden Qualifizierungsmaßnahmen sowie die enge Verzahnung mit der Praxis. Inhaltlich werden neben Methoden auch Führungsaspekte sowie Kommunikation angesprochen. Die Vermittlung erfolgt vielfach in Form von Seminaren sowie von E-Learning-Angeboten (CBT/WBT/Virtueller Klassenraum) und ermöglicht zum Teil Zertifizierungen gemäß den Projektmanagement-Verbänden. Vereinzelt werden auch Maßnahmen wie kollegiale Beratung genannt.

Empirische Untersuchungen zum Einsatz von Aus- und Weiterbildungsangeboten für Projektleiter in Unternehmen lassen sich in der Literatur vereinzelt finden. Ein Beispiel stellt die Studie von Schneider et al. (2009) dar, die verdeutlicht, dass in der Praxis aus Sicht des Top-Managements ein hoher bis sehr hoher Qualifizierungsbedarf besteht, wobei interne und externe Schulungen für Projektmitarbeiter dominieren. Im Vergleich hierzu werden Maßnahmen wie Coaching oder Learning-on-the-Job in der Praxis eher selten eingesetzt.[452] Demgegenüber zeigt die Untersuchung von Borchert/Günther (2007), die IT-Projektleiter bzgl. der Relevanz und Nutzung von Personalentwicklungsmaßnahmen befragt, einen anderen Schwerpunkt. Sie kommt zu dem Ergebnis, dass insbesondere arbeitsbegleitende Maßnahmen, wie Learning-by-doing und Erfahrungsaustausch, eine höhere Bedeutung für die Befragten haben und mehr genutzt werden als unternehmensinterne und -externe Seminare. Darüber hinaus macht die Studie deutlich, dass weitere Maßnahmen, wie Coaching, elektronische Medien sowie Fachliteratur, Mittel zur Qualifizierung darstellen.[453] Zwar beschränkt sich diese Studie ausschließlich auf Projektleiter im IT-Bereich, jedoch kann vermutet werden, dass diese Maßnahmen grundsätzlich auch Projektleitern aus anderen Fachbereichen zur Verfügung stehen.

---

451 Vgl. Eichenberg, T./Scherer, E. K. (2012), S. 363.
452 Vgl. Schneider, C. et al. (2009), S. 20. Die Gesamtbefragung belief sich auf 30 Top-Manager.
453 Vgl. Borchert, M./Günther, A. E. K. (2007), S. 37 f.

Zusammenfassend kann festgehalten werden, dass in Unternehmen interne Angebote zur Entwicklung von Projektleitern zum Einsatz kommen. Aufgrund der verhältnismäßig geringen Anzahl betrachteter Veröffentlichungen geben diese Einzelbeispiele jedoch lediglich eine Indikation über genutzte Personalentwicklungsmaßnahmen für Projektleiter und die inhaltliche Zielrichtung. Diese Beobachtung unterstützt und motiviert den gewählten qualitativen Forschungsansatz dieser Arbeit. Durch die explorative Vorgehensweise wird es möglich, tiefergehende Einblicke in die unternehmensintern angebotenen Personalentwicklungsangebote zu erhalten.

2.2.2.5 Bewertung und Diskussion der Personalentwicklungsangebote für Projektleiter

Zur Bewertung und Diskussion der Aus- und Weiterbildungsangebote für Projektleiter werden die dargestellten Angebote dahingehend analysiert, inwieweit sie inhaltlich auf die Kompetenzentwicklung von Projektleitern gerichtet sind und somit deren Entwicklung unterstützen.

Wie gezeigt werden konnte, bieten die Projektmanagement-Organisationen unterschiedliche Möglichkeiten der Weiterbildung und Zertifizierung. Sie zeigen inhaltlich einen deutlichen Bezug zur Vermittlung fachlicher und methodischer Kenntnisse zur Bearbeitung von Fragestellungen in Projekten. Weniger deutlich werden jedoch Themenfelder zur sozialen Interaktion und Führung herausgestellt. Unter Berücksichtigung der angebotenen Maßnahmenformen (z. B. Kurs, E-Learning, Zertifizierung) sowie der Dauer der Maßnahme lässt sich jedoch vermuten, dass die inhaltliche Tiefe stark variiert. So sprechen Seminare und Workshops gezielt einzelne Aspekte an, wie beispielsweise den Einsatz bestimmter Methoden oder Führungs- und Kommunikationsfragestellungen, beschränken sich zeitlich jedoch auf wenige Tage. Zertifizierungen hingegen werfen einen umfassenderen Blick auf das Projektmanagement und erstrecken sich über mehrere Tage oder Wochen. Unter Berücksichtigung der in der Literatur aufgeführten Erkenntnisse zur Ausrichtung der verwendeten Maßnahmen können Schwachpunkte in der Kompetenzentwicklung abgeleitet werden. So vermitteln die Maßnahmen vornehmlich strukturiertes und explizites Wissen und lassen verhältnismäßig wenig Spielraum für eigene Erfahrungen und Reflexion.

Ferner finden sich in wissenschaftlichen Veröffentlichungen einige Kritikpunkte, die sich auf die Inhalte und die Umsetzung der Aus- und Weiterbildungsangebote insbesondere in Bezug auf die dafür zugrunde gelegten Standards beziehen. Einen Punkt stellt der Einfluss der Projektmanagement-Organisationen in Bezug auf die Bestimmung relevanten Projektmanagement Know-hows dar. Zwar basieren die Standards auf Einschätzungen von Projektmanagementexperten, vor dem Hintergrund zunehmender Komplexität von Projekten sowie deren Ausweitung in neue Anwendungsbereiche erscheint der Best-Practice-Ansatz bei den Trainingsprogrammen jedoch nicht mehr angemessen und zudem weder theoretisch noch empirisch belegt.[454] Zusätzlich wird die lineare und singuläre Betrachtung von Projekten angemerkt.[455] Dynamik, Komplexität und Unsicherheit, die Projekten eigen sind, werden in den Standards kaum angesprochen.[456] Kerzer (2013) merkt dazu an: „Traditional project management practices, especially if we follow the PMBOK® Guide, encourage linear thinking and lots of structure and control. While some projects can be successful using structure and rigid EPM methodologies, other projects will suffer.“[457] Projektmanagement-Standards bilden somit nur einen Teil dessen ab, was notwendig ist, um als Projektleiter effektiv zu sein. Daneben sollten aber auch kontextuelle, unternehmensinterne und technische Aspekte sowie allgemeines Managementwissen, Fähigkeiten und unternehmensspezifisches Projektmanagementwissen vermittelt werden.[458] Darüber hinaus merken einige Autoren an, dass die Wissensvermittlung in den Projektmanagement-Standards stark im Vordergrund steht, jedoch der Umgang mit unerwarteten oder neuen Situationen nicht ausreichend thematisiert wird.[459] Damit geben die Standards zwar Vermittlungsinhalte vor, jedoch nicht die Art und Weise, wie diese in konkreten Projekten genutzt bzw. eingesetzt werden sollen. Hieraus ergibt sich ein Ermessensspielraum, aus dem die Nutzer frei wählen können oder auch müssen.[460] In diesem Sinn können auch Ergebnisse zur Wirksamkeit von Projektmanagement-Zertifizierungen verstanden werden, in denen sich zeigt, dass der Projekterfolg unabhängig vom Durchlaufen einer Projektmanagement-Zertifizierung ist.[461]

Die unterschiedlichen Kritikpunkte lassen darauf schließen, dass die Entwicklung eines Berufsbildes für Projektleiter nicht bestimmt ist.[462] Somit kann diese Rolle eine breite Palette an Projektarten und unterschiedlichen Verantwortungsausprägungen abdecken. Dies erschwert letztlich auch die Auswahl relevanter Personalentwicklungsinhalte und -methoden.[463] Es stellt sich

454 Vgl. Crawford, L. et al. (2006b), S. 731 f.
455 Vgl. Thomas, J./Mengel, T. (2008), S. 307.
456 Vgl. Crawford, L. et al. (2006b), S. 726; Thomas, J./Mengel, T. (2008), S. 305.
457 Kerzner, H. (2013), S. 1144.
458 Vgl. Crawford, L. et al. (2006b), S. 727.
459 Vgl. Thomas, J./Mengel, T. (2008), S. 307.
460 Vgl. Thomas, J./Mengel, T. (2008), S. 306.
461 Vgl. Starkweather, J. A./Stevenson, D. H. (2011), wobei die Bewertung der Projektleiter durch die Vorgesetzten anhand definierter Kriterien erfolgte.
462 Vgl. Lang, K./Rattay, G. (2005), S. 88.
463 Vgl. Crawford, L. et al. (2006b), S. 723.

jedoch die Frage, inwieweit sich diese Kritik auch auf die konkrete Umsetzung der Angebote in Deutschland übertragen lässt. Hierbei kann vermutet werden, dass insbesondere die Vermittlungsinhalte, deren Relevanz sowie die Anwendung in der Praxis hinterfragt werden könnten.

Als zweite Anbietergruppe wurden Akademien, Institute, Vereine und kommerzielle Anbieter untersucht. Hier zeigen sich Parallelen zu den Inhaltsschwerpunkten der Projektmanagement-Organisationen, die sich vermutlich durch die zahlreichen Vorbereitungsseminare und -kurse für Zertifizierungen ergeben. Darüber hinaus bietet diese Anbietergruppe jedoch auch zielgerichtete Angebote für einzelne Projektmanagementaspekte, die eine tiefergehende Auseinandersetzung mit bestimmten Aspekten des Projektmanagements ermöglichen. Gleichwohl sind diese Angebote definitionsgemäß zeitlich beschränkt. Mit Blick auf die Struktur der Maßnahmen kann auch hier davon ausgegangen werden, dass die Vermittlung expliziten Wissens im Vordergrund steht.

Hochschulen und Universitäten wurden als dritte Anbietergruppe näher untersucht. Auch hier zeigen die untersuchten Unterlagen einen Bezug zu den bestehenden Inhalten der Rahmenwerke der Projektmanagement-Organisationen, wobei internationales und interkulturelles Arbeiten sowie (unternehmens-)strategische Aspekte, die eine übergeordnete Betrachtung des Projektmanagements vermuten lassen, deutlicher hervorgehoben werden. In der Inhaltsvermittlung werden neben klassischen Vorträgen auch Möglichkeiten geschaffen, in Übungen und Kleingruppen zu arbeiten, um einen aktiven Austausch und eine Auseinandersetzung mit den Lerninhalten zu erreichen. In den Studiengängen werden Bezüge zur Praxis hergestellt, z. B. in Form von eigenen Projekten der Studierenden. Allerdings ist fraglich, ob diese Form der Übung eine spätere Praxisrealität widerspiegeln kann.

Die Bewertung und Diskussion der inhaltlichen Ausgestaltung unternehmensinterner Angebote kann nur eingeschränkt erfolgen, da hierzu nur wenige Einzelbeispiele vorliegen, die zudem stärker die strukturellen Gegebenheiten der Unternehmen als die Themeninhalte beschreiben. Es kann daher vermutet werden, dass aufgrund der zunehmenden Ausweitung von Projektmanagement-Standards Kompetenzfacetten in die Angebote der Unternehmen einfließen. Auf eine detaillierte Bewertung soll daher an dieser Stelle verzichtet werden. Aus der Analyse der strukturellen Gegebenheiten kann zudem abgeleitet werden, dass neben Seminaren, Lehrgängen und Kursen auch Möglichkeiten des organisationsinternen Austausches bestehen. Wie diese konkret implementiert sind und welche Bedeutung derartige Maßnahmen dabei aus Sicht von Projektleitern besitzen, ist jedoch unklar.

2.2.3 Zwischenfazit

Wie die Untersuchung des Begriffsverständnisses von Personalentwicklung zeigt, deckt dieses ein breites Feld von Aufgaben ab und wird sowohl eng als auch weit aufgefasst. In den Beschreibungen der Ansätze und -ziele werden diese in der Literatur häufig im Kontext klassischer Organisationsformen beschrieben. Die Besonderheiten von Projektorganisationen werden erst in den letzten Jahren intensiver thematisiert,[464] wohingegen Projektarbeit als Personalentwicklungsinstrument durchaus erkannt wird.[465]

Der Personalentwicklungsprozess wird aufgrund der grundlegenden Ausrichtung als systematisch geplanter (Regel-)Prozess verstanden. Hierbei werden Personalentwicklungsmaßnahmen überwiegend als Mittel zur Angleichung definierter Funktionsanforderungen an die Leistungsfähigkeit einer Person genutzt. Es stellt sich die Frage, inwieweit dieser Prozess aufgrund der sich dynamisch verändernden Anforderungen aufrecht erhalten werden kann.

Aufgrund der geänderten Umweltanforderungen hat sich in den letzten Jahrzehnten die inhaltliche Zielrichtung der Personalentwicklung von der Ausrichtung auf die Vermittlung von anforderungsorientierten Wissensinhalten, von Fähigkeiten und Fertigkeiten i. S. v. Qualifikationen hin zur Entwicklung von anwendungsorientierten Kompetenzen verlagert. Mit Blick auf eine ganzheitliche Personalentwicklung, die auch die Persönlichkeitsentwicklung berücksichtigt, werden neben der Entwicklung von Fach- und Methodenkompetenzen zunehmend auch soziale und personale Kompetenzen zum Gegenstand der Personalentwicklung. Hieraus leiten sich zwei wesentliche Veränderungen ab, die sowohl in der Literatur als auch in Studien sichtbar werden: Neben der Erweiterung des Maßnahmenkatalogs zur Abdeckung aller Kompetenzklassen wird Personalentwicklung zunehmend in den betrieblichen Alltag in Form von arbeitsplatznahen Maßnahmen integriert. Zu den traditionellen und eher standardisierten Maßnahmen der Personalentwicklung off-the-job, wie z. B. Seminaren, Schulungen und Trainings, treten elektronische Weiterbildungsformate, wie beispielsweise Blended Learning, hinzu. Gleich-

464 Vgl. u. a. Huemann, M. et al. (2007a); Söderlund, J./Bredin, K. (2006); Hölzle, K. (2009); Keegan, A. et al. (2012).
465 Vgl. u. a. Scholz, C. (2014); Berthel, J./Becker, F. G. (2013); Gmür, M./Thommen, J.-P. (2014).

zeitig ist ein Trend zum sozialen Lernen durch prozessbegleitende, unterstützende Personalentwicklungsmaßnahmen, wie Coaching, Mentoring oder auch kollegiale Beratung, wahrnehmbar.[466] Dies kann zum einen als Signal für die zunehmende Individualisierung der Personalentwicklung interpretiert werden, die sich am Entwicklungsbedarf des Einzelnen ausrichtet[467], zum anderen unterstreicht es die zunehmend engere Verzahnung des Lernens im Kontext der Arbeit.

Im Rahmen der Angebotsanalyse für Personalentwicklungsmaßnahmen für Projektleiter konnte ein breites sowohl inhaltliches als auch methodisches Maßnahmenangebot identifiziert werden. Jedoch wirft die Analyse auch Fragen auf: So kann auf Basis der Angebotsanalyse sowie der in der Literatur diskutierten Maßnahmen angenommen werden, dass in Unternehmen neben edukationsbasierten auch erfahrungs- und feedbackbasierte Maßnahmen, wie beispielsweise Einarbeitungspläne, Job Enlargement, Job Enrichment, Workshops oder auch Mentoring, für die Entwicklung von Projektleitern genutzt werden. Im Rahmen der Angebotsanalyse konnte dies jedoch nicht eindeutig belegt werden.

Im Hinblick auf die inhaltliche Analyse der Angebote wurden insbesondere für edukationsbasierte Maßnahmen grundsätzliche Schwerpunkte herausgearbeitet. Für erfahrungs- und feedbackbasierte Maßnahmen ist dies nur eingeschränkt möglich. Insbesondere für feedbackbasierte Maßnahmen konnte keine inhaltliche Analyse zur Ausrichtung der Themenfelder und somit zu den damit adressierten Kompetenzklassen vorgenommen werden. Der konkrete Einsatz der Maßnahmen sowie die Entwicklungsmöglichkeiten des Kompetenzprofils sind auf Basis dieser Recherche weitgehend unklar.

Für den weiteren Forschungsverlauf können nachfolgende Kernfragen mit Blick auf die Befragung formuliert werden:

- Welche Personalentwicklungsmaßnahmen kommen in der Praxis zur Entwicklung von Projektleitern zum Einsatz?
- Wie zweckmäßig ist deren Einsatz, inhaltlich und strukturell, in Bezug auf die praktische Projektarbeit sowie für die Entwicklung von Kompetenzprofilen?
- Welche Erfahrungen bzw. Defizite bestehen in der Personalentwicklung von Projektleitern?

---

466 Vgl. Graf, N. (2014), S. 192.

467 Diese Annahme stützt sich auch auf die Veröffentlichung von Fischer, H. et al. S. 65 ff.

2.3 Zusammenführung der Ergebnisse und Konkretisierung der Forschungsfragen

In diesem Kapitel werden die Erkenntnisse aus den beiden zuvor geschilderten Themenbereichen der Bestandsaufnahme systematisch zusammengeführt, kritisch reflektiert und hierauf aufbauend die Forschungsfragen konkretisiert.

In der Aufarbeitung der Merkmale und Herausforderungen der Projektarbeit zeigt sich, dass Projekte vielfältig in Erscheinung treten und in ihrem Begriffsverständnis unterschiedlich definiert werden. Die aufgezeigten Merkmale machen deutlich, dass zahlreiche Abhängigkeiten und Vernetzungen zum Projektumfeld bestehen. Für die Rolle des Projektleiters bedeutet dies, in einem Spannungsfeld zwischen den mitunter widersprüchlichen Erwartungen des Projektumfeldes sowie der im Projekt beteiligten Personen zu agieren. Die damit verbundenen Herausforderungen in der Projektarbeit ergeben sich dabei aus den projektspezifischen strukturellen und ablauforganisatorischen Rahmenbedingungen. Wie die Analyse relevanter Kompetenzen für Projektleiter verdeutlicht, werden hierfür unterschiedliche Kompetenzen hervorgehoben.

Weiterhin wurde die Ausrichtung der Personalentwicklung in ihrer normativen Betrachtung aufgearbeitet. Hierbei fällt auf, dass projektförmige Arbeitsstrukturen sowie die zielgerichtete Entwicklung von Projektpersonal und damit auch von Projektleitern nicht explizit hervorgehoben werden. In der methodischen Ausgestaltung der Personalentwicklung werden veränderte Rahmenbedingungen aufgegriffen, die sich aus dem unternehmerischen Umfeld sowie aus der vermehrten Nutzung von Projektorganisationen ergeben. Zudem werden vermehrt Maßnahmen thematisiert, die das Lernen und Arbeiten stärker zusammenführen. Infolgedessen ist eine verstärkte Ausdifferenzierung der Personalentwicklungsmaßnahmen zu beobachten.

Der Vergleich des Verständnisses und der Ausrichtung der Personalentwicklung an der Darstellung der Merkmale und Herausforderungen der Projektarbeit wirft jedoch Besonderheiten und damit einhergehende Schwierigkeiten bezogen auf eine systematische und zielgerichtete Personalentwicklung von Projektleitern auf. Wie in den Ausführungen zu den Herausforderungen der Projektarbeit sowie speziell für die Rolle des Projektleiters herausgearbeitet werden konnte, ist ein breit gefächertes Kompetenzprofil bei Projektleitern notwendig, um mit den jeweiligen Herausforderungen der Projektarbeit umgehen zu können. Dabei sind die Kompetenzanforderungen im Vergleich zu Tätigkeiten in der Linienorganisation weniger klar definiert.[468] Zudem unterliegt die Arbeit in Projekten aufgrund der zahlreichen Kontextfaktoren einer inhärenten Dynamik und Komplexität, die eine schnelle und flexible Anpassungsfähigkeit von Projektleitern verlangt. Es stellt sich daher die Frage, wie eine systematische, planmäßige und zielgerichtete Personalentwicklung sowie die Auswahl und der Einsatz von geeigneten Personalentwicklungsmaßnahmen für Projektleiter vor dem Hintergrund wechselnder Anforderungen sichergestellt werden können.

Die Bestandsaufnahme der Personalentwicklungsangebote für Projektleiter legt hierzu offen, dass der Einsatz von edukationsbasierten Maßnahmen zur Kompetenzentwicklung, insbesondere für die Entwicklung der Fach- und Methodenkompetenz, weit verbreitet ist. Es kann somit vermutet werden, dass zentrale Aspekte des Projektmanagements thematisiert und kompakt vermittelt werden. Dies ist jedoch für erfahrungsbasierte Maßnahmen fraglich, deren Einsatz im Projektkontext nur bedingt belegt werden konnte und in seiner inhaltlichen Zielrichtung weitgehend unscharf blieb. Darüber hinaus deuten einzelne Angebote sowie dargestellte Forschungsergebnisse darauf hin, dass die individuelle Unterstützung i. S. d. Beratung und Betreuung der Projektleiter in ihrem konkreten Projektkontext als nützliche und zielführende Maßnahme angesehen werden kann. Maßnahmen wie Coaching, Mentoring oder die Ermöglichung von Erfahrungsaustausch zwischen Projektleitern scheinen hilfreich und wichtig zu sein,[469] jedoch bislang unterschiedlich stark bei Projektleitern eingesetzt zu werden.[470] Hierbei können die Förderung der (Selbst-)Reflexion, der Ausbau von Sozial-, Führungs- und unternehmerischen Kompetenzen, die Orientierung entlang der individuellen Bedürfnisse sowie der flexible Einsatz dieser Maßnahmen als sinnvolle Ergänzung zu den bestehenden Angeboten vermutet werden. Wie in der Analyse der Kompetenzprofile deutlich wurde, werden diese Kompetenzen ebenso als wichtige Kompetenzen für Projektleiter eingestuft.[471] Schilderungen aus praktischen Erfahrungen deuten auf positive Effekte bei Führungskräften und Projektleitern hin.[472] Darüber hinaus bestehen für diese Zielgruppe kaum Erkenntnisse in Bezug auf konkrete Themeninhalte. Ein Forschungsbedarf für feedbackbasierte Maßnahmen wird indes von einigen Autoren gefordert. So merkt Tietze (2010) an, dass sich nur wenige Untersuchungen mit kollegialer Beratung

---

468 Vgl. Kapitel 2.1.4.2; 2.1.4.3; 2.1.4.4.

469 Vgl. Borchert, M./Günther, A. E. K. (2007), S. 37; Hölzle, K. (2009), S. 208 ff.; Trobisch, N./Denisow, K. (2010), S. 7.

470 Vgl. Schneider, C. et al. (2008), S. 27; Borchert, M./Günther, A. E. K. (2007), S. 38.

471 Vgl. Kapitel 2.1.4.2; 2.1.4.3; 2.1.4.4.

472 Vgl. Nowoczin, J. (2012), S. 35.

und ihrer Wirkung (Evaluation) auseinandersetzen.[473] Auch Tonhäuser (2009) beanstandet die fehlende wissenschaftliche Untersuchung zur Implementierung von Coaching.[474] Feldman/Lankau (2005) bemängeln ebenfalls fehlende empirische Belege für die Wirkung von Coaching-Maßnahmen.[475] Ähnliches zeigt sich auch für Mentoring, wo ebenfalls der Wunsch nach weiteren Forschungsarbeiten artikuliert wird.[476]

Insgesamt erscheint somit ein Betrachtungswechsel notwendig, der es ermöglicht, ausgehend von der praktischen Projektarbeit von Projektleitern auf relevante Personalentwicklungsmaßnahmen für den Umgang mit projektspezifischen Herausforderungen zu schließen. Das Erkenntnisziel dieser Arbeit ist somit, ausgehend von den konkreten Erfahrungen von Projektleitern einerseits relevante Kompetenzen vor dem Hintergrund der praktischen Herausforderungen in der Projektarbeit zu identifizieren und andererseits darauf aufbauend sinnvolle Maßnahmen für die Entwicklung von Kompetenzprofilen herauszuarbeiten.
Die Wahl einer explorativen Vorgehensweise ermöglicht zugleich, weitere Maßnahmen zu identifizieren, die in der Praxis genutzt werden, jedoch bislang unberücksichtigt blieben.

Damit gilt es, insbesondere die Rahmenbedingungen der Projektarbeit, deren spezifische Herausforderungen für Projektleiter sowie die dafür notwendigen Kompetenzen im Zusammenhang mit den genutzten Maßnahmen zu betrachten. Beschreibungen zur Berufserfahrung sowie zum persönlichen Werdegang erlauben es darüber hinaus, die Erfahrungen mit Personalentwicklungsmaßnahmen in den individuellen Gesamtkontext zu stellen. Letztlich ist die Erhebung von Empfehlungen von Projektleitern zur Verbesserung von Personalentwicklungsmaßnahmen von Bedeutung, um bislang unerkannte Defizite in der Personalentwicklung und damit verbundene Prozesse für diese Zielgruppe zu identifizieren.

Im Hinblick auf die empirische Exploration können die eingangs in Kapitel 1.1 aufgezeigten Forschungsfragen somit weiter konkretisiert werden:

1. Welche Kompetenzklassen können bei Projektleitern als wesentlich identifiziert werden (wesentlich aufgrund der geschilderten Herausforderungen)?

---

473 Vgl. Tietze, K.-O. (2010), S. 13.
474 Vgl. Tonhäuser, C. (2009), S. 58.
475 Vgl. Feldman, D. C./Lankau, M. J. (2005), S. 830.
476 Vgl. Rotering-Steinberg, S. (2007), S. 40; Höher, F. (2014), S. 131; Schneider, P. B./Blickle, G. (2009), S. 151.

Die Unterfragen hierzu lauten:

1.1. Welche Herausforderungen im Projektumfeld bestehen aus Sicht der Projektleiter? Wie verstehen sie ihre Rolle im Projekt?

1.2. Welche Kompetenzen sind für Projektleiter in Bezug auf die Entwicklung der eigenen Handlungsfähigkeit von besonderer Bedeutung (aktuell und zukünftig)?

Hiermit wird das Ziel verfolgt, wesentliche Kompetenzen herauszuarbeiten, die in der Personalentwicklung von Projektleitern besonders berücksichtigt werden müssen. Darauf aufbauend, folgt die Frage zur Analyse der Personalentwicklungsmaßnahmen und deren Einfluss auf das Kompetenzprofil:

2. Welche Methoden und Instrumente stellen sinnvolle Maßnahmen zur Verbesserung des Kompetenzprofils von Projektleitern im Projektumfeld dar und in welcher Art und in welchem Umfang beeinflussen sie das Kompetenzprofil von Projektleitern?

Hierzu ergeben sich folgende Detailfragen:

2.1. Welche Personalentwicklungsmaßnahmen werden bei Projektleitern eingesetzt?

2.2. In welcher Art und in welchem Umfang werden die Maßnahmen eingesetzt?

2.3. Welche inhaltlichen und strukturellen Aspekte der Maßnahme erweitern die Handlungsfähigkeit von Projektleitern?

2.4. In welchem Maß beeinflussen sie das Kompetenzprofil von Projektleitern, d. h. welche Kompetenzklassen können durch die jeweiligen Entwicklungsmaßnahmen gezielt entwickelt werden?

2.5. Welche Potenziale bestehen in dem übergeordneten Personalentwicklungsprozess zur Erweiterung von Kompetenzprofilen?

Das unmittelbare Erkenntnisinteresse im Rahmen der empirischen Untersuchung liegt somit in der erfahrungsbasierten Analyse des Einsatzes von Personalentwicklungsmaßnahmen und deren Einfluss auf das Kompetenzprofil. Weiterhin ermöglicht die Untersuchung mittelbar eine Bedarfserhebung von Projektleitern in Bezug auf sinnvolle Personalentwicklungsmaßnahmen sowie die Nutzung von Maßnahmen in der Praxis. Aus der fallübergreifenden Analyse können zudem Hinweise für eine zielgerichtete Einbindung dieser Maßnahmen in die Unternehmenspraxis abgeleitet werden.

Im nächsten Kapitel erfolgt die Darstellung des Forschungsdesigns, das die empirische Untersuchung anleiten soll, sowie dessen Reflexion im Hinblick auf die Gütekriterien.

3 Forschungsdesign und Gütekriterien

Ziel des Kapitels ist es, die Methodik der empirischen Untersuchung zur Beantwortung der Forschungsfragen näher zu beschreiben. Darüber hinaus wird auf die Stärken und Schwächen der Vorgehensweise eingegangen und der Umgang mit ihnen wird erläutert.

3.1 Forschungsdesign

Das Forschungsdesign dient der schrittweisen Beschreibung des Forschungsablaufs.[477] Wie im Eingangskapitel dargelegt, folgt diese Arbeit einem qualitativen Forschungsansatz. Hierzu wurden leitfadengestützte Experteninterviews mit 18 Projektleitern durchgeführt. Die folgenden Abschnitte dienen der detaillierten Darlegung der Zusammenstellung der Befragten sowie der Datenerhebung und -auswertung.

3.1.1 Sampling

Die vorliegende Arbeit zielt auf die Analyse von Entwicklungsmaßnahmen für Projektleiter ab. Dafür wurden Projektleiter in der Wahrnehmung als Experten, d. h. „als Quelle von Spezialwissen“[478] befragt. Der Fokussierung auf Experten wird in der wissenschaftlichen Literatur zunehmend mehr Bedeutung beigemessen.[479] Sie ermöglichen einen spezifischen Einblick in die Zusammenhänge und Strukturen des zu untersuchenden Gegenstands und nehmen aufgrund ihres Spezialwissens eine herausragende Stellung ein.[480] Darüber hinaus kann der Rückgriff auf Experten den Erkenntnisgewinn beschleunigen, indem auf unmittelbares, praktisches Wissen (Insiderwissen) abgezielt wird und die Interviewten stellvertretend für eine Vielzahl von Personen aus dem Untersuchungsfeld stehen.[481] Gleichwohl wird die methodische Umsetzung in der Literatur kritisch hinterfragt.[482] So wird der Status „Experte“ objektbezogen, d. h. in Abhängigkeit von der Forschungsfrage und subjektiv durch den Betrachter, z. B. den Forscher,

477 Vgl. Lamnek, S. (2010), S. 666.
478 Gläser, J./Laudel, G. (2010), S. 12.
479 Vgl. Bogner, A./Menz, W. (2005), S. 7.
480 Vgl. Gläser, J./Laudel, G. (2010), S. 12 ff.
481 Vgl. Bogner, A./Menz, W. (2005), S. 7.
482 Siehe hierzu u. a. Bogner, A./Menz, W. (2005), S. 9 f.

vergeben.[483] Um dieser Kritik entgegenzuwirken, wird der Experten-Begriff im Rahmen dieser Arbeit wie folgt definiert, so dass die Auswahl der Befragten objektiviert werden kann:

> *Ein Experte zeichnet sich durch eine Expertise auf dem Gebiet des Projektmanagements aus, d. h. er hat fundierte, mehrjährige (mindestens 2 Jahre) praktische Erfahrungen in der Leitung und Steuerung von Projekten sowie der Führung von Projektpersonal. Seine persönlichen Erfahrungen im Projektumfeld und sein Wissen werden in das Zentrum der Erhebung gestellt.*

Auf Basis der bestehenden Erfahrungen und Sichtweisen der Befragten wird davon ausgegangen, dass eine Analyse der „Strukturen und Strukturzusammenhänge des ExpertInnenwissens/handelns“[484] sowie die Beantwortung der Forschungsfrage durch diese Auswahl möglich sind.

Im Hinblick auf die konkrete Auswahl von Fällen kann auf unterschiedliche Methoden zurückgegriffen werden, wie z. B. auf Zufallsauswahl, auf Theoretical Sampling, aber auch auf das Schneeballsystem.[485] Anders als in der quantitativen Forschung, die auf Repräsentativität der Stichprobe abzielt, wird in der qualitativen Forschung die Andersartigkeit eines jeden Falls betont. Entsprechend erfolgt die Auswahl der Fälle systematisch, um das theoretische Konzept tiefergehend auszuleuchten und abzusichern.[486]

Die Fallauswahl im Rahmen der vorliegenden Arbeit erfolgte basierend auf den Ergebnissen der Bestandsaufnahme sowie methodischen Vorüberlegungen und bestehenden Möglichkeiten zum Feldzugang.[487] Die Kontaktaufnahme zu der relevanten Personengruppe fand überwiegend über Kontaktpersonen statt.[488] Die Ansprache der Befragungsteilnehmer erfolgte bewusst anhand der zuvor definierten Merkmale, um eine möglichst breite Basis zu erhalten und gleichsam die Vergleichbarkeit der Fälle sicherzustellen. Darüber hinaus wurde unter Beachtung der Experten-Definition auf eine größtmögliche Variation abgezielt, um die Erlebniswelten der Projektarbeit sowie der Erfahrungen mit Personalentwicklungsmaßnahmen möglichst umfassend

---

483 Vgl. Meuser, M. /Nagel, U. (2005), S. 73.

484 Meuser, M./Nagel, U. (2005), S. 76.

485 Vgl. Przyborski, A./Wohlrab-Sahr, M. (2010), S. 174; Atteslander, P. (2010), S. 274 ff.

486 Vgl. Lamnek, S. (2010), S. 286, der davon spricht, das Konzept „komplexer, differenzierter und profunder“ zu gestalten.

487 Vgl. Przyborski, A./Wohlrab-Sahr, M. (2010), S. 53 ff.

488 Darüber hinaus wurden Teilnehmer des Moduls Projektmanagement am Institut für Arbeitswissenschaft (IAW) der Ruhr-Universität Bochum im Rahmen der Einführungsveranstaltung angesprochen. Über diesen Weg konnte eine Person für die Befragung gewonnen werden. Die Einführungsveranstaltung fand am 04.04.2014 in den Räumlichkeiten des IAW statt.

zu erheben und hieraus Kernaspekte zu identifizieren. Über diesen Weg konnten im Erhebungszeitraum der Befragung zwischen Mai und August 2014 insgesamt 18 Interviewpartner gewonnen werden. Deren zentrale Merkmale sind in Tabelle 12 überblicksartig zusammengefasst.[489] Es wird deutlich, dass die überwiegende Anzahl der Befragten Erfahrungen mit IT-Projekten aufweist. Dies ist ein Bereich, in dem traditionell viele (Neu-)Entwicklungen in projektförmigen Strukturen durchgeführt werden. Gleichzeitig legt das Sample aber auch die Möglichkeit offen, andere Bereiche zu erschließen, wie beispielsweise in der Logistik, der Wirtschaftsprüfung oder auch im öffentlichen Dienst, und somit das Forschungsgebiet weitreichend zu untersuchen. Im Vergleich zu den in Studien erhobenen Branchen bzw. Bereichen zeigen sich somit Übereinstimmungen sowohl in den Projektarten als auch in der Häufigkeit ihrer Nutzung.[490]

PL-Nr.	Alter in Jahren	Berufserfahrung in Jahren	Projekterfahrung in Jahren	Branchenzuordnung zum Befragungszeitpunkt	Bearbeitete Projektarten
PL-01	46	19	16-17	Wechselnd	IT-Projekte; Beratungsprojekte
PL-02	37	9	5	IT-Beratung	IT-Projekte; Prozessoptimierungsprojekte
PL-03	44	14	10	IT-Beratung	IT-Projekte
PL-04	46	22	12	IT-Beratung	IT-Projekte; Change-Management-Projekte
PL-05	46	20	15	IT-Beratung	Produktentwicklungsprojekte
PL-06	33	8	5	Kreditinstitut	IT-Projekte; Beratungsprojekte; Konzeptionelle Projekte
PL-07	42	14	8	Wirtschaftsprüfung	Risk-/Governance-Projekte
PL-08	33	7	5	Medien	IT-Projekte
PL-09	47	24	18	IT-/Strategieberatung	IT-Projekte
PL-10	41	13	10	Öffentlicher Dienst	IT-Projekte
PL-11	28	9	2	Logistik	Logistikprojekte; IT-Projekte
PL-12	37	11 ½	3-4	Wirtschaftsprüfung	Prozessoptimierungsprojekte; Prüfungsprojekte
PL-13	38	20	9	Logistik	Logistikprojekte; Veranstaltungsprojekte
PL-14	44	16	10	IT-/Strategie-beratung	IT-Projekte
PL-15	43	17	7	Wechselnd	IT-Projekte; Change-Management-Projekte
PL-16	36	16	8 ½	Wirtschaftsprüfung	Risk-/Governance-Projekte
PL-17	54	36	3-3 ½	Kreditinstitut	IT-Projekte; Merger-Projekte; Prozessoptimierungsprojekte
PL-18	43	16 ½	10	Wechselnd	IT-Projekte; Beratungsprojekte

Tabelle 12: Charakterisierung des Samples

[489] Eine tiefergehende Beschreibung der Befragten wird in Kapitel 4.1 vorgenommen.

[490] Vgl. Studien von Wald, A. et al. (2015), S. 19 f.; Rump, J. et al. (2010), S. 10.

Die Beschränkung der Sample-Größe erfolgte aufgrund forschungsökonomischer Bedingungen. Im Gegensatz zu einer quantitativen Untersuchung sind qualitative Daten meist umfangreicher und in ihrer Erhebung zeitaufwendiger.[491] Die qualitative Forschung ist somit nicht repräsentativ,[492] jedoch ermöglicht sie, das Spektrum unterschiedlicher Erfahrungen und Erwartungen zu erheben und damit die qualitative Forschungsperspektive widerzuspiegeln.[493] Weiterhin wird sie als geeignet eingestuft, um typische Aspekte der Arbeit in Projekten zu identifizieren.

3.1.2 Datenerhebung

Um die Flexibilität in der Befragung zu erhalten, gleichzeitig aber auch die Nachvollziehbarkeit, Vollständigkeit und Vergleichbarkeit der Einzelinterviews zu gewährleisten,[494] wurde im Rahmen des Forschungsvorhabens das fokussierte, leitfadengestützte und damit teilstrukturierte[495] Experteninterview verwendet. Hierbei handelt es sich um ein Verfahren, das für explorative Untersuchungen, u. a. in der Bildungsforschung, eingesetzt wird.[496]

Aufbauend auf den in Kapitel 2.3 dargestellten Forschungsfragen und den sich daraus ableitenden Unterfragen, wurde der Leitfaden konzipiert.[497] Dies ermöglicht einerseits die Ansprache wesentlicher und bereits theoretisch erarbeiteter Fragestellungen in allen Interviews und anderseits die Transparenz und Nachvollziehbarkeit des Forschungsverlaufes. Der Leitfaden setzt sich aus sechs Bereichen zusammen, die sich wiederum zu drei Ebenen zusammenfassen lassen. Fragen zur Berufserfahrung (Abschnitt eins) und dem persönlichen Werdegang (Abschnitt sechs) bilden die Klammer des Interviews und beinhalten Informationen, die zur Einordnung des Interviews und der Aussagen der Interviewten in Bezug auf geschilderte Erfahrungen und Erwartungen dienen. In den Abschnitten zwei bis fünf werden die identifizierten Kernbereiche aus den Forschungsfragen aufgegriffen. Tabelle 13 zeigt die Grobstruktur des Leitfadens, thematische Schwerpunkte und die damit verbundenen Ziele auf.

491 Vgl. Döring, N./Bortz, J. (2016), S. 302; Kromrey, H. (2009), S. 295.

492 Vgl. Kromrey, H. (2009), S. 295. Der Autor sieht eine statistische Repräsentativität bei Fallzahlen von 10, 20 oder 30 Fällen nicht gegeben, wobei er dies vielfach nicht als Ziel qualitativer Forschung wahrnimmt.

493 Vgl. Kromrey, H. (2009), S. 295.

494 Vgl. Gläser, J./Laudel, G. (2010), S. 143.

495 Vgl. Schnell, R. et al. (2013), S. 314 f. Nach Meuser/Nagel wird es allgemein als ein „wenig strukturiertes Erhebungsinstrument“ wahrgenommen (Meuser, M./Nagel, U. (2009), S. 465).

496 Vgl. Meuser, M./Nagel, U. (2009), S. 465.

497 Für die Erstellung wurden Leitfäden anderer qualitativer Forschungsarbeiten z. B. Küpper, M. (2014); Steinbacher, L. (2011); Krins, C. (2008) gesichtet.

Abs.-Nr.	Abschnitt	Thematische Schwerpunkte	Ebene	Ziele
01.	Berufserfahrung	Dauer Berufstätigkeit (allgemein/in der Rolle Projektleiter); Art von Projekten; Unternehmenszugehörigkeit	Gesamtkontext	Einordnung; Ganzheitlichkeit
02.	Herausforderungen und Rollenverständnis	Größte Herausforderungen; Rollenwahrnehmung in der Projektarbeit	Erfahrungen	Identifizierung kritischer Situationen im Projektalltag; Erhebung des formalen und funktionalen Rollenverständnisses[498]
03.	Relevante Kompetenzen für die Projektarbeit	Kompetenzanforderungen (aktuell/zukünftig); positive/negative Projekterlebnisse		Identifizierung relevanter aktuell notwendige und zukünftige wichtigere Fähigkeiten[499]
04.	Personalentwicklungsmaßnahmen	Sinnvolle Maßnahmen; Erfahrungen mit individuellen Personalentwicklungsmaßnahmen (Coaching, Mentoring, Kollegiale (Fall-)Beratung		Identifizierung relevanter Personalentwicklungsmaßnahmen; Erhebung inhaltlicher und struktureller Merkmale
05.	Erwartungen an Personalentwicklungsangebote für Projektleiter	Empfehlungen zur Aus- und Weiterbildung von Projektleitern; zu berücksichtigende Rahmenbedingungen; Art der Umsetzung, aktuelle Defizite	Erwartungen	Identifizierung von Verbesserungspotenzialen (übergeordnet)
06.	Persönlicher Werdegang	Persönliche Entwicklung nach dem Schulabschluss; Inhalte bisheriger Personalentwicklungsmaßnahmen; Alter	Gesamtkontext	Einordung; Ganzheitlichkeit

Tabelle 13: Struktur des Interviewleitfadens

In der Konzeptionsphase wurden die Fragen des Interviewleitfadens ausformuliert, wobei diese in der Interviewsituation nicht wortgetreu wiedergegeben wurden. Spielräume ergeben sich auch in der Abfolge der Fragestellung mit dem Ziel, den natürlichen Gesprächsfluss nicht einzuschränken, das Gesprächsklima offen zu halten und der Forderung nach immanenten (Nach-) Fragen nachzukommen.[500] Damit kann der Interviewleitfaden als eine Checkliste verstanden werden, die eine nachvollziehbare, vergleichbare und vollständige Befragung sicherstellen

[498] Das Rollenkonzept ermöglicht, neben dem „Was", d. h. Funktion und Aufgaben, auch das „Wie", d. h. die individuelle Interpretation der Funktionsausübung sowie implizite Erwartungen an eine Person, zu erfassen (vgl. Vetter, H. (2013), S. 238). Daher wird mit der Interviewfrage zum Verständnis der Rolle als Projektleiter sowohl die formale Ausprägung der Leitung erfragt als auch die funktionale Ausprägung i. S. v. Tätigkeiten.

[499] Neben aktuell notwendigen Fähigkeiten werden auch für die Zukunft wichtigere Fähigkeiten erhoben, um Entwicklungstendenzen des Kompetenzprofils von Projektleitern und deren zukünftige Rollenanforderungen zu erheben. Darüber hinaus sollen diese Erkenntnisse dazu genutzt werden, Ansatzpunkte in der zukünftigen Ausrichtung der Personalentwicklung für Projektleiter aufzuzeigen.

[500] Vgl. Przyborski, A./Wohlrab-Sahr, M. (2010), S. 83 f.

soll.[501] Weiterhin wurde der Entwurf des Leitfadens einem Pretest unterzogen.[502] Hierdurch sollten Fehlerquellen im Erhebungsinstrument minimiert werden, wie z. B. Verständlichkeit der Fragen (sprachlich und inhaltlich) sowie Detailgrad und Anzahl der Fragen.[503] Darüber hinaus sollte bereits vor Beginn der eigentlichen Erhebung getestet werden, dass Befragte nicht allgemeine Meinungen äußern, sondern einen Bezug zu ihrem Arbeitskontext herstellen. Auf Basis der Pretest-Ergebnisse wurde der Leitfaden überarbeitet und angepasst.

Als Mittel zur Fokussierung auf konkrete Ereignisse wurde die Critical Incident Technique (CIT) nach Flanagan[504] in dem Fragebogen integriert, um die Erlebnisbereiche und implizites Wissen der Interviewten in die Befragung aufzunehmen. Mittels dieser Fragetechnik soll es ermöglicht werden, besonders prägnante Ereignisse[505] umfassend und durch den Interviewten frei gewählt und formuliert zu erfahren.[506] Die Auswertung der so generierten Daten mittels qualitativer Inhaltsanalyse ermöglicht es, u. a. erfolgskritische Faktoren und Verbesserungspotenziale zu identifizieren.[507] Ebenfalls können sie genutzt werden, um Anforderungsprofile zu definieren oder zu erweitern.[508] Ein weiterer Grund für die Wahl dieser Methode liegt in der Anschlussfähigkeit der Datenauswertung mittels der qualitativen Inhaltsanalyse. Allerdings bestehen auch Einschränkungen der CIT-Methode im Rahmen der Arbeit, wie beispielsweise die kleine Stichprobengröße, die weit unter der von Flanagen beschriebenen Größenordnung liegt.[509] Zudem wurde den Interviewten keine zeitliche Einschränkung vorgegeben, was das potenzielle Risiko birgt, dass Wahrnehmungen und Erinnerungen relativiert oder auch nachträglich neu bewertet bzw. interpretiert werden.[510] Diesem Umstand wurde insofern Rechnung getragen, dass explizit nach prägnanten Ereignissen gefragt wurde.

---

501 Vgl. Gläser, J./Laudel, G. (2010), S. 143.

502 Im Rahmen des Pretests wurden zwei Projektleiter befragt.

503 Vgl. Döring, N./Bortz, J. (2016), S. 363. Weitere Fehlerquellen, die ebenfalls berücksichtigt wurden, führt auch Hopf, C. (1978) auf.

504 Vgl. Flanagan, J. C. (1954).

505 Hierbei sind positive oder negative Ereignisse möglich.

506 Unter einem Incident versteht Flanagan ein Ereignis menschlicher Verhaltensweise beliebiger Art, das für sich vollständig dargestellt ist, und Schlussfolgerungen sowie Vorhersagen über die Verhaltensweise einer Person zulässt. Als kritisch ist demnach ein Ereignis dann einzustufen, wenn es durch den Beobachter oder Interviewer in seiner Zielrichtung klar ist und die Konsequenzen der Handlung deutlich werden. (Vgl. Flanagan, J. C. (1954), S. 327.)

507 Vgl. Bartsch, S./Specht, N. (2009), S. 379.

508 Vgl. Blickle, G. (2014), S. 213 f.

509 Vgl. Flanagan, J. C. (1954), S. 343. In Abhängigkeit von der Komplexität der Fragestellung spricht Flanagan von Incident-Erhebungen zwischen fünfzig bis mehreren tausend.

510 Vgl. Bartsch, S./Specht, N. (2009), S. 396.

Die Daten wurden im Rahmen von Zweiergesprächen erhoben, nachdem zuvor die Genehmigung für die Aufzeichnung durch den Befragten erteilt worden war. Dies eröffnete die Möglichkeit, Vertrautheit und Offenheit sicherzustellen. Persönliche Erfahrungen und ggf. auch Empfindungsäußerungen konnten thematisiert werden. Die offene Fragetechnik ermöglichte darüber hinaus, unverständliche Fragen unmittelbar zu klären und somit Missverständnisse bzw. Fehlinterpretationen zu vermeiden, aber auch den Interviewten Freiräumen in der Art der Schilderungen zu geben, was die Akzeptanz der Befragungstechnik erhöhte. Die Gesprächsdauer wurde auf maximal zwei Stunden angesetzt[511], was bei allen Interviews eingehalten werden konnte.[512] Hierbei wurden lediglich geringe Unterschiede zwischen der Wahl der Gesprächsorte bzw. -art wahrgenommen.[513]

Das aufgezeichnete Interviewmaterial der Erhebung wurde zeitnah verschriftlicht.[514] Die Transkription erfolgte nach zuvor definierten Transkriptionsregeln. Hierbei wurde die Verschriftlichung in normales Schriftdeutsch gewählt[515], so dass das Interview in Bezug auf Füllwörter, Wort- oder Satzteilwiederholungen geglättet wurde.[516] Durch die weitgehende Berücksichtigung der Maximen zur Erstellung eines Transkriptionssystems[517] können die mit einer solchen Überarbeitung einhergehenden Informationsverluste insgesamt als hinnehmbar bewertet werden. Der Informationsgehalt konnte beibehalten werden und gleichzeitig eine funktionale und effiziente Umsetzung erfolgen.

Neben dem aufgezeichneten Datenmaterial wurde zudem ein Gesprächsprotokoll erstellt, in dem ergänzende Informationen, wie beispielsweise die Gesprächsatmosphäre, Unterbrechungen, informelle Zusätze des Interviewten nach dem eigentlichen Gespräch oder auch besonders

---

511 Nach Döring/Bortz liegt die Gesprächsdauer bei Leitfadeninterviews üblicherweise zwischen einer bis zwei Stunden (vgl. Döring, N./Bortz, J. (2016), S. 373).

512 Das kürzeste Gespräch belief sich auf ca. 61 Minuten, das längste Gespräch dauerte ca. 122 Minuten. Insgesamt wurden ca. 29:36 Stunden Tonmaterial erzeugt.

513 Als Gesprächsorte wurden neben öffentlichen Einrichtungen, auch Büroräume sowie private Räumlichkeiten genutzt. In der überwiegenden Zahl der Fälle fanden die Gespräche Face-to-Face statt (10), gefolgt von Gesprächen per Internettelefonie (6) und Telefon (2). Gespräche per Internettelefonie waren im Durchschnitt ca. 8-10 Minuten länger als Präsenzgespräche bzw. Telefongespräche.

514 Aufgrund der Datensensibilität wurde die Transkription vom Autor selbst vorgenommen.

515 Diese Form stellt nach Mayring eine von drei Techniken der wörtlichen Transkription dar. Darüber hinaus nennt Mayring die Nutzung des internationalen phonetischen Alphabets sowie die literarische Umschrift, bei der auch dialektische Färbungen berücksichtigt werden (vgl. Mayring, P. (2002), S. 91).

516 Unvollständige oder auch abgebrochene Sätze wurden nur dann angepasst, wenn sonst die Aussage des Interviewten oder des Interviewers nicht deutlich geworden wäre. Anschließend erfolgte eine systematische Pseudonymisierung, um sensible und personenbezogene Daten zu entfernen. Die Umsetzung orientierte sich dabei an den Transkriptionsregeln für die computergestützte Auswertung qualitativer Daten nach Kuckartz (vgl. Kuckartz, U. (2010), S. 44).

517 Vgl. Dittmar, N. (2004), S. 79 ff.

hervorstechende Gesten, dokumentiert wurden. Diese zusätzlichen Informationen dienen der Einordnung und Bewertung des Gesprächs sowie der Interpretation der Aussagen im Rahmen der Datenauswertung. Auf diese soll im nachfolgenden Abschnitt eingegangen werden.

3.1.3 Datenauswertung

Mit Blick auf den explorativen Forschungsansatz ist eine Auswertungsmethode erforderlich, die die nachfolgenden Anforderungen angemessen berücksichtigt:

- Anschlussfähigkeit zur qualitativen Forschung
- Analyse verhältnismäßig kleiner Fallzahlen
- Offenheit und Flexibilität sowie gleichsam Systematik, Theorie- und Regelgeleitetheit
- Ermöglichung der Klassifizierung als Ordnungskriterium.

Die qualitative Inhaltsanalyse nach Mayring erscheint geeignet, um diese Anforderungen zu erfüllen.[518] Diese versteht die Auswertung als einen systematischen, regelgeleiteten Prozess[519], wobei sie sich nicht als Gegenentwurf zur quantitativen Inhaltsanalyse versteht. Vielmehr können quantitative Schritte sinnvoll integriert werden[520]. Hierbei können drei Grundtechniken unterschieden und entsprechend charakterisiert werden (siehe Tabelle 14):[521]

Merkmale	**Grundtechniken der Inhaltsanalyse**		
	Zusammenfassung	Explikation	Strukturierung
Ziel	Textmaterial unter Beibehaltung wesentlicher Inhalte reduzieren	Tiefergehende Erläuterung, Erklärung und Ausdeutung von Materialbestandteilen durch die Auswertung von Explikationsmaterial	Übergreifende Selektion und Bewertung definierter Aspekte des Datenmaterials
Fokus	Explizite Kommunikationsinhalte	Implizite Kommunikationsinhalte	Explizite Kommunikationsinhalte
Mittel/Ausprägungen	u. a. Auslassung, Generalisierung, Bündelung, Paraphrasierung	Enge und weite Kontextanalyse, d. h. das Maß des zusätzlich herangezogenen Materials zur Erklärung	Formale, inhaltliche, typisierende, skalierende Vorgehensweise, unterstützt durch Codierleitfaden und Ankerbeispiele

Tabelle 14: Merkmale der Grundtechniken der qualitativen Inhaltsanalyse (Vgl. Mayring, P. (2002), S. 115; Mayring, P. (2013), S. 471 ff.)

[518] Vgl. Mayring, P. (2013), S. 474; Mayring, P. (2010), S. 11 ff. (Abschnitte zur Inhaltsanalyse und zur qualitativen Analyse)
[519] Vgl. Mayring, P. (2013), S. 469.
[520] Vgl. Mayring, P. (2010), S. 48.
[521] Vgl. Mayring, P. (2013), S. 471 ff.

Das zentrale Element der Inhaltsanalyse bildet das Kategoriensystem,[522] das als Ordnungsrahmen die Kommunikationsinhalte strukturiert und in ihren Ausprägungen systematisiert. In der Literatur wird zwischen induktiven, d. h. aus dem Datenmaterial heraus gewonnenen Kategoriensystem und deduktiven, d. h. von außen theoriegeleiteten Kategoriensystemen, unterschieden. Diese stellen jedoch zunächst extreme Positionen dar, die in der Praxis weniger konträr sind.[523]

Für die Auswertung im Rahmen dieser Arbeit wird die strukturierende Inhaltsanalyse als zielführende Grundtechnik gewertet, da auf eine fallübergreifende Auswertung abgezielt wird[524] und Dateninhalte systematisiert werden. Eine der wesentlichen Stärken der qualitativen Inhaltsanalyse ist die systematische Zerlegung der einzelnen Analyseschritte. Diese ermöglicht es, den Auswertungsprozess vorab festzulegen und gleichsam für Dritte nachvollziehbar zu machen.[525] Ausgangspunkt der Ablauferstellung bildeten das allgemeine Ablaufmodell zur Inhaltsanalyse sowie Elemente der strukturellen Inhaltsanalyse, die entsprechend der Forschungsfragen und des -ziels angepasst wurde.[526]

Zu Beginn erfolgte die Definition des Auswertungsrahmens. Hierzu zählt die Festlegung des Analysematerials. Hierbei wurde der Fokus auf die Interviewtranskripte und die darin enthaltenen expliziten Aussagen auf die Interviewfragen gelegt. Zur übergreifenden Auswertung der Interviews wurden darüber hinaus die Gesprächsprotokolle sowie die Zusammenfassungen der Einzelinterviews und das erhaltene Feedback der Interviewten genutzt. Als Untersuchungseinheit gilt somit der einzelne Projektleiter, als Beobachtungseinheit die jeweilige Person.[527] Ein weiterer Schritt bestand in der Festlegung der Analyseeinheiten je Kategorie. Als Kodiereinheit, d. h. als kleinster Textbaustein, wurde ein einzelnes Wort festgelegt. Als Kontexteinheit, d. h. als größter Textbaustein, wurde eine Aussage, ggf. auch aus mehreren Sätzen, bestimmt. Die Auswertungseinheiten bildeten die jeweiligen Themenbereiche des Leitfadens, die nacheinander zunächst für den Einzelfall und anschließend fallübergreifend durchlaufen wurden.

---

522 Vgl. Mayring, P. (2010), S. 49.
523 Vgl. Döring, N./Bortz, J. (2016), S. 541; Kuckartz, U. (2014), S. 59 f.
524 Mayring, P. (2013), S. 473 spricht hierbei von einem Querschnitt, der durch das Material gelegt wird.
525 Vgl. Mayring, P. (2010), S. 59.
526 Vgl. Mayring, P. (2010), S. 59.
527 Die Untersuchung zielt auf Projektleiter als Funktion bzw. Rolle ab. Rollenerfahrungen werden indes von der Person beschrieben, die jedoch mehr als diese Rolle ausmacht.

Im Rahmen der Vorbereitung des Materials wurden Zusammenfassungen der einzelnen Interviews erstellt und das transkribierte Datenmaterial einer ersten theoriegeleiteten Kategorisierung anhand der Fragen im Leitfaden unterzogen. Hierzu wurden die Interviews abschnittsweise zunächst grob entlang der Interviewfragen zugeordnet. Darauf aufbauend, erfolgten die detaillierte Analyse des Datenmaterials und die weitere Feingliederung der Haupt- in Subkategorien, um das Material zu systematisieren sowie regelgeleitet zu verdichten. Als Auswertungsgrundlage wurde hierbei überwiegend auf Systematisierungen aus der gesichteten Literatur zurückgegriffen. Hierbei wurde das Kompetenzmodell von Projektleitern nach Hölzle (2009) für die Auswertung relevanter Projektleiterkompetenzen verwendet und teilweise erweitert. Als Grund für die Wahl dieses Modells kann zum einen die Anschlussfähigkeit an gängige Systematisierungen genannt werden, zum anderen berücksichtigt es die Besonderheiten des Kompetenzprofils durch die hervorgehobenen Führungs- und unternehmerischen Kompetenzen. Für die Systematisierung der Erfahrungen mit Personalentwicklungsmaßnahmen wurden die Methoden der Weiterbildung nach Stock-Homburg (2013) an das Datenmaterial angelegt und tiefergehend kategorisiert. Das Prozessmodell der Personalentwicklung nach Solga et al. (2011) legte die Auswertungsgrundlage für die Analyse der Verbesserungspotenziale und Defizite im Personalentwicklungsprozess. Folglich kann die vorliegende Untersuchung einer überwiegend deduktiven Vorgehensweise zugerechnet werden, was sich auch darin begründet, dass sich sowohl die Forschungsfragen als auch der Leitfaden und das Kategoriensystem überwiegend an einer theoriegestützten Argumentation bzw. an bestehenden Systematisierungen orientieren. Über dieses Verfahren konnten insgesamt aus den sechs Hauptabschnitten des Leitfadens zehn Hauptkategorien mit jeweils vier bis fünf Subkategorien erstellt werden. Die Ausdifferenzierung erfolgt hierbei rekursiv, um eine konsistente Auswertung sicherzustellen.

Im Rahmen der Analyse wurde auch die Häufigkeitsverteilung der Nennungen berücksichtigt. Die Prüfung diente dabei der Identifizierung von Schwerpunkten, z. B. in der Nutzung bestimmter Personalentwicklungsmethoden.[528] Tabelle 15 fasst das erstellte Kategoriensystem sowie dessen methodische Erstellung noch einmal grafisch zusammen. Basierend auf diesem Vorgehen und Analyseraster, wird im folgenden Abschnitt auf die Gütekriterien der qualitativen Untersuchung eingegangen.

[528] Darüber hinaus wurde die Analyse mittels der Software MAXQDA sowie im weiteren Verlauf anhand von Übersichten und Visualisierungsprogrammen vorgenommen. Zum Einsatz kamen die Software MAXQDA in der Version 11 der Verbi GmbH, Microsoft Powerpoint und Excel sowie MindManager der Firma Mindjet.

Abs.-Nr.	Fragebogen-abschnitte	Hauptkategorien	Subkategorien	Auswertungsgrundlage
01.	Berufserfahrung	Berufsbiografie	- Berufstätigkeit - Anzahl Jahre Projektleiter - Projektarten - Dauer Unternehmenszugehörigkeit/Selbstständigkeit - Lernmotivation	(Berufs-)biografische Aspekte
02.	Herausforderung und Rollenverständnis	Herausforderungen	- Definition und Steuerung der Projektinhalte und -ziele - Planung, Organisation und Steuerung des Projektes - Führung des Projektteams - Interessenmanagement und Projektkommunikation	Herausforderungen von Projekten und des Projektleiters (siehe Kapitel 2.1.2, Kapitel 2.1.3)
		Rollenverständnis	- Zentraler Ansprechpartner/Projektverantwortlicher - Kapitän/Richtungsgeber - Controller - Koordinator - Teamunterstützer/Dienstleister am Team	Funktionale Rolle des Projektleiters nach Keßler/Winkelhofer (2004) (siehe Kapitel 2.1.3.1)
03.	Kompetenzen für die Projektarbeit	Kompetenzen (aktuell wichtige) Kompetenzen (zukünftig wichtigere)	- Fachkompetenz - Methodenkompetenz - Soziale Kompetenz - Führungskompetenz - Unternehmerische Kompetenz	Kompetenzmodell des Projektleiters nach Hölzle (2009) (siehe Kapitel 2.1.4.4)
04.	Personalentwicklungsmaßnahmen	Sinnvolle Personalentwicklungsmaßnahmen	- Edukationsbasierte Maßnahmen - Erfahrungsbasierte Maßnahmen - Feedbackbasierte Maßnahmen Weitere Subkategorien: - Inhaltliche Adressierung von Kompetenzen - Inhaltliche und strukturelle Merkmale - Bewertung	Methoden der Weiterbildung nach Stock-Homburg (2013) (siehe Kapitel 2.2.1.2)
05.	Erwartung an die Projektleiter Aus- und Weiterbildung	Erwartungen/Defizite im Personalentwicklungsprozess	- PE-Bedarfsanalyse - PE-Konzeption und -Durchführung	Prozessmodell der Personalentwicklung nach Solga et. al. (2011) (siehe Kapitel 2.2.1.1)
06.	Persönlicher Werdegang	Werdegang	- Werdegang Ausbildung und Studium - Inhalte bisheriger Aus- und Weiterbildungsmaßnahmen (allgemein) - Inhalte bisheriger Weiterbildungsmaßnahmen (Projektleiter) - Alter	(Berufs-)biografische Aspekte, Methoden der Weiterbildung nach Stock-Homburg (2013) (siehe Kapitel 2.2.1.2)

Tabelle 15: Darstellung des Kategoriensystems und der verwendeten Auswertungsgrundlagen

3.2 Gütekriterien

Zur Bewertung der Qualität sowie zum Vergleich wissenschaftlicher Forschung bedarf es Kriterien, die „die verschiedenen Aspekte aller Methoden vor einem bestimmten wissenschaftstheoretischen Hintergrund erfassen und untereinander vergleichbar machen."[529] Zu den zentralen Gütekriterien in der quantitativen Forschung gehören Reliabilität, d. h. die Zuverlässigkeit der Messung, sowie die Validität i. S. d. Gültigkeit von Daten.[530] Ihre Übertragung auf die qualitative Forschung wird in der Literatur kontrovers diskutiert.[531] Die vorliegende Arbeit schließt sich zum einen der Auffassung an, dass Gütekriterien in der qualitativen Forschung möglich sind und ein gänzlicher Verzicht die Forschungsergebnisse als beliebig und willkürlich erscheinen lassen könnte.[532] Zum anderen wird jedoch auch der Sichtweise gefolgt, dass gängige Kriterien der quantitativen Forschung (Reliabilität, Validität) allein schon aufgrund der unterschiedlichen methodologischen Grundannahmen in der qualitativen Forschung eine andere Bedeutung und Interpretation erfahren müssen.[533]

So wird von Vertretern der qualitativen Forschung die Reliabilität neu bzw. re-formuliert[534] und in der Lesart der „prozeduralen Reliabilität"[535], d. h. der Forderung einer expliziten Darlegung des Forschungsprozesses und der Interpretation zur Sicherung der intersubjektiven Nachvollziehbarkeit, verstanden.[536] Um dies in der vorliegenden Arbeit zu erreichen, wird über die Ausführungen in Kapitel 2 (kritische Bestandsaufnahme) die Offenlegung des Vorverständnisses sowie in Kapitel 3 (Forschungsdesign und Gütekriterien) das empirische Vorgehen sichergestellt. Hierzu werden Informationen über den Prozess zur Auswahl der Interviewpartner (Sample), die Erhebungsmethoden (Experteninterview, Leitfaden) sowie die Datenaufbereitung (Transkription) offengelegt. Die Darlegungen zur regelgeleiteten Auswertung und die auszugsweise Darstellung von Aussagen der Interviewpartner runden die umfassende Darstellung ab und untermauern den Anspruch der intersubjektiven Nachvollziehbarkeit.[537]

---

529 Vgl. Lamnek, S. (2010), S. 127.
530 Vgl. Lamnek, S. (2010), S. 130.
531 Vgl. Steinke, I. (2013), S. 319 ff.; Döring, N./Bortz, J. (2016), S. 106; Wrona, T. (2006), S. 202 ff.
532 Vgl. Steinke, I. (2013), S. 321 f.
533 Vgl. Lamnek, S. (2010), S. 130.
534 Flick spricht von „Reformulierung herkömmlicher Kriterien" (Flick, U. (2010), S. 398).
535 Wrona, T. (2006), S. 207.
536 Vgl. Wrona, T. (2006), S. 207; Flick, U. (2010), S. 398.
537 Vgl. Diekmann, A. (2011), S. 577.

Die Validität als Maß für die Genauigkeit der erhobenen Daten mit Blick auf die Problemstellung hat in der quantitativen wie qualitativen Forschung im Vergleich zu anderen Gütekriterien eine höhere Relevanz.[538] Zur Steigerung der Validität bzw. zur Reduzierung von Messfehlern wurden im Rahmen der Datenerhebung unterschiedliche Maßnahmen ergriffen. Neben der Durchführung eines Pretests des Fragebogens[539] wurde auch eine kommunikative Validierung durch die Interviewpartner vorgenommen. So wurden die Interviews protokollartig auf 4-5 Seiten zusammengefasst und anschließend zur inhaltlichen Prüfung an die Interviewten verschickt. Insgesamt meldeten sich 11 Befragte aktiv zurück, wobei drei Interviewte inhaltliche Anmerkungen einreichten.[540] Darüber hinaus wurden bei der Datenerhebung die Wünsche der Interviewpartner im Hinblick auf den Gesprächsort, die zeitliche Verfügbarkeit sowie den Kommunikationsweg (Face-to-Face, Telefon, Internettelefonie) berücksichtigt.[541] Hierdurch sollte sichergestellt werden, dass das Gespräch möglichst störungs- und stressfrei für die Interviewpartner in einer für sie angenehmen Atmosphäre durchgeführt werden konnte und sie dadurch ausführlich und offen über ihre Erfahrungen und Erwartungen sprechen konnten. Dieser Ansatz wurde unterstützt durch die vorab zugesicherte Anonymität und den vertraulichen Umgang mit den Informationen.

Neben diesen Rahmenbedingungen wurden im Interview zudem unterschiedliche Fragetechniken eingesetzt. Neben dem Einsatz der CIT, die auf herausstechende Ereignisse oder Anforderungen abzielt, wurden auch zahlreiche offene und immanente Fragen gestellt. Dies diente einerseits der Fokussierung auf besonders bedeutsame und relevante Bereiche, andererseits aber auch dazu, neue Aspekte zu identifizieren, Rückfragen zu stellen oder Missverständnisse zu vermeiden. Durch den flexiblen Einsatz des Leitfadens, der es ermöglichte, Fragen flexibel und situationsgerecht zu stellen, sollten zudem verfälschende Antworten vermieden werden.[542]

Trotz der zuvor genannten Maßnahmen darf jedoch nicht unerwähnt bleiben, dass die Datenerhebung primär auf einem Erhebungsinstrument in Form des leitfadengestützten Interviews aufbaut. Weitere Möglichkeiten zur Validierung der erhobenen Daten, wie beispielsweise die wei-

538 Vgl. Lamnek, S. (2010), S. 137.
539 Zu den damit verbundenen Zielen siehe Kapitel 3.1.2.
540 Die Interviewten hatten eine Woche Zeit, um ihre Anmerkungen zurückzuschicken. Aufgrund der gesetzten Frist für eine Rückantwort wird davon ausgegangen, dass die restlichen Interviewpartner keine Anmerkungen hatten.
541 Vgl. Döring, N./Bortz, J. (2016), S. 364.
542 Vgl. Döring, N./Bortz, J. (2016), S. 363.

tergehende Beobachtung im Feld,[543] konnten aus zeitlichen Gründen nicht durchgeführt werden. Diesem Umstand kann jedoch entgegengehalten werden, dass innerhalb dieses Erhebungsinstruments auf Projektleiter als Experten zurückgegriffen wurde, die unterschiedliche Projekt- und Berufserfahrung in verschiedenen Projektenarten aufweisen.[544] Dies ermöglicht die Analyse verschiedener Blickwinkel in den Aussagen.

Im Hinblick auf die Datenauswertung wurden Aussagen fallübergreifend untersucht, um der Gefahr der selektiven Wahrnehmung im Auswertungsprozess entgegenzuwirken.[545] Entsprechende Beobachtungen wurden in der Ergebnisdarstellung (Kapitel 4) deutlich gemacht. Auf die Überprüfung stimmiger Analyseergebnisse durch die Rücksprache mit anderen Forschern oder Interviewpartnern wurde aus forschungspraktischen und -ökonomischen Gründen verzichtet.[546]

Die Repräsentativität einer Stichprobe wird in der quantitativen Forschung daran gemessen, inwieweit sie in der Lage ist, die Gesamtpopulation mit Blick auf wesentlich erachtete Merkmale darzustellen.[547] Diesen Anspruch kann die qualitative Forschung aufgrund ihrer kleinen Fallzahlen nur bedingt einlösen, jedoch wurde mit Verweis auf die Auswahlkriterien des Samples auf eine möglichst breite Basis unterschiedlicher Projektleiter abgezielt.

Vor dem Hintergrund der dargelegten Vorgehensweise soll im folgenden Kapitel detailliert auf die Darstellung und Diskussion der Ergebnisse eingegangen werden.

543 Vgl. Lamnek, S. (2010), S. 144.
544 Vgl. Merkmalsausprägungen im Sample in Tabelle 12.
545 Vgl. Lamnek, S. (2010), S. 139 f.
546 Vgl. Lamnek, S. (2010), S. 144.
547 Vgl. Lamnek, S. (2010), S. 163.

4 Darstellung und Diskussion der Ergebnisse

In diesem Kapitel sollen die Ergebnisse der Befragung aufgezeigt werden. Zunächst wird dazu in Kapitel 4.1 eine Beschreibung der befragten Projektleiter vorgenommen, um die Ergebnisse in den Gesamtkontext der Berufs- und Lebensbiographie der Befragten einordnen zu können. In Kapitel 4.2 werden die Herausforderungen der Projektarbeit aus Sicht der Befragten und ihr Rollenverständnis beschrieben. Hieran schließen sich in Kapitel 4.3 die vor diesem Hintergrund als notwendig erachteten Kompetenzen an. Die Zusammenstellung sinnvoller Personalentwicklungsmaßnahmen ist Gegenstand des Kapitels 4.4, wobei sich die Maßnahmendarstellung an der bereits im Grundlagenteil dargestellten Systematisierung orientiert.[548] Das Kapitel schließt mit der Darstellung der Auswertungsergebnisse zu den Potenzialen des Personalentwicklungsprozesses in Kapitel 4.5.

Über die gesamte Auswertung hinweg werden aussagekräftige Zitate zur Untermauerung der Argumentation sowie zur Erhöhung der Authentizität und Nachvollziehbarkeit herangezogen. Werte in Klammern verdeutlichen darüber hinaus, wie intensiv bzw. häufig ein Aspekt oder Sachverhalt im Rahmen der Auswertung hervortrat. Zwischenfazits entlang der Ergebnisdarstellung stellen die ersten Erkenntnisse in komprimierter Form zusammen.

4.1 Beschreibung der befragten Projektleiter

Vor dem Hintergrund der verwendeten Sampling-Kriterien bilden im Rahmen der empirischen Erhebung insgesamt 18 Projektleiter, davon 5 Frauen und 13 Männer, die Datengrundlage für diese Forschungsarbeit. Bei den Befragungsteilnehmern handelt es sich um Personen, die die vorab bestimmten Kriterien erfüllen.[549]

Zum Zeitpunkt der Befragung war der jüngste Interviewteilnehmer 28 Jahre alt, der älteste 54 Jahre. Die Mehrheit der Befragten (10) war im Alter zwischen 40 und 50 Jahren. Entsprechend der Altersverteilung schwanken die Berufserfahrung der Befragten zwischen 7 und 36 Jahren sowie die Projekterfahrung zwischen 2 und 18 Jahren. In der Mehrheit der Fälle überwiegt in

548 Vgl. hierzu Kapitel 2.2.1.2.
549 Vgl. hierzu auch Kapitel 3.1.1.

der Berufslaufbahn die Arbeit in Projekten.[550] Hierbei besitzen die meisten Teilnehmer einen Erfahrungshintergrund aus der Arbeit in Beratungsunternehmen. Bei elf Befragten konnte im Verlauf des Interviews festgestellt werden, dass sie aktuell in Projekte eingebunden sind, wobei sich ihre Bearbeitungsspanne meist auf ein Projekt konzentriert.

Bis auf zwei Projektleiter haben alle Befragten mindestens eine akademische Ausbildung (16) abgeschlossen.[551] Fünf Befragte haben darüber hinaus eine Ausbildung absolviert, die in einem thematischen Zusammenhang mit ihrer Projektarbeit steht.[552] Bei den Studienrichtungen überwiegen (betriebs-)wirtschaftlich orientierte Studiengänge, wie Betriebswirtschaftslehre, Wirtschaftswissenschaften, -informatik, -psychologie, -mathematik.[553] Vier Befragte haben die Fachrichtungen Jura, Maschinenbau, Informatik bzw. Verkehrsgeographie studiert.[554]

Darüber hinaus weisen die Befragten Unterschiede bezogen auf ihre Arbeitsverhältnisse auf. Zum Zeitpunkt der Befragung arbeitete die Mehrzahl der Befragten ausschließlich in Festanstellung (15). Zwei Befragte äußerten, dass sie ausschließlich als Selbstständige arbeiten. Insgesamt gaben vier Befragte an, dass sie Erfahrung mit Selbständigkeit haben. Ein weiterer Interviewpartner schilderte eine Teilzeitbeschäftigung sowie parallel dazu eine Lehrtätigkeit auf Honorarbasis.[555]

Aus den Beschreibungen zur Nutzung von Entwicklungsmaßnahmen wird ersichtlich, dass die Mehrheit der Befragten eigene Erfahrungen in diesem Bereich gesammelt hat. Diese wurden zum überwiegenden Teil durch Angebote der Personalentwicklungsbereiche in den Unternehmen geplant und organisiert. Die Interviewpartner, die zum Zeitpunkt des Interviews als Selbstständige tätig waren (2), greifen meist direkt auf Entwicklungsangebote zurück oder wählen gezielt Projektengagements aus, um diese als Möglichkeit zur Entwicklung zu nutzen. Beide Befragte gehen zudem regelmäßig in Kontakt mit anderen Personen, um sich über Situationen aus dem Arbeitskontext auszutauschen. Darüber hinaus haben sie in ihrem beruflichen Werdegang eine Zeitlang festangestellt in einem Unternehmen gearbeitet und hierüber Erfahrungen

---

550 13 Befragte gaben an überwiegend in Projektstrukturen gearbeitet zu haben.

551 PL-05 hat ein Studium begonnen, aber nicht abgeschlossen. PL-17 hat eine Beamtenausbildung für den gehobenen Dienst absolviert.

552 PL-11 hat Industriekaufmann gelernt. PL-12 und PL-16 haben eine Ausbildung zum Bankkaufmann. PL-13 hat Speditionskauffrau gelernt. PL-17 hat eine Ausbildung zum Sachbearbeiter absolviert.

553 Vgl. PL-01; PL-02; PL-04; PL-06; PL-08; PL-09; PL-11; PL-12; PL-13; PL-14; PL-16; PL-18.

554 Vgl. PL-01; PL-03; 07; PL-10; PL-15.

555 PL-05 befand sich zum Zeitpunkt des Interviews erst seit kurzen wieder in einer Festanstellung.

mit Personalentwicklungsmaßnahmen sammeln können.[556] Es kann somit davon ausgegangen werden, dass die Beschreibungen zu den von ihnen genutzten Personalentwicklungsmaßnahmen auf der Grundlage ihrer eigenen Erfahrungen und weniger auf Basis von Vermutungen oder Beobachtungen anderer getätigt werden. Die berufs-/biografischen Angaben lassen zudem den Schluss zu, dass es sich bei der Befragungsgruppe um typische Projektleiter handelt.[557]

Ferner wird im übergreifenden Vergleich der Aussagen zum Lernverständnis und zur Lernmotivation deutlich, dass das Lernen im Projektkontext für den überwiegenden Teil der befragten Projektleiter einen hohen Stellenwert besitzt. Im Unterschied zu den Befragten, die sich in einer Festanstellung befinden, wird bei selbstständigen Projektleitern die eigene Wettbewerbsfähigkeit deutlicher herausgestellt.[558] Darüber hinaus wird Lernen als kontinuierlicher Prozess beschrieben, der „stetig“[559], „permanent“[560] und als „täglicher Begleiter“[561] wahrgenommen wird und unwillkürlich zur Projektarbeit dazugehört.[562] Lernen wird zudem als Element verstanden, das einerseits motivierend wirkt und andererseits eine wesentliche Grundvoraussetzung und Notwendigkeit für die Bearbeitung von Projekten darstellt.[563] Hierbei bietet die Projektarbeit aus Sicht der Befragten ein Lernumfeld und einen Lerngegenstand, der es ermöglicht:

- inhaltliche Bereiche des Projektes zu lernen,[564]
- eigene Erfahrungen zu sammeln,[565]
- von anderen abzuschauen,[566]
- bereits Gelerntes in der Praxis anzuwenden,[567]
- die Organisation und ihre Strukturen kennenzulernen,[568]
- unterschiedliche Möglichkeiten der Umsetzung in der Praxis kennenzulernen,[569]

---

556 PL-15 greift u. a. auf Angebote wie Xing-Events oder Webinars zurück und nimmt an einer Coaching-Ausbildung teil, in der Arbeitssituationen thematisiert werden. PL-18 nutzt den Austausch mit einem befreundeten, ebenfalls selbstständigen Projektleiter.

557 Die Schlussfolgerung bezieht sich u. a. auf die Beschreibung der getätigten Projekte sowie der Aufgaben, die sich aus den beschriebenen Herausforderungen sowie dem Rollenverständnis ableiten. Vgl. hierzu auch Kapitel 2.1.3.1 sowie 2.1.3.2.

558 PL-15; PL-18.

559 PL-06.-21.

560 PL-12.-19.

561 PL-07.-25.

562 Vgl. PL-02; PL-06; PL-11; PL-12; PL-14; PL-15; PL-16.

563 Vgl. PL-02; PL-07; PL-08; PL-10; PL-11; PL-12; PL-18.

564 Vgl. PL-02; PL-04; PL-09; PL-16.

565 Vgl. PL-01; PL-04; PL-06; PL-09; PL-10; PL-13; PL-16.

566 Vgl. PL-02; PL-07; PL-12; PL-09.

567 Vgl. PL-07; PL-08; PL-11.

568 Vgl. PL-08; PL-11; PL-16.

569 Vgl. PL-07.

- sich weiterzuentwickeln und konkurrenzfähig zu bleiben,[570] sowie
- die eigene Lernkurve wieder zu steigern.[571]

Wie die weiteren Analysen zu den Herausforderungen und der Nutzung von Personalentwicklungsmaßnahmen zeigen,[572] gehen mit der Projektarbeit auch Problemstellungen einher, die den Einsatz von Personalentwicklungsmaßnahmen sinnvoll werden lassen, um im Projektumfeld dauerhaft handlungsfähig zu sein.

Zusammenfassend kann festgehalten werden, dass die Befragten eine ausgeprägte Lernmotivation besitzen, die sich einerseits aus der Projektaufgabe und der damit verbundenen Notwendigkeit heraus ergibt und andererseits durch die Selbstmotivation unterstützt wird. Die Projektorganisation bietet zudem für die Befragten die Möglichkeit, in unterschiedlichen Bereichen zu lernen. Zentral scheinen hierbei Projektinhalte, Methoden, Prozesse sowie der Aufbau von Erfahrungen in der Bearbeitung und Bewältigung von Situationen.

4.2 Herausforderungen und Rollenverständnis in der Projektarbeit

Im Folgenden werden die für die Befragten als Herausforderung wahrgenommenen Themenfelder sowie das Rollenverständnis im Kontext der Projektarbeit beschrieben. Damit zielt dieses Kapitel auf die Beschreibung der Projektarbeit und der damit verbundenen anspruchsvollen Aufgaben, der persönlichen Rollenwahrnehmung und der dafür notwendigen Kompetenzen ab. Die systematische Aufbereitung dieser Themenbereiche soll im weiteren Verlauf die Analyse der notwendigen Kompetenzen sowie die Zielrichtung der zum Einsatz kommenden Personalentwicklungsmaßnahmen unterstützen.

4.2.1 Herausforderungen in der Projektarbeit

Der folgende Abschnitt dient der Darstellung der größten Herausforderungen in der Projektarbeit aus Sicht der Befragten. Hierbei konnten verschiedene Themenbereiche systematisiert werden, die als Komponenten der Projektarbeit aufgefasst werden können:

570 Vgl. PL-15.
571 Vgl. PL-18.
572 Vgl. hierzu auch Kapitel 4.2.1 sowie Kapitel 4.4.

- Definition und Steuerung der Projektinhalte und -ziele (fachlich-inhaltliche Komponente)
- Planung, Organisation und Steuerung des Projektes (methodisch-unternehmerische Komponente)
- Führung des Projektteams (soziale Komponente und Führungskomponente) sowie
- Interessenmanagement und Projektkommunikation (strategisch-unternehmerische Komponente)

Im Folgenden werden die einzelnen Komponenten ausführlich beschrieben und charakterisiert.

1. Definition und Steuerung der Projektinhalte und -ziele[573]

Als herausfordernd beschreibt die überwiegende Mehrheit der Befragten die Herausarbeitung der Aufgabenstellung und Erwartungen an das Projektziel. Hierbei ist es einerseits notwendig, „die Problemstellung in ihrer Komplexität zu erfassen“[574] und ein Problemverständnis zu erreichen sowie daraufhin eine Zieldefinition zu bestimmen. Hierbei ist es auch notwendig, die unterschiedlichen Erwartungen und Anforderungen zu berücksichtigen. Andererseits ist es notwendig, die Auswirkungen bezogen auf die Projektplanung und den Liefergegenstand zu erkennen und abzuschätzen. Dabei stellen einige Befragte heraus, dass es sich beim Abgleich von Erwartungen und möglichen Lösungen um einen fortlaufenden Prozess handelt, der sowohl zu Beginn des Projektes als auch über den gesamten Projektverlauf notwendig ist, um ein kontinuierliches „Erwartungsmanagement“[575] zu ermöglichen. Das nachfolgende Zitat macht die Bedeutung der Zieldefinition in Bezug auf den Projekterfolg deutlich:

> *„Wenn das nicht sauber geklärt ist, wohin die Reise gehen soll, also Umfang, Zeit, Kosten, was ist das tatsächliche Ziel, was erreicht werden soll, dann ist ein Misserfolg relativ wahrscheinlich.“*[576]

Hierbei beschreiben die Befragten unterschiedliche Umstände, die die Zieldefinition gefährden und mitunter im weiteren Verlauf Auslöser für Konflikte im Projekt sein können:

- Unausgesprochene/unbekannte Erwartungen,[577]

573 Vgl. PL-01; PL-03; PL-05; PL-06; PL-07; PL-09; PL-10; PL-11; PL-12; PL-13; PL-15; PL-16; PL-17.
574 PL-17.-35; ähnlich auch PL-10.-37.
575 PL-07.-51.
576 PL-06.-26.
577 Vgl. PL-06; PL-07.

- Entstehen von Missverständnissen,[578]
- Unerwartete Änderungen des Projektziels im Projektverlauf.[579]

Resümierend kann angenommen werden, dass sowohl fachliche, soziale und unternehmerische Fähigkeiten als auch Projekterfahrungen notwendig sind, um den jeweiligen Projektumfang umfassend zu erfragen und die Auswirkungen in Bezug auf die Projektplanung und Problemlösung bewerten zu können.

2. Planung, Organisation und Steuerung des Projektes[580]

Vielfach aufbauend auf der Definition und Beschreibung des Projektziels und -inhalts, nennen die Befragten die Herausforderung, das Projektvorhaben in Bezug auf das Vorgehen, den Ablauf und die dafür notwendigen Ressourcen zu planen und es unter Berücksichtigung der Rahmenbedingungen zu steuern. Das grundlegende Ziel ist, einerseits eine realistische Planung trotz vielfältiger Unsicherheiten zu erstellen und andererseits das optimale und reibungslose Vorgehen zur Erreichung des Projektziels zu definieren. Ein Befragter beschreibt dies wie folgt:

> *„[...] also die Metaanforderungen eines Projektes zu erfassen und daraufhin die optimalen Prozesse zu finden. Also quasi die Charakteristika eines Projektes schon am Anfang oder möglichst dann vor dem Start zu erfassen und daraufhin möglichst effiziente und effektive Prozesse zu etablieren.“*[581]

Hierbei gilt es, bestehende und meist übergeordnete Restriktionen zu berücksichtigen und über den Projektverlauf zu steuern. Diese beschreiben die Befragten häufig durch die Nennung der Elemente des magischen Dreiecks im Projektmanagement, d. h. Zeit, Kosten und Qualität.[582] Das folgende Zitat verdeutlicht die Abhängigkeiten zwischen den Erwartungen und den Rahmenbedingungen:

> *„Ja. Es gibt, sage ich mal, Wünsche des Gegenübers, [...], wo man schon vielleicht mit einer, aus meiner Sicht mehr Erfahrung beim Draufgucken sieht, das dauert mindestens doppelt so lang oder dreimal so lang mit dem vorhandenen Umfang und auch in der Qualität [...] Und das ist, sage ich mal, eine ständige Herausforderung, das gemanagt zu bekommen. Das hört auch nicht auf. Das ist eigentlich ein kontinuierlicher Prozess, weil sich immer wieder Änderungen ergeben. Sei es, dass die Budgets von vornherein*

578 Vgl. PL-15.
579 Vgl. PL-09; PL-15.
580 Vgl. PL-01; PL-02; PL-03; PL-04; PL-07; PL-09; PL-10; PL-11; PL-12; PL-14; PL-15; PL-18.
581 PL-04.-66.
582 Die Befragten nennen dabei Zeit-, Kosten- sowie Qualitätsrestriktionen (vgl. PL-07, PL-09, PL-10, PL-12, PL-14, PL-15, PL-18), wobei Budgetrestriktionen vor Zeit- und Qualitätsbeschränkungen genannt werden.

> *fix sind und auch nur ein minimales Veränderungspotenzial da ist, aber selbst wenn Veränderungspotenzial da ist, muss auch Zeit und Geld [da sein; C. W.]. Das ist nicht so gegeben, dass alles so abgewunken wird und so umgesetzt werden kann.“*[583]

Hieraus kann angenommen werden, dass vornehmlich methodische und unternehmerische Fähigkeiten i. S. v. planerischen und steuernden Fähigkeiten sowie Projekterfahrung benötigt werden, um den Planungsprozess sowie den kontinuierlichen Ausgleichsprozess zwischen Anforderungen und Möglichkeiten (Faktoren des magischen Dreiecks) im Projektverlauf zielführend zu gestalten und dauerhaft zu gewährleisten.

3. Führung des Projektteams[584]

Ein weiterer Bereich, der von den Befragten als herausfordernd beschrieben wird, kann als Teilbereich der Herausforderungen zur Projektplanung, -organisation und -steuerung verstanden werden, jedoch wird er von den Befragten meist als separate Herausforderung beschrieben. Zentrale Felder im Umgang mit den Projektbeteiligten sind dabei neben der Teamzusammenstellung auch Motivation und Führung des Teams.

Geeignete und für die Durchführung des Projektes notwendige Mitarbeiter und Spezialisten für das Projekt zu identifizieren und für die Dauer des Projektes sicherzustellen, wird von einigen Befragten als eine schwierige Aufgabe empfunden. Diese Notwendigkeit wird sowohl mit quantitativen als auch mit qualitativen Engpässen begründet, z. B. wenn die Know-How-Träger nicht in ausreichendem Maße vorhanden sind oder zum geplanten Zeitpunkt nicht zur Verfügung stehen. Darüber hinaus wird die Eignung von Personen hervorgehoben, wobei hier sowohl mit Blick auf die fachlichen Qualifikationen und Erfahrungen als auch bezogen auf die individuelle Fähigkeit, in Projektstrukturen arbeiten zu können, betont wird. Beide Aspekte verdeutlicht das nachfolgende Zitat:

> *„Eine dritte Herausforderung, finde ich, ist aber auch, die richtigen Personen an Bord zu haben. Also den richtigen Mix aus Newcomern und Experten zu finden, beziehungsweise ich habe das mal für mich so bezeichnet, als Follower und Querdenker, sodass man im Rahmen des Projektes das beste oder das bestmögliche Ergebnis erzielen kann. Denn da ist ganz häufig die Schwierigkeit, unterschiedliche Charaktere für eine kurze Zeit für einen abgegrenzten Zeitraum unter einen Hut zu bringen und zu einem Ergebnis zu führen.“*[585]

---

583 PL-14.-46.

584 Vgl. PL-02; PL-03; PL-04; PL-05; PL-06; PL-07; PL-08; PL-11; PL-13; PL-15; PL-16; PL-17; PL-18.

585 PL-13.-32.

Neben der Teamzusammenstellung stellt auch die Motivation und Führung der Teammitglieder für einige Befragte eine Herausforderung dar. Hierbei gilt es, einerseits Abläufe und Koordination des Projektteams sowie die Ausrichtung des Teams auf das Projektziel sicherzustellen und andererseits die Teammitglieder entsprechend ihren individuellen Motive und Fähigkeiten einzusetzen. In diesem Zusammenhang wird auch die Teammotivation hervorgehoben, die dabei unterstützt, die Kommunikation im Team zu sichern sowie die zwischenmenschlichen Beziehungen im Team zu gestalten und das Vertrauen sowie die Zusammenarbeit in der Gruppe zu fördern.[586] Diese Herausforderung beschreibt ein Befragter wie folgt:

> *„Das zweite ist aber auch, das Zwischenmenschliche zu gestalten. Je größer das Projekt wird, umso schwieriger wird es, alle Projektmitarbeiter auf einem einheitlichen Informationsstand zu halten und dass jeder das Gefühl hat, genauso wichtig zu sein wie der andere. Und dass der andere nicht mehr weiß als ein anderer und ähnliches."*[587]

Aus den Beschreibungen kann angenommen werden, dass insbesondere soziale Fähigkeiten und die Fähigkeit zur Führung von Personen sowie Erfahrung im Umgang mit unterschiedlichen Persönlichkeitstypen notwendig sind, um die Zusammenstellung des Teams, den Teambildungsprozess sowie die Motivation und Führung des Projektteams positiv zu beeinflussen.

4. Interessenmanagement und Projektkommunikation[588]

Als vierter Themenbereich kann die Einbettung des Projektes in die Stammorganisation genannt werden. Hierbei stellen die befragten Projektleiter zwei Aspekte heraus: Zum einen beschreiben die Interviewpartner die Herausforderung, in kurzer Zeit das Projektumfeld sowohl in der operativen Arbeit als auch in Bezug auf die Projektbeteiligten zu erfassen und das Projekt daraufhin zu steuern:

> *„Die Struktur zu verstehen, wer ist Stakeholder, welche Interessen haben die, welche Infrastruktur habe ich für meine Projektleitung zur Verfügung, welche Prozesse habe ich, wo speichere ich Sachen ab, wo kriege ich Sachen her, wie kann ich Sachen teilen."*[589]

Zum anderen werden das Management und der Ausgleich der unterschiedlichen Stakeholderinteressen als herausfordernde Aufgabe beschrieben. Hierbei kann es beispielsweise zu Wider-

[586] Vgl. PL-02; PL-05.
[587] PL-02.-42.
[588] Vgl. PL-01; PL-02; PL-03; PL-04; PL-06; PL-07; PL-10; PL-13; PL-14; PL-16; PL-18.
[589] PL-04.-50.

ständen oder Konflikten kommen, die im Rahmen des Projektes aufgelöst werden müssen. Damit einher geht auch die Herausforderung, die Unterstützung zur weiteren Projektumsetzung sicherzustellen:

> *„Wenn du merkst, du hast keine Unterstützung mehr vom Auftraggeber intern oder extern, das ist egal, dann solltest du darüber nachdenken, das Ganze abzugeben, weil dann kannst du nicht mehr gewinnen."*[590]

Zur Einbindung des Projektes in die Stammorganisation nutzen die Projektleiter sowohl formelle Kommunikationswege, wie beispielsweise regelmäßige Statusmeldungen und Reportings, als auch informelle Wege, um die Akzeptanz und die Unterstützung der Stakeholder für die Durchführung des Projektes zu gewährleisten. Ein Projektleiter beschreibt diesen Umstand als „Durchsetzungsinfrastruktur"[591], d. h. geeignete Kommunikationskanäle im Projekt auszuprägen, um möglicherweise auch kritische Veränderungen zur Erreichung des Projektziels durchzusetzen.

Aus der übergreifenden Vermittlung zwischen Interessen unterschiedlicher Stakeholder kann angenommen werden, dass insbesondere unternehmerische und soziale i. S. v. kommunikativen Fähigkeiten benötigt werden, um die Umsetzung des Projektes in der Stammorganisation durchzuführen. Zudem kann hieraus vermutet werden, dass eine entsprechende Vorkenntnis über die Interessenlage in der Organisation dabei unterstützt, Interessenkonflikte zu lösen und die Akzeptanz und Integration des Projektes in die Organisation zu sichern. Insbesondere Informationen zum Projektumfeld sowie zu unternehmensinternen Strukturen und Abläufen können wichtige Quellen darstellen, um in der Rolle des Projektleiters handlungsfähig zu sein.

Insgesamt zeigen die Schilderungen der befragten Projektleiter zu den bestehenden Herausforderungen, dass verschiedene Fähigkeiten notwendig sind, um sich auf das jeweilige Projektumfeld und die Beteiligten einzustellen und situationsangemessen zu handeln. Obwohl einige Projektaufgaben wiederkehrenden Charakter haben, zeigen sich dennoch Elemente, die situativ gehandhabt werden, wie beispielsweise:

- die Schaffung eines gemeinsamen Verständnisses bzgl. des Projektinhaltes und -ziels
- die individuelle Einstellung auf die relevanten Stakeholder und ihre Interessen
- die Berücksichtigung der Rahmenbedingungen (Zeit, Kosten, Qualität)

[590] PL-03.-71.
[591] PL-16.-34.

- die Teamzusammensetzung, -führung und -motivation
- die Anpassung des Projektes auf die Organisation (Struktur, Methode)

Hieraus kann abgeleitet werden, dass trotz der vorhandenen formellen Einbindung der Befragten in die Stammorganisation[592] ein hohes Maß an individueller und situativer Anpassungsfähigkeit seitens des Projektleiters für die Steuerung des Projektes erforderlich ist. In diesem Verständnis gewinnt das Projektmerkmal der Einmaligkeit eine zusätzliche Facette, in der die Anpassungsleistung seitens des Projektleiters als wiederkehrend, aber projektindividuell einmalig vollzogen wird. Tabelle 16 fasst die genannten Herausforderungen nochmals zusammen.

Herausforderung der Projektarbeit	Thematische Schwerpunkte
Definition und Steuerung des Projektinhalts und der -ziele	- Verständnis für Anforderungen und Ziele erhalten - Erwartungen des Auftraggebers identifizieren - Auf Änderungen des Projektziels reagieren - Analyse des Projektauftrags im Hinblick auf Projektplanung (Umfang, Zeit, Kosten) durchführen
Planung, Organisation und Steuerung des Projektes	- Projektplanung (Ablauf-, Zeit-, Aufwandsplanung) erstellen - Vorgehensweise/Methodik wählen - Zieldimensionen einhalten und ausgleichen (Zeit, Kosten, Qualität)
Führung des Projektteams	- Teamzusammensetzung/-stellung - Ressourcenbedarf identifizieren und Ressourcenverfügbarkeit sicherstellen - Teamführung/-motivation (Zuweisung von Aufgaben, Zusammenarbeit sicherstellen/Teambuilding, Motive identifizieren) - Teamkommunikation sicherstellen
Interessenmanagement und Projektkommunikation	- Strukturelle Einbindung des Projektes in die Organisation (Strukturen, Reporting/Kommunikation, Prozesse) - Stakeholder-/Interessenmanagement (Interessen identifizieren und ausgleichen) - Unterstützung für das Projekt in der Stammorganisation sicherstellen - Schutz des Projektes vor Stakeholdereinflüssen - Übergabe des Projektes in die Organisation

Tabelle 16: Übersicht der Herausforderungen in der Projektarbeit

Der Vergleich der genannten Herausforderungen mit den von den Befragten geschilderten positiven und negativen Erlebnissen im Rahmen der Projektarbeit weist zudem deutliche Übereinstimmungen auf. Dabei werden vornehmlich Situationen geschildert, die sich auf die Definition und das Management des Projektinhalts und -ziels, die Arbeit mit dem Projetteam sowie die Projektorganisation und Steuerung beziehen. Hieraus kann abgeleitet werden, dass die Erlebniswelten der befragten Projektleiter weitestgehend übereinstimmen und somit vergleichbar sind. Darüber hinaus zeigen die als positive Erlebnisse geschilderten Themenfelder aber auch, dass die persönliche Anerkennung und Würdigung der eigenen Leistung sowie die Erreichung

592 Aufgrund der dortigen Festanstellung bzw. der Projektbeauftragung.

persönlicher Ziele als positives Erlebnis wahrgenommen werden. Es kann hieraus vermutet werden, dass derartige Erlebnisse die Entwicklung der Handlungsfähigkeit positiv beeinflussen.

4.2.2 Rollenverständnis der befragten Projektleiter

Im Rahmen der Interviews wurden die Befragten hinsichtlich ihres Rollenverständnisses befragt. Aus den Antworten konnten unterschiedliche Rollentypen herausgearbeitet werden, auf die in diesem Abschnitt näher eingegangen werden soll. Tabelle 17 stellt die zentralen Elemente der identifizierten Rollen sowie ihre Beschreibungen zusammen.

Rollenbeschreibung und Merkmale	**Funktionale Rollen des Projektleiters nach Keßler/Winkelhofer (2004)**
Zentraler Ansprechpartner/Projektverantwortlicher,[593] sieht sich als: - Kommunikationsstelle in und aus dem Projektteam - Kontakthalter/Schnittstelle zu anderen Einheiten - Repräsentanz des Projektes - Bindeglied zw. Projektteam und Auftraggeber - Träger der Verantwortung - Informationsgeber zum Projektfortschritt	- Leiter - Beziehungsmanager - Aufklärer
Kapitän/Richtungsgeber[594], sieht sich als derjenige, der: - Richtung vorgibt - steuert - Rahmen vorgibt	- Leiter - Führungskraft
Controller[595], sieht sich als derjenige, der: - den Projektfortschritt überwacht	- Kontrolleur
Koordinator[596], als derjenige, der: - die relevanten Personen zusammenbringt - die Abstimmung unter den Bereichen herstellt - plant und organisiert	- Manager, Organisator - Koordinator - Prozessmanager
Teamunterstützer/Dienstleister am Team[597], sieht sich als derjenige, der das Team: - motiviert - unterstützt - beschützt - den Rahmen schafft - zwischen Bereichen vermittelt (Interessen aushandelt, übersetzt)	- Führungskraft - Beziehungsmanager - Mediator, Übersetzer - Moderator

Tabelle 17: Übersicht und Zuordnung des Rollenverständnisses der Interviewpartner

593 Vgl. PL-01; PL-02; PL-03; PL-04; PL-06; PL-07; PL-08; PL-09; PL-10; PL-11; PL-12; PL-13; PL-14; PL-15; PL-16; PL-17; PL-18.

594 Vgl. PL-01; PL-02; PL-05; PL-13; PL-16.

595 Vgl. PL-02; PL-09; PL-14; PL-15.

596 Vgl. PL-02; PL-04; PL-06; PL-08; PL-09; PL-10; PL-11; PL-15; PL-16.

597 Vgl. PL-01; PL-07; PL-08; PL-09; PL-11; PL-13; PL-14; PL-15; PL-16; PL-17; PL-18.

Darüber hinaus zeigt sie Bezüge zu den funktionalen Rollen des Projektleiters nach Keßler/Winkelhofer (2004) auf.[598] Die Rollenbeschreibungen zeigen sich dabei unabhängig von der Berufs- oder Projekterfahrung sowie vom Geschlecht und Alter.

Übergreifend tritt aus den Beschreibungen die herausgehobene Stellung als Verantwortlicher[599] und zentraler Ansprechpartner für den Auftraggeber sowie als Mittler innerhalb des Projektteams hervor. Darüber hinaus zeigen sich bei den Befragten zusätzliche Ausprägungen in ihrer Rollenwahrnehmung. Interviewpartner, die sich als Kapitän oder Richtungsgeber wahrnehmen, zeichnen sich durch eine starke Aufgabenorientierung und einen deutlichen Führungscharakter aus, wie das nachfolgende Zitat verdeutlicht:

> *„Klar ist natürlich, ich gebe die Richtung vor. Was wir machen wollen, wie wir es machen wollen. Ich habe dafür zu sorgen, dass die organisatorische Abarbeitung läuft. Ich kommuniziere gegenüber dem Kunden. Ich bin die zentrale Kommunikationsstelle ins Projekt und aus dem Projekt heraus."*[600]

Als Gegenpol hierzu können Beschreibungen von Befragten verstanden werden, die sich stärker als Teamunterstützer, d. h. als „Dienstleister an dem Team"[601], verstehen. Dort stehen stärker die Bedürfnisse und der Schutz der Teammitglieder im Vordergrund:

> *„Ich verstehe mich zum einen als derjenige, der für das Projektteam alles tut, damit es möglichst ungestört arbeiten kann. Ich verstehe mich als derjenige, der mit dem Kunden die nächsten Schritte klärt und auch als derjenige, der die Kosten im Blick hat. Und vor allem auch als derjenige, der zum Steering Committee geht und über das Projekt berichtet, also eine Art Außenminister."*[602]

Darüber hinaus beschreiben mehrere Projektleiter sich als Koordinatoren und Controller im Projekt. Wesentliche Bestandteile sind hierbei das Zusammenbringen von relevanten Personen, das Planen und Organisieren sowie die Fortschrittskontrolle des Projektes. So heißt es beispielsweise:

> *„Meine Rolle ist schon diejenige, die die Fäden zusammenhält, die koordiniert, die die richtigen Leute zusammenbringt, also mit den richtigen Informationen, mit den*

598 Darüber hinaus nannte PL-08 noch die Rollen „Initiator" und „Executioner", die jedoch von ihm nicht weiter beschrieben wurden (vgl. PL-08.-62-63).
599 Vgl. PL-01; PL-03; PL-09; PL-11; PL-12.
600 PL-02.-50.
601 PL-01.-94.
602 PL-15.-69.

richtigen Arbeitsaufträgen und letztlich auch für gute Stimmung irgendwie sorgt innerhalb des Teams."[603]

Der operativ koordinierende Aspekt wird von Projektleitern, die zum Zeitpunkt der Befragung in dieser Rolle tätig waren oder zeitlich uneingeschränkt im Projekt arbeiten, deutlicher hervorgehoben, als von Befragten, die punktuell bzw. stärker übergreifende Aufgaben wahrnehmen.[604]

Wie die unterschiedlichen Rollenbeschreibungen der Interviewpartner zeigen, besteht bei den Befragten überwiegend ein multiples Rollenverständnis. Hierbei decken sie meist zwei bis drei Ausprägungen ab. Dies scheint vor dem Hintergrund nachvollziehbar, dass einige Befragte hervorheben, dass die Rolle entsprechend den Rahmenbedingungen und des Umfeldes ausgeübt wird.[605] Nachfolgende Bedingungen begründen die Notwendigkeit einer flexiblen Rollenausübung:

- Persönliche Stellung im Unternehmen (interner/externer Mitarbeiter),[606]
- Weisungsbefugnis[607],
- Entscheidungsbefugnis[608],
- Einfluss auf die Auswahl der Teammitglieder,[609]
- Verfügbarkeit von Teammitgliedern,[610]
- Charaktere und Art der Zusammenarbeit im Projekt,[611]
- Projektart und -umfang.[612]

Auf Basis der extrahierten Rollenverständnisse kann ein ausgeprägtes Rollenspektrum festgestellt werden, das flexibel und situativ an die jeweiligen Umwelt- und Rahmenbedingungen des Projektes angepasst wird. Dies lässt den Schluss zu, dass eine solches Vorgehen für die Rollenausübung notwendig ist und es erleichtert, flexibel mit neuen und unbekannten Situationen angemessen umzugehen. Dabei werden Rollen, die den Umgang mit Widerständen, Krisen und Konflikten beinhalten, weniger deutlich in den Vordergrund gestellt. Weiterhin kann aus den

603 PL-08.-60.
604 Gegenbeispiele für Projektleiter mit geringer operativer Einbindung sind: PL-03; PL-07; PL-17.
605 Vgl. PL-01; PL-04; PL-08.
606 Vgl. PL-01; PL-04.
607 Vgl. PL-01; PL-04; PL-08.
608 Vgl. PL-06; PL-16; PL-11.
609 Vgl. PL-01; PL-06.
610 Vgl. PL-08; PL-11.
611 Vgl. PL-08; PL-09.
612 Vgl. PL-03; PL-04; PL-18.

Äußerungen der Interviewpartner abgeleitet werden, dass diese Flexibilität über praktische Projekterfahrung in unterschiedlichen Projekten erworben und durch flankierende Maßnahmen gefördert werden kann. So artikulieren Interviewpartner, die Erfahrungen mit feedbackbasierten Maßnahmen in Form von Coaching schildern, auch vermittelnde und unterstützende Rollen.[613] Weniger Facetten in ihrem Rollenverständnis zeigen demgegenüber Interviewpartner, die keine oder geringe Erfahrungen mit feedbackbasierten Maßnahmen haben.[614]

4.3 Notwendige Kompetenzen aus Sicht der Befragten

Dieses Kapitel dient der Darstellung relevanter Kompetenzen, die aus Sicht der Befragten für die Ausübung einer Projektleiterrolle notwendig sind. Hierbei zielt die Fragestellung sowohl auf Kompetenzen, die aktuell als relevant erachtet werden, als auch auf zukünftig wichtiger werdende Kompetenzen ab. Hierbei wird das Ziel verfolgt, aktuelle Kompetenzanforderungen an den Projektleiter zu identifizieren sowie Entwicklungstendenzen im Kompetenzprofil zu identifizieren und somit Rückschlüsse auf die zukünftige Ausrichtung der Personalentwicklung für Projektleiter zu ziehen.

Aus Sicht der Befragten ergeben sich für die Ausfüllung der Projektleiterrolle unterschiedliche Kompetenzen, auf die im Folgenden detaillierter eingegangen werden soll. Diese können entsprechend der Systematisierung nach Hölzle[615] (2009) und unter Berücksichtigung der von ihr gewählten Sekundärliteratur zugeordnet werden.[616]

Zugleich muss angemerkt werden, dass sowohl die Befragung als auch die Auswertung nicht auf die Erstellung bzw. Darstellung von umfassenden Kompetenzprofilen der Befragten abzielen. Vielmehr wird versucht, aus den Daten relevante Kompetenzen zu identifizieren. Zu diesem Zweck wurden die Befragten direkt nach notwendigen Fähigkeiten befragt. In einem zweiten Schritt folgte dann die Angleichung der Aussagen auf eine einheitliche Terminologie, da die Befragten vergleichbare Fähigkeiten unterschiedlich benannten bzw. beschrieben. Diese

613 Vgl. PL-06; PL-07; PL-13; PL-15; PL-18.
614 Vgl. PL-04; PL-12.
615 Vgl. Kapitel 2.1.4.4.
616 Die Quellen dienten zur Abgrenzung der genannten Kompetenzen mit dem Ziel einer systematischen Zuordnung der Aussagen der Interviewpartner zu der jeweiligen Kompetenzklasse. Bei der Vereinheitlichung der Kompetenznennung wurde auf die von Hölzle ebenfalls genutzten Beschreibungen der Kompetenzen von Keim, G. (1997) zurückgegriffen.

Angleichung dient drei Zielrichtungen: Erstens kann hierüber die (intersubjektive) Nachvollziehbarkeit der empirischen Arbeit unterstrichen und transparent gemacht werden. Zweitens kann sie als weitere Konkretisierung der von Hölzle (2009) beschriebenen Kompetenzklassen verstanden werden, worauf auch zukünftige Forschungsarbeiten aufbauen können. Drittens unterstützt die systematische Darlegung der genannten Kompetenzen die spätere Analyse der genutzten Personalentwicklungsmaßnahmen für Projektleiter.

Insgesamt konnten über dieses Vorgehen 198 Fähigkeitsbeschreibungen der Befragten zu 37 Fähigkeiten systematisiert werden. Hierbei wurde weitestgehend auf bestehende Fähigkeitsbeschreibungen von Hölzle (2009) aufgesetzt, jedoch auch weiter ausdifferenziert. Neue Fähigkeiten zu einer Kompetenzklasse sind mit dem Zusatz „(neu)" kenntlich gemacht. Zukünftig wichtigere Kompetenzen werden kursiv hervorgehoben. Besonders herausstechende Kompetenzen sind in der Übersicht unterstrichen.[617] Einschränkend ist jedoch zu berücksichtigen, dass die Fähigkeiten nicht vollständig trennscharf einer Kompetenzklasse zugeordnet werden können. Daher wurde die jeweilige Fähigkeit der dominierenden Kompetenzklasse zugewiesen. Eine beispielhafte Darstellung der Angleichung und Zuordnung der genannten Fähigkeiten zu den Kompetenzklassen ist in Anhang 2 dargestellt.

Der nächste Abschnitt gibt zunächst einen Überblick über die genannten Fähigkeiten, strukturiert nach den Kompetenzklassen. In Abschnitt 4.3.2 folgt eine detailliertere Beschreibung ausgewählter Kompetenzen, die in der Analyse besonders deutlich hervortreten.

4.3.1 Notwendige und zukünftig wichtigere Kompetenzen im Überblick

Notwendige sowie zukünftig wichtigere Fähigkeiten aus Sicht der Interviewpartner sind in Tabelle 19 tabellarisch zusammengefasst. Auf der Betrachtungsebene der Kompetenzklassen zeigt sich, dass notwendige Fähigkeiten unterschiedlich stark ausdifferenziert sind und somit unterschiedliche Facetten betonen. Insbesondere methodische (8), soziale (15) und unternehmerische (7) Kompetenzen werden als allgemeine Fähigkeiten, die ein Projektleiter mitbringen sollte, differenzierter hervorgehoben als Fach- (1) und Führungskompetenzen (3). Hieraus kann geschlussfolgert werden, dass methodische, soziale und unternehmerische Kompetenzen den Be-

[617] Als dominierende Fähigkeiten sind diejenigen Fähigkeiten gekennzeichnet, die mindestens von zwei Befragten genannt wurden.

fragten bewusster sind als Fach- und Führungskompetenzen und für die befragten Projektleiter eine größere Bedeutung in der Rollenausübung haben.

Zudem ist festzustellen, dass Fähigkeiten der Klasse Fachkompetenz ausschließlich von männlichen Projektleitern genannt werden.[618] Im Bereich der Methodenkompetenz nennen ältere Projektleiter (über 40 Jahre) häufiger Fähigkeiten, wie beispielsweise Analysefähigkeiten, Beurteilungsvermögen und Organisationsfähigkeiten, während jüngere Projektleiter stärker die methodischen Fähigkeiten, Organisations- und Planungsfähigkeiten sowie Zielorientierung betonen. Der Bedeutung sozialer Kompetenzen sind sich alle Befragten bewusst. Sie werden übergreifend von allen Befragten beschrieben. Im Gegensatz dazu werden Führungs- und unternehmerische Kompetenzen von Projektleitern genannt, die bereits mehrere Jahre Berufserfahrung gesammelt haben. Jüngeren Projektleitern sind diese Fähigkeiten offenbar weniger bewusst, und sie werden daher entsprechend weniger deutlich artikuliert. Dieser Effekt kann in zwei Richtungen interpretiert werden: Einerseits kann vermutet werden, dass jüngere Befragte Projekte übernehmen, die diese Fähigkeiten nicht so stark fordern, z. B. kleinere und weniger komplexe Projekte. Andererseits lässt es die Vermutung zu, dass die Bedeutung dieser Kompetenzen möglicherweise erst mit zunehmender Berufserfahrung bewusst wahrgenommen wird.

Auf die Frage nach zukünftig wichtigeren Kompetenzen für die Ausübung der Projektleiterrolle nennen die Befragten teilweise bereits als notwendig eingestufte Kompetenzen (siehe Tabelle 19). Ergänzend werden im Bereich der Fachkompetenz interdisziplinäre Fähigkeiten genannt, d. h. Grundkenntnisse von den Aufgaben der Fachbereiche, z. B. dem IT-Bereich, zu besitzen und diese in vermittelnder Form für die Projektarbeit zu nutzen.[619] Methodische Fähigkeiten werden im Vergleich zu notwendigen Kompetenzen ebenfalls wiederholend genannt, wobei lediglich eine weitere Ausdifferenzierung ergänzend hinzukommt. So wird die Medienkompetenz hervorgehoben, d. h. der Umgang mit neuen Medien und Kommunikationskanälen.[620] Soziale Kompetenzen scheinen auch zukünftig eine große Rolle zu spielen. Sie werden am meisten ausdifferenziert, allerdings tritt hierbei keine neue Fähigkeit hervor. Führungskompetenzen werden in vergleichbarer Weise wie die notwendigen Fähigkeiten genannt, jedoch ebenfalls nicht durch weitere Fähigkeitsbeschreibungen ergänzt.

---

[618] Dies ist auch bei der übergreifenden Betrachtung notwendiger und zukünftig wichtigerer Kompetenzen der Fall.

[619] Vgl. PL-18.

[620] Vgl. PL-06.

Aus dem Vergleich der notwendigen sowie zukünftig wichtigeren Kompetenzen wird deutlich, dass der Stellenwert sozialer Kompetenzen auch zukünftig gesehen wird, gefolgt von methodischen, unternehmerischen sowie Führungs- und Fachkompetenzen. Darüber hinaus kann hieraus geschlussfolgert werden, dass fachliche, methodische und unternehmerische Kompetenzen aufgrund ihrer zukünftig wachsenden Bedeutung stärker in den Entwicklungsmaßnahmen berücksichtigt werden sollten.

Neben allgemeinen und zukünftig relevanten Fähigkeiten werden auch Merkmale beschreiben, die als grundlegende Persönlichkeitsmerkmale von den Befragten verstanden werden können.[621] Wie im Grundlagenteil dargestellt, wird davon ausgegangen, dass diese als verhältnismäßig stabile und situationsübergreifende Merkmale verstanden werden können. Hierin liegt der Unterschied zu den zuvor genannten Kompetenzen, die einen deutlichen Situationsbezug besitzen, d. h. in der konkreten Situation in Erscheinung treten und als veränderlich angesehen werden können.[622] Tabelle 18 fasst sowohl allgemein notwendige als auch zukünftig wichtigere Persönlichkeitsmerkmale zusammen.

Kompetenzklasse	notwendige Fähigkeiten aus Sicht der Befragten	Anzahl der Beschreibungen
Persönlichkeitsmerkmale - allgemein	<u>Belastbarkeit</u>, Bodenständigkeit, Eigenständigkeit, Geduld, <u>Gelassenheit</u>, Ruhe, Seriosität, Souveränität	8
Persönlichkeitsmerkmale - zukünftig	*Ehrlichkeit, Persönliche Reife*	2 *(2 neu zukünftig)*
Legende: Unterstrichene Fähigkeiten treten besonders hervor/werden häufig genannt (min. von zwei Befragten). Kursiv hervorgehobene Fähigkeiten werden nur zukünftig als wichtig hervorgehoben. Mit dem Zusatz „neu zukünftig“ ist die Anzahl der kursiv gekennzeichneten Fähigkeiten angegeben. Unter „Anzahl der Beschreibungen“ wird die Anzahl der unterschiedlichen Fähigkeiten je Kompetenzklasse verstanden.		

Tabelle 18: Allgemeine und zukünftig wichtigere Persönlichkeitsmerkmale

Die Persönlichkeitsmerkmale sind vergleichbar stark ausdifferenziert wie die Fähigkeiten aus der Klasse Methodenkompetenz. Sie lassen vermuten, dass sie einen vergleichbaren Stellenwert bei der Ausübung der Projektleiterrolle besitzen. Darüber hinaus kann hieraus abgeleitet werden, dass ein bestimmter Menschentyp eher für die Rolle des Projektleiters geeignet erscheint.

621 Persönlichkeitsmerkmale werden genannt von: PL-02; PL-04; PL-05; PL-08; PL-11; PL-14; PL-16.

622 Vgl. Kauffeld, S. (2006), S. 35 f.

Kompetenzklasse	Notwendige Fähigkeiten aus Sicht der Befragten	Anzahl der Beschreibungen	Zukünftig wichtigere Fähigkeiten aus Sicht der Befragten	Anzahl der Beschreibungen	Überschneidungen (aktueller und zukünftiger Fähigkeiten)
1. Fachkompetenz	Fachwissen (neu)	1	Fachwissen (neu), *Interdisziplinäre Fähigkeiten (neu)*	2 *(1 neu zukünftig)*	Fachwissen (neu)
2. Methodenkompetenz	Analysefähigkeit, Beurteilungsvermögen, Entscheidungsfähigkeit, Flexibilität im Umgang mit Methoden (neu), Methodische Fähigkeiten PM (neu), Projekterfahrung, Projektmanagementwissen, Zielorientierung	8	Analysefähigkeit, Entscheidungsfähigkeit, Flexibilität im Umgang mit Methoden (neu), *Medienkompetenz (neu)*, Methodische Fähigkeiten PM (neu), Projekterfahrung, Projektmanagementwissen, Zielorientierung	8 *(1 neu zukünftig)*	Analysefähigkeit, Entscheidungsfähigkeit, Flexibilität im Umgang mit Methoden (neu), Methodische Fähigkeiten PM (neu), Projekterfahrung, Zielorientierung
3. Soziale Kompetenz	Aufmerksamkeit/Wachsamkeit (neu), diplomatisches Geschick, Durchsetzungsvermögen, Empathie, Flexibilität im Umgang mit Menschen (neu), Initiative, Interkulturelle Kompetenz (neu), Kommunikationsvermögen, Konfliktfähigkeit, Kontaktfähigkeit, Kreativität, Lernbereitschaft, Menschenkenntnis (neu), Sachorientiertheit (neu), Teamfähigkeit	15	Aufmerksamkeit/Wachsamkeit (neu), Empathie, Flexibilität im Umgang mit Menschen (neu), Interkulturelle Kompetenz (neu), Kommunikationsvermögen, Kontaktfähigkeit, Kreativität, Menschenkenntnis (neu), Teamfähigkeit	9 *(0 neu zukünftig)*	Aufmerksamkeit/Wachsamkeit (neu), Empathie, Flexibilität im Umgang mit Menschen (neu), Interkulturelle Kompetenz (neu), Kommunikationsvermögen, Kontaktfähigkeit, Kreativität, Menschenkenntnis (neu), Teamfähigkeit
4. Führungskompetenz	Flexibilität im Umgang mit Situationen, Motivationsfähigkeit, Teamführung	3	Flexibilität im Umgang mit Situationen, Motivationsfähigkeit, Teamführung	3 *(0 neu zukünftig)*	Flexibilität im Umgang mit Situationen, Motivationsfähigkeit, Teamführung
5. Unternehmerische Kompetenz	Erkennen von Chancen, Fähigkeit des Kosten-, Investitions- und Zeitmanagements, Planungs- und Organisationsfähigkeit, politisches Geschick (neu), Risiken managen (neu), Verbindlichkeit (neu), Visionskraft (neu)	7	Erkennen von Chancen, Fähigkeit des Kosten-, Investitions- und Zeitmanagements, politisches Geschick (neu), *Verkäuferische Fähigkeiten (neu)*	4 *(1 neu zukünftig)*	Fähigkeit des Kosten-, Investitions- und Zeitmanagements, politisches Geschick
Legende: Unterstrichene Fähigkeiten treten besonders hervor/werden häufig genannt (min. von zwei Befragten). Fähigkeiten mit dem Zusatz „(neu)“ sind der Systematisierung ergänzend hinzugefügt. Kursiv hervorgehobene Fähigkeiten werden nur zukünftig als wichtig hervorgehoben. Mit dem Zusatz „neu zukünftig“ ist die Anzahl der kursiv gekennzeichneten Fähigkeiten angegeben. Unter „Anzahl der Beschreibungen“ wird die Anzahl der unterschiedlichen Fähigkeiten je Kompetenzklasse verstanden.					

Tabelle 19: Übersicht der notwendigen und zukünftig wichtigeren Fähigkeiten

4.3.2 Beschreibung ausgewählter Kompetenzen aus Sicht der Befragten

Nachdem die Fähigkeiten auf Ebene der Kompetenzklasse dargestellt wurden, soll nun eine genauere Beschreibung ausgewählter Fähigkeiten erfolgen. Die Auswahl orientiert sich an zwei Kriterien. Zum einen werden diejenigen Fähigkeiten thematisiert, die häufig von den Befragten genannt wurden. Zum anderen werden Fähigkeiten beschrieben, die sich im Verlauf der Auswertung als relevant bezogen auf die Ausgestaltung von Personalentwicklungsmaßnahmen für Projektleiter herausgestellt haben.

1. Hervorgehobene Fähigkeiten aus der Klasse Fachkompetenz:
Fachwissen wird von den Befragten hervorgehoben und es wird betont, dass es wichtig ist, den Zugang zum Projektinhalt bzw. zum Projektziel zu bekommen.[623] Zudem schützt es vor Beschwerden des Auftraggebers, wie das nachfolgende Zitat deutlich macht:

> *„Denn wenn man hier mit alten Ständen [bezogen auf Fachwissen; C. W.] arbeiten würde, implementieren würde, würde man relativ schnell in die Haftung kommen beim Mandanten. Also das ist / das Fachwissen ist auch sehr entscheidend, als Herausforderung."*[624]

Diese Fähigkeit kann dahingehend interpretiert werden, dass die Fähigkeit, auf bestehendes Fachwissen zurückzugreifen bzw. sich ein fachliches Grundverständnis zum Projektgegenstand anzueignen, eine anforderungs- und zielgerichtete Projektumsetzung unterstützt.

Damit können der Aufbau sowie die Anwendung von Fachwissen als wesentliche fachliche Kompetenzen verstanden werden, die für die Ausübung der Projektleiterrolle von Bedeutung sind und den Zugang zum Projektinhalt unterstützen.

2. Hervorgehobene Fähigkeiten aus der Klasse Methodenkompetenz:
Im Bereich der Methodenkompetenz kommen insbesondere Fähigkeiten zum Vorschein, die darauf abzielen, einen Sachverhalt zu analysieren, zu bewerten und mittels bestehender Methoden zu bearbeiten.[625]

---

623 Vgl. PL-04; PL-07; PL-11; PL-12; PL-17.
624 PL-07.-90.
625 Vgl. PL-10; PL-12; PL-13; PL-14; PL-16; PL-17; PL-18.

Analytische Fähigkeiten werden dabei benötigt, um bei geänderten Rahmenbedingungen oder unterschiedlichen Interessenlagen deren Auswirkungen zu erkennen und diese entsprechend bewerten zu können.[626] Hierbei stellt ein Projektleiter heraus, dass er das Projektgeschäft als zunehmend schnelllebiger wahrnimmt und die Bedeutung dieser Fähigkeit in der Zukunft aus seiner Sicht weiter zunehmen wird:

> *„Und eben auch zu gucken, was da jetzt rein prasselt an Anforderung an Wunsch, welche Auswirkungen hat das und das irgendwie schnell zu erfassen. Das schnell zu erfassen, ist schon ein Thema. Die Projekte, das ganze Geschäft ist immer schnelllebiger. Wie kann ich damit umgehen? Kann ich mich dem beugen oder kann ich sagen „Sorry, das geht so einfach nicht. Wir bringen hier Time, Budget und Quality dermaßen in Gefahr, dass ich da nicht mitmachen kann.““*[627]

Darüber hinaus bedarf es der Fähigkeit, Sachverhalte angemessen beurteilen zu können. Beurteilungsvermögen wird aus Sicht der Befragten notwendig, um Aufgaben und Sachverhalte in ihrer Kritikalität einzuschätzen, aber auch, um angemessene Entscheidungen zu Projektsituationen zu treffen und diese zeit- und sachgerecht zu priorisieren oder auch zu eskalieren.

Methodische Fähigkeiten i. S. d. Beherrschung von Projektmanagementmethoden und Tools werden ebenfalls als wesentlich beschrieben. Dabei werden drei Aspekte herausgestellt. Neben der Sicherstellung der Transparenz des Projektvorgehens gegenüber Projektbeteiligten und Kunden hat sich zudem das Professionalitäts- bzw. Anspruchsniveau an das Projektmanagement gesteigert. Darüber hinaus wird herausgestellt, dass die Planungsphasen in Projekten zunehmend kürzer werden und weniger Zeit hierauf verwendet werden kann:

> *„Es gibt weniger Zeit. Ressourcen werden geholt und oft werden die sehr schnell produktiv eingesetzt. Gerade, wenn man sich selbst gut organisiert und dieses Handwerkszeug hat, nur dann kann man die erforderliche Zeit einsparen, um sich um die eigentlichen Belange des Projektes zu kümmern. Deswegen ist das total wichtig. Das ist einfach wie in jeder Branche, die mit der Zeit reifer wird, dass ein gewisses Handwerkszeug auch erwartet wird. Es bringt Zeitersparnis und es bringt natürlich auch ein gewisses Professionalitätslevel, das andere auch mittlerweile erwarten.“*[628]

Darüber hinaus wird die Aneignung und Nutzung von Projektmanagementwissen als eine notwendige Fähigkeit genannt.[629] Hierunter werden grundlegende Kenntnisse über den Ablauf und

626 Vgl. PL-10; PL-14.
627 PL-14.-86.
628 PL-11.-91.
629 Vgl. PL-01; PL-04.

die Struktur von Projekten verstanden. Weiterhin wird Projektmanagementwissen auch in Verbindung mit der Projektaufgabe verstanden. Hierbei wird es als notwendige Voraussetzung für die Übernahme von größeren und komplexeren Projekten verstanden, wie nachfolgendes Zitat verdeutlicht:

> *„Also die Wichtigkeit [über einen Ansatz, über die ganze Terminologie, über Prozesse, Tools und so weiter; C. W.] hängt davon ab, wo du stehst, beziehungsweise wie das Niveau ist oder was das Niveau ist, auf dem du dich bewegst. Wenn dein Wissenslevel nicht dem entspricht, was du machen sollst, oder wenn die Komplexität höher ist als dein Level, [...]"*[630]

Hieraus kann vermutet werden, dass dieses Wissen sich auf unterschiedliche Bereiche beziehen kann, die wiederum andere Kompetenzklassen, wie beispielsweise Sozial- und Führungskompetenzen, tangieren können.

Als eine weitere hervorstechende Fähigkeit, die der Methodenkompetenz zugeordnet werden kann, kann die Zielorientierung aufgeführt werden. Sie wird in ihrer Beschreibung eng mit unternehmerischen Kompetenzen, die auf die Planung, Organisation und Steuerung des Projektes ausgerichtet sind, artikuliert.[631]

Zusammenfassend kann festgehalten werden, dass methodische Kompetenzen aus Sicht der Befragten die Grundlage für das systematische und zielgerichtete Vorgehen im Projekt darstellen. Dabei kann angenommen werden, dass insbesondere analytische, planerische und organisatorische Fähigkeiten zur Beurteilung von Sachverhalten einen stärkeren praktischen Kontextbezug zum Projektinhalt und den konkreten Projektrahmenbedingungen aufweisen, als dies bei methodischen Projektmanagementfähigkeiten der Fall ist.

3. Hervorgehobene Fähigkeiten aus der Klasse soziale Kompetenz:

Aus dieser Kompetenzklasse treten insbesondere Kommunikationsvermögen und Konfliktfähigkeiten hervor, die von der Hälfte der Befragten als bedeutsam herausgestellt werden.[632] Kommunikative Fähigkeiten sind sowohl in der persönlichen Interaktion als auch über formale

---

630 PL-04.-32.

631 Vgl. PL-05, PL-08, PL-10, PL-13.

632 Kommunikationsvermögen nennen: PL-01; PL-02; PL-03; PL-06; PL-07; PL-09; PL-11; PL-12; PL-13; PL-14; PL-15; PL-16; PL-17; PL-18. (PL-10 nennt „kommunikativ zu sein", als Voraussetzung für die Übernahme einer PL-Rolle (PL-10.-184). PL-17 nennt Kommunikation als „einen ganz wichtigen Punkt" (PL-17.-238.); Konfliktfähigkeit nennen: PL-04; PL-08; PL-09; PL-11; PL-14.

Kanäle wichtig. So stellen einige Befragte heraus, dass es entscheidend ist, adressaten- und situationsgerecht zu kommunizieren.[633] Ein Interviewpartner beschreibt diese Fähigkeiten wie folgt:

> *„[...] er muss kommunikativ stark sein und wissen, welche Informationen er wann wem mitteilt."*[634]

Unter Kommunikation fällt für die Befragten nicht nur die persönliche und direkte Kommunikation mit Projektbeteiligten, sondern auch die formale Kommunikation, wie beispielsweise das regelmäßige Projektreporting an die Stakeholder. Das Verständnis sowie die Auswirkungen verdeutlicht das nachfolgende Zitat:

> *„[...] das ist auch fast mit die größte Herausforderung, diese Entscheidung [wer, wann, welche Informationen bekommt; C. W.] zu treffen im Projekt, [...] das kann dazu führen, dass ein Projekt sehr ruhig läuft, auch wenn es vielleicht, wenn man reinguckt und sieht, dass es da total viele Herausforderungen und Probleme gibt, aber nach außen einfach aufgrund der richtig gewählten Kommunikation total leise verläuft. Wenn man es falsch macht, kann ein Projekt, wenn man darauf guckt, eigentlich total smooth sein, also überhaupt keine Probleme haben, aber ein Tohuwabohu passiert sein, weil man einfach die vollkommen falsche Kommunikation gewählt hat. Und damit sorgt man dafür, dass man ruhig und konzentriert innerhalb seines Projektes arbeiten kann oder die absolute Vollkatastrophe gerade fabriziert hat."*[635]

Kommunikative Fähigkeiten stellen dabei ein weitreichendes (machtvolles) Instrument dar, das sowohl positive als auch negative Folgen mit sich bringen kann, wie das nachfolgende Zitat deutlich macht:

> *„Kommunikation ist für mich auch ein ganz großer Punkt, mit dem viel wettgemacht werden kann, bei dem man aber auch viel falsch machen kann. Von daher ist das für mich eine ganz, ganz wichtige Eigenschaft. Ich gehöre immer zu den Personen, die sehr früh Informationen weitergeben, wenn möglich, um die einzelnen Interessenten oder Interesseninhaber zu informieren, abzuholen und damit auch ihr Verständnis, wenn Dinge nicht glatt gehen sollten oder mal nicht so gut funktionieren, wie man das geplant hat. Ich habe die Erfahrung gemacht, dass man mit Kommunikation tatsächlich viel gewinnen kann. Mit guter Kommunikation."*[636]

---

633 Vgl. PL-06; ähnlich auch PL-14.
634 PL-06.-47.
635 PL-06.-47.
636 PL-13.-48.

Eine entsprechende Sensibilisierung der Bedeutung und die Vermittlung von Methoden zur Herangehensweise werden daher als bedeutsam eingestuft.[637]

Kommunikative Fähigkeiten werden auch für die zukünftige Projektarbeit herausgestellt. Hierbei wird insbesondere die Kommunikation mit neuen Medien, in modernen Arbeitsstrukturen (in virtuellen Teams) sowie mit jungen Projektmitarbeitern herausgestellt. Neue Kommunikationsmedien eröffnen dabei vielerlei Möglichkeiten der Kommunikation, erschweren aber auch die richtige Auswahl eines Kommunikationskanals und bringen neue Anforderungen an die Führung von Teams mit sich.[638] So äußert ein Befragter:

> *„[...] Inzwischen gibt es so viele Kommunikationsmöglichkeiten oder so viele Kommunikationskanäle oder so viele Medien, dass sie für intra-Kommunikation, also innerhalb des Projektes und außerhalb des Projektes, wenn sie definieren, wie sie kommunizieren, mit ihren Mitarbeitern und Stakeholdern eigentlich immer größere Schwierigkeiten haben werden, sich genau für die richtige Variante zu entscheiden, weil es gibt ja so viele inzwischen. Heutzutage ist es ja nicht so, dass sie eine E-Mail schicken können, [...] sondern sie können jetzt Blogs irgendwie nehmen, sie können etwas auf Facebook posten, sie können auf LinkedIn was posten, sie können da was posten und da was posten, am besten alles machen. Und am besten 24 Stunden online sein. Mit dieser Vielfalt der Medien umzugehen für die Projektkommunikation und mit dislozierten Teams umzugehen, ist vielleicht gerade heute auch wichtig, aber ich bin der Auffassung, dass das in Zukunft noch wichtiger sein wird."*[639]

Darüber hinaus wird Konfliktfähigkeit betont. Sie wird von den Befragten hervorgehoben, um Konflikte anzugehen, sie auszuhalten und auszutragen.[640] So heißt es beispielsweise:

> *„[...] für einen persönlich wiederum ist Konfliktmanagementfähigkeit extrem wichtig. Also wie gehe ich mit Situationen um, wo zum Beispiel der Lieferant einfach in schlechter Qualität liefert und dass ich trotzdem in der Lage bin, dieses mit Durchsetzungskraft auch einzufordern, was ich haben will, und auch vielleicht mal in der Lage bin, Frontalangriffe auch wegzustecken, wenn ich zum Beispiel oben vom Topmanagement eins auf den Deckel kriege [...] deswegen meine ich, ich muss eben in der Lage sein, auch einzustecken, also diese Konflikte auch auszuhalten und auszutragen. Das ist sehr wichtig als Fähigkeit."*[641]

In diesem Zusammenhang wird auch das Durchsetzungsvermögen von den Befragten genannt, das aus ihrer Sicht wesentlich für die Projektumsetzung ist. Durchsetzungsstärke und Konse-

637 Vgl. PL-06; PL-09; PL-15.
638 Vgl. PL-01; PL-06; PL-09; PL-13; PL-16.
639 PL-01.-105.
640 Vgl. PL-08; PL-09; PL-11; PL-14.
641 PL-08.-65.

quenz sind dabei sowohl gegenüber dem Kunden als auch im Umgang mit dem Projektteam notwendig, um beispielsweise den Projektinhalt zu fixieren oder durch eine „gewisse Direktheit“[642] die Mithilfe von Projektbeteiligten durchzusetzen. Dabei ist der situationsgerechte Umgang von Bedeutung, wie nachfolgendes Zitat zeigt:

> *„Hilft, wenn er freundlich ist. Es gibt aber auch welche, die absolut anders sind und auch da funktioniert es. Also, da kommt es wieder darauf an, wie kritisch so ein Projekt ist. [...] Aber manchmal hilft es auch nichts, wenn du dadurch [Freundlichkeit; C. W.] dann ausgenutzt wirst, [...] Du musst schon so ein gutes Mittel da irgendwo rauskriegen. Und du musst dir immer der Unterstützung des Auftraggebers bewusst sein.“*[643]

Eng verbunden mit kommunikativen Fähigkeiten und Konfliktfähigkeit ist auch die Kontaktfähigkeit. Hierbei wird insbesondere die Fähigkeit, sich flexibel auf andere Menschen einzustellen, positiv auf sie zuzugehen, sich gern mit ihnen auszutauschen und sich für ihre Erfahrungswelt zu öffnen, hervorgehoben.[644] Diese Fähigkeit wird zusätzlich bedeutsam, wenn die äußeren Rahmenbedingungen den gemeinsamen Austausch unumgänglich machen. So schildert ein Projektleiter, dass aufgrund des Umstandes, dass wiederkehrende Projekte mit denselben Personen durchgeführt werden, ein gutes Verhältnis zwischen den Beteiligten gefordert ist.[645]

Damit einher geht auch die Fähigkeit, Menschenkenntnis zu beweisen, die ebenso deutlich hervorgehobenen wird. Hierunter werden von den Befragten sowohl die Fähigkeit, Fingerspitzengefühl im Umgang mit Beteiligten zu zeigen, sie richtig im Projekt zu führen und einzusetzen, als auch die Fähigkeit, auf der Beziehungsebene Vertrauen aufzubauen und sein Gegenüber einschätzen zu können.[646] Das nachfolgende Zitat unterstreicht diese Anforderung sowie die dahinterliegenden Gründe:

> *„Er muss insbesondere tatsächlich eine gute Menschenkenntnis haben und das aus zwei Gesichtspunkten: Einmal, um den Mandanten einzuschätzen, wie er tickt, um eine Indikation zu haben, was man für Mitarbeiter auch einsetzen kann. Und da geht es nicht um materielles-inhaltliches, sondern da geht es tatsächlich um die Beziehungsebene.“*[647]

642 PL-08.-65.
643 PL-03.-71.
644 Vgl. PL-01; PL-02; PL-03; PL-05; PL-08; PL-09; PL-10; PL-11; PL-13.
645 PL-10.-55. (bezieht sich auf den Einsatz von Mitarbeitern)
646 Vgl. PL-07; PL-08; PL-09; PL-12; PL-16.
647 PL-07.-76.

Zudem wird von den Befragten Teamfähigkeit genannt.[648] Teamplay bzw. ein Teamplayer zu sein, wird als Notwendigkeit für die Zusammenarbeit und Lieferung des Projektes hervorgehoben. In diesem Zusammenhang wird auch die Fähigkeit, Initiative zu ergreifen[649], d. h. auch operativ im Projekt mitzuarbeiten, sowie Bereitschaft zu zeigen, sich in neue Fragestellungen einzudenken, hervorgehoben.

Insgesamt kann somit für diese Klasse festgehalten werden, dass die geschilderten sozialen Kompetenzen die Interaktion mit anderen Projektbeteiligten beeinflussen. Hierbei scheinen Menschenkenntnis und Kontaktfähigkeit sowie Kommunikationsvermögen grundlegende Fähigkeiten zu sein, um die Gefahr von Konflikten und Widerständen zu reduzieren. Sie können daher als Fähigkeiten interpretiert werden, die präventiv wirken, während Konfliktfähigkeit sowie Durchsetzungsvermögen einen stärker reaktiven Charakter aufweisen.

4. Hervorgehobene Fähigkeiten aus der Klasse Führungskompetenz:

Im Bereich der Führungskompetenzen treten neben der Flexibilität im Umgang mit Situationen insbesondere die Fähigkeiten zur Motivation und Führung hervor. Erstere zeigt sich dabei nicht nur durch geistige Flexibilität[650], um sich in neue Strukturen hineinzudenken,[651] sondern auch in der Erreichbarkeit für andere[652] und in der Reaktion auf neue Projektsituationen.[653] Motivieren zu können, wird als Fähigkeit beschrieben, um insbesondere das Projektteam in seiner Arbeitsleistung positiv zu beeinflussen und den Projektzusammenhalt zu fördern.[654] Ein Interviewpartner beschreibt dies wie folgt:

> *„Also einfach immer für eine gute Motivation im Team zu sorgen, ist sicherlich nicht verkehrt. Das sind immer so auch Erfolgsfaktoren dahinter, [...] dass man auch die Skills der einzelnen Mitarbeiter gut kennt, die im Projekt unterwegs sind und wie man sie auch veranlasst, dann auch ihr Potenzial abzurufen.“*[655]

Dabei wird Motivation häufig im Kontext der (Team-)Führung genannt, wobei die Bedeutung, unterschiedliche Teammitglieder zu integrieren, anzutreiben und gemeinsam auf ein Ziel auszu-

648 Vgl. PL-03; PL-05; PL-12; PL-18.
649 Vgl. PL-10; PL-18.
650 Vgl. PL-04.
651 Vgl. PL-04; PL-10.
652 Vgl. PL-07.
653 Vgl. PL-14.
654 Vgl. PL-02; PL-03; PL-05; PL-08; PL-17.
655 PL-08.-111.

richten, betont wird.[656] Damit einher geht auch eine gute Menschenkenntnis bezogen auf die Zusammenarbeit im Team, die es erlaubt, auf Menschen und ihre Ziele einzugehen und sie so auszuwählen und einzusetzen, dass die Arbeit als und im Team funktioniert („Die Chemie ist da fast alles."[657]).[658]

Mit Blick auf die zukünftig wichtiger werdenden Fähigkeiten wird (Team-)Führung ebenfalls thematisiert. Hierbei spielen die Projektkomplexität, die veränderten Führungsanforderungen aufgrund moderner, häufig virtueller Teams eine Rolle ebenso wie die sich verändernden Anforderungen an das Führungsverhalten.[659] Das nachfolgende Zitat unterstreicht beispielhaft die veränderten Anforderungen:

> *„Was für mich in Zukunft wichtiger wird, ist diese klassische Art der Führung mit „Du machst das, du machst das, du machst das." Das funktioniert nicht mehr. Das Zuweisen von Aufgaben. Da haben gerade die jungen Leute keinen Bock mehr drauf. Ich glaube dieses, also so, ich sage jetzt mal wie Joachim Löw als Coach für sein Team, ich glaube, dass das immer wichtiger wird. Dass du irgendwo in der Lage bist, dem Team, deinem Entwicklungsteam, einen guten Rahmen zu schaffen, in dem sie sich frei bewegen können, aber trotzdem irgendwo den Überblick behältst."*[660]

Demgegenüber schildert ein anderer Projektleiter die Notwendigkeit einer stärkeren Führung, indem er argumentiert:

> *„Und das ist so meine Wahrnehmung, dass die jungen Kollegen eben nicht mehr in der Lage sind, so große, komplexe Brocken selbstständig zu bearbeiten, sondern die brauchen das fein filetiert und brauchen eben sehr stark Anleitung, wie sie einzelne Teilaspekte abarbeiten sollen. Insofern wird [...] sich das eben entsprechend etwas ändern."*[661]

Die Fähigkeit zu motivieren, eine positive Stimmung im Projekt zu verbreiten und dieses zu führen, sind wesentliche Fähigkeiten, die die Führungskompetenz von Projektleitern ausmachen. Gespiegelt an den artikulierten Herausforderungen der Projektleiter, kann hierin auch eine zentrale Herausforderung festgestellt werden.[662]

---

656 Vgl. PL-09; PL-10; PL-12; PL-15; PL-17; PL-18.
657 PL-05.-99.
658 Vgl. PL-05; PL-17; PL-15. Letztere stellt die Fähigkeit, als Teamcoach zu agieren, heraus.
659 Vgl. PL-01; PL-04; PL-09; PL-12; PL-15; PL-17.
660 PL-15.-93.
661 PL-12.-72.
662 Vgl. Kapitel 4.2.1.

Die Beschreibungen zur zukünftigen Entwicklung der Führungskompetenz zeigen, dass für Projekte in der Zukunft eine größere Flexibilität im Führungsverhalten notwendig ist. Es kann vermutet werden, dass zunehmend eine situationsbezogene Führung für Projektleiter an Bedeutung gewinnt.

5. Hervorgehobene Fähigkeiten aus der Klasse unternehmerische Kompetenz

Aus der Klasse der unternehmerischen Kompetenzen treten insbesondere Fähigkeiten zur Kontrolle und Überwachung, d. h. des Kosten-, Investitions- und Zeitmanagements, des Projektes hervor.[663] Hierbei spielen Faktoren aus dem magischen Dreieck des Projektmanagements eine Rolle. Diese können als übergeordnete Rahmen- und Messgrößen verstanden werden, an denen der Projekterfolg und die Leistung des Projektleiters gemessen werden.[664] Darüber hinaus wird die Notwendigkeit dieser Fähigkeiten auch dadurch begründet, dass es notwendig ist, das Projekt iterativ auf das Projektergebnis hin zu entwickeln:

> *„Man muss immer schauen: Wo stehe ich im Prozess? Erfülle ich gerade noch die Anforderungen, die man mal festgeschrieben hat? Bewege ich mich noch in dem Scope, den man mal festgeschrieben hat? Also man muss immer wieder schauen und bestimmte Regelkreise/Regel- und Stellschrauben bewegen, damit man auch zielgerichtet auf das Ergebnis hin zuarbeitet.“*[665]

Neben diesen überwachenden Fähigkeiten nennen die Befragten Organisations- und Planungsfähigkeiten.[666] Hierdurch wird es möglich, zielgerichtet und systematisch die Schritte zur Erreichung des Projektziels zu definieren und in einen Projektplan zu überführen:

> *„Also mal ganz klassisch, aus meiner Sicht, er muss planen und organisieren können. Das ist so Grundgerüst.“*[667]

> *„Das ist eine koordinative Person, der kann mit Menschen umgehen, der hat ein starkes Organisationstalent.“*[668]

[663] Vgl. PL-06; PL-07; PL-10; PL-13; PL-15.
[664] PL-06.-24. (bezogen auf Finanzen); ähnlich auch PL-07.
[665] PL-13.-46.
[666] Vgl. PL-06; PL-11; PL-13; PL-15.
[667] PL-06.-47.
[668] PL-11.-31.

Die Fähigkeit, Sachverhalte gut strukturieren zu können, unterstützt aus Sicht der Befragten zudem die zielgerichtete Ausrichtung des Projektes und den Umgang mit komplexen Sachverhalten. Ein Befragter begründet dies wie folgt:

> *„Also eine der wichtigsten [Fähigkeiten; C. W.] aus meiner Sicht ist ein gutes Strukturieren, weil die Problemfelder, die sich dir darstellen, sind meistens irgendwie / entweder sind sie komplex oder sie erscheinen komplex und du musst versuchen, sie erst mal in gut verdauliche Häppchen für dich aufzuteilen."*[669]

Gleichzeitig ermöglichen diese Fähigkeiten, einen Überblick im Projekt zu er- und behalten und aus der übergreifenden Steuerungsperspektive das Projekt zu steuern.[670] Die nachfolgenden Zitate spiegeln das Verständnis sowie den Nutzen wider:

> *„Also die Fähigkeit, wirklich den Überblick zu behalten und zu wissen, was kommt als nächstes. [...] zum anderen musst du auch planen, was kommt als nächstes, wann machen wir was, in welcher Reihenfolge und so weiter."*[671]

> *„Zum einen strukturiertes und organisiertes, methodisches Denken. Dass man immer auch sauber vorstrukturiert, wo man eigentlich hin will."*[672]

> *„Da habe ich zum einen die Strukturiertheit, das heißt Projektleitung muss immer mit gewissen Strukturen verbunden sein. Wenn sich der Projektleiter schon verliert, kann das Ganze nicht funktionieren, dann befähigt er auch andere Leute nicht, dem Projekt oder Projektarbeit zu folgen. Das endet irgendwann im Chaos."*[673]

Abschließend kann für den Bereich der unternehmerischen Kompetenz festgehalten werden, dass eine übergreifende Überwachung und Kontrolle des Projektfortschritts entlang von Messgrößen sowie die daran ausgerichtete Planung und Organisation einerseits unterstützen, das Projektziel gemäß den definierten Rahmenbedingungen zu erreichen, als auch andererseits Orientierung für die Zielrichtung und das Vorgehen zu er- und behalten.

4.4 Personalentwicklungsmaßnahmen im Kontext von Projektarbeit

In diesem Kapitel sollen die empirischen Ergebnisse in Bezug auf die Erfahrungen mit Personalentwicklungsmaßnahmen herausgearbeitet werden. Kapitel 4.4.1 gibt hierbei zunächst einen

669 PL-18.-56.
670 Vgl. PL-10; PL-13; PL-14; PL-15; PL-16.
671 PL-15.-82-84.
672 PL-16.-64.
673 PL-13.-46.

Überblick über die von den befragten Projektleitern genannten Maßnahmen, mit denen sie in der Vergangenheit Erfahrungen sammeln konnten und die sie als sinnvoll für die Entwicklung der Handlungsfähigkeit im Projektumfeld erachten. In den darauffolgenden Abschnitten werden inhaltliche und strukturelle Aspekte der genannten edukations-, erfahrungs- sowie feedbackbasierten Maßnahmen beleuchtet. Mit Hilfe dieses Kapitels kann somit ein Überblick zum Maßnahmenspektrum, das die Befragten im Laufe ihres Berufslebens bereits erhalten haben, dokumentiert werden. Gleichzeitig macht es deutlich, welche bislang in dieser Arbeit nicht berücksichtigten Maßnahmen von den Befragten genutzt wurden und als wichtig für die Entwicklung ihrer Handlungsfähigkeit angesehen werden.

4.4.1 Überblick der Erfahrungen mit Personalentwicklungsmaßnahmen

Tabelle 20 zeigt zunächst eine Zusammenstellung aller genannten Maßnahmen, mit denen die Befragten in ihrer Vergangenheit Erfahrungen sammeln konnten sowie diejenigen Entwicklungsmaßnahmen, die sie als sinnvoll für die Entwicklung ihrer Handlungsfähigkeit einstufen. Darüber hinaus legt die Häufigkeitsverteilung der Nennungen Schwerpunkte in den Erfahrungen und der Bewertung der Befragten offen. Über die Zuordnung der Maßnahmen entlang der Systematisierung nach Stock-Homburg (2013) werden die genannten Maßnahmen weiter verdichtet und strukturiert.

Bis auf eine Ausnahme haben alle Befragten edukationsbasierte Maßnahmen, d. h. geplante Maßnahmen mit einem zuvor festgelegten Themenschwerpunkt i. S. v. Schulungen, Seminaren etc. durchlaufen.[674] Vielfach wird hierzu auch der Begriff „Training“ verwendet. Ebenso werden auch Erfahrungen mit Zertifizierungen von den Interviewpartnern beschrieben. Die Mehrheit der Befragten erachtet diese Formen als sinnvoll für die Entwicklung notwendiger Kompetenzen für Projektleiter, wobei der jeweilige Nutzwert der Maßnahme in Abhängigkeit vom jeweiligen Maßnahmeninhalt steht. Ein berufsbegleitendes Studium sowie die Teilnahme an Events wurden lediglich von jeweils einem Befragten genannt.[675] Beide Formen werden nicht unmittelbar als sinnvolle Maßnahmen für die Entwicklung notwendiger Kompetenzen für Projektleiter bewertet. Vielmehr wird hierbei die persönliche Entscheidung für den zielgerichteten Aufbau von Wissen hervorgehoben. Fünf Interviewpartner haben an (Nachwuchs-)Führungs-

[674] Vgl. PL-05. Er schildert, dass er bislang keine Erfahrungen mit Personalentwicklungsmaßnahmen gesammelt hat und begründet dies mit seiner überwiegend selbstständigen Tätigkeit.

[675] PL-11 nennt ein berufsbegleitendes Studium. PL-15 schildert die Teilnahme an Xing-Events.

kräfteprogrammen teilgenommen, allerdings bewerten sie diese unterschiedlich in Bezug auf den Nutzen für die spätere Projektarbeit. Die eigenständige Auseinandersetzung mit fachlichen Fragestellungen im Kontext des Projektmanagements durch das Lesen von Fachliteratur wird nur von wenigen Befragten hervorgehoben, wobei auch hier der Nutzen differenziert bewertet wird.[676] Erfahrungen mit E-Learning/Blended Learning Maßnahmen, z. B. in Form von Webinars oder WebEx-Sitzungen, werden von mehreren Befragten beschrieben.[677] Im Gegensatz zu dem bestehenden Erfahrungsschatz der Befragten werden diese Maßnahmen jedoch als weniger sinnvoll für die Kompetenzentwicklung beschrieben oder gar nicht empfohlen.

Im Bereich der erfahrungsbasierten Maßnahmen werden sowohl Maßnahmen zur Einarbeitung bzw. Einführung ins Unternehmen und/oder ins Projekt als auch Maßnahmen zur gezielten Anleitung einer Person in ihre neue Funktion beschrieben.[678] Dabei steht die gezielte und systematische Anleitung und Begleitung einer Person in einen neuen Aufgabenbereich bzw. die stufenweise Übertragung von Projektverantwortung einhergehend mit einer schrittweisen Erweiterung des Handlungs- und Entscheidungsspielraums im Vordergrund. Die zeitlich befristete Übernahme einer Stellvertretung sowie die Einbindung in ein Projektmanagement Office (PMO) als Möglichkeit, neue Erfahrungen zu sammeln, wird jeweils nur einmal erwähnt, aber gleichsam für sinnvoll gehalten. Im Bereich der erfahrungsbasierten Maßnahmen sticht die Projekterfahrung bzw. das Learning-on-the-job am deutlichsten hervor. Sie ermöglicht, im Projektkontext praxisorientiert zu lernen und Erfahrungen bzgl. des Projektvorgehens, des eigenen Rollenverständnisses sowie spezifischer Verhaltensweisen zu sammeln. Als weitere Maßnahme werden vereinzelt Lessons-Learned-Sessions sowie Retrospektiven in der Gruppe genannt. Einen Workshopcharakter zeigen diese Maßnahmen dadurch, dass sie als punktuell im Projektverlauf beschrieben werden und der gemeinsamen Rückschau, der Bewertung der Zusammenarbeit sowie der Identifizierung von Verbesserungs- oder Lösungsmöglichkeiten dienen.[679] Ihr Nutzen für die Entwicklung von Kompetenzen wird lediglich von einem Befragten hervorgehoben. Als Maßnahme, die vornehmlich durch den Befragten selbst initiiert und gesteuert ist, wird vereinzelt das Lernen über Vorbilder, z. B. durch erfahrene Projektleiter oder Führungskräfte, genannt. Ihr Nutzen für die Entwicklung des eigenen Kompetenzprofils wird ebenfalls positiv hervorgehoben.

676 PL-01; PL-08; PL-11; PL-16.
677 Vgl. PL-03; PL-06; PL-07; PL-08; PL-09; PL-12; PL-13; PL-14; PL-15.
678 Vgl. PL-02; PL-10; PL-16.
679 Vgl. PL-05; PL-11; PL-14.

Genannte Maßnahmen	Erfahrungen	Als sinnvoll wahrgenommen	Anzahl Projektleiter, Erfahrung	Anzahl Projektleiter, als sinnvoll wahr genommen	Maßnahme	Systematisierung der Maßnahmen nach Stock-Homburg (2013)
Xing-Events, Konferenzen	X	-	1	-	(Lehr-)Vortrag/Info-Veranstaltung	Edukationsbasierte Maßnahmen
Schulung, Seminar, Kurs, Training	X	X	17	17	Schulung, Seminar, Kurs, Training	
(Nachwuchs-)Führungskräfteprogramm	X	X	5	2		
Zertifizierung	X	X	6	3	Zertifizierung	
Studium, berufsbegleitend (selbstgesteuert)	X	-	1	-	Studium, berufsbegleitend	
Lesen von Fachliteratur (selbstgesteuert)	X	X	3	2	Selbststudium (neu)	
Webinar, WebEx-Sitzung, Computer-Based-Training	X	X	9	2	Elektronische Lernmedien	
Anleitung, Mitlaufen	X	X	2	2	Einarbeitung(-splan)	Erfahrungsbasierte Maßnahmen
Stellvertretung	X	X	1	1	Job Enlargement/Enrichment	
Projektmanagement Office	-	X	-	1		
Neue berufliche Aufgabe	X	X	1	1		
Projekterfahrung (Learning-on-the-job) (bzgl. Fachlichkeit; Rolle, Verhalten; z. T. stufenweise)	X	X	9	9		
Retrospektive, Lessons-Learned-Session	X	X	4	1	Workshop	
Lernen über Vorbilder (z. B. Führungskraft; selbstgesteuert)	X	X	4	4	Lernen über Vorbilder (neu)	
Coaching	X	X	13	7	Coaching	Feedbackbasierte Maßnahmen
Mentoring					Mentoring	
Kollegiale Fallberatung (geplant, meth. strukturiert)	X	X[680]	2	-	Kollegiale Austauschformen	
Kollegialer Austausch (geplant/ungeplant, meth. unstrukturiert z. B. Teammeetings, Arbeitstreffen, gelegentlicher Austausch)	X		11			
Supervision	X	X	-	2	Supervision	
Counselling	X	X	1	1	Counselling	
Legende: X = von den Interviewpartnern genannt, - = von den Interviewpartnern nicht genannt.						

Tabelle 20: Übersicht der Erfahrungen und Einordnung der Personalentwicklungsmaßnahmen

Im Bereich der feedbackbasierten Maßnahmen werden neben Coaching und Mentoring auch verschiedene kollegiale Austauschformen[681] genannt. Hierzu zählen die kollegiale Fallberatung als geplante und methodisch strukturierte Form, aber auch geplante sowie ungeplante Formen des kollegialen Austausches, z. B. in Form von Gesprächen beim Mittagessen. Erfahrungen mit Counselling werden nur von einem Interviewpartner genannt.[682] Counselling kann als weitere Variante feedbackbasierter Maßnahmen verstanden werden.[683] Für die Entwicklung notwendiger Kompetenzen werden insbesondere Coaching und Mentoring als sinnvolle Maßnahmen hervorgehoben.[684] Erfahrungen mit kollegialen Austauschformen i. S. d. Fallberatung oder des kollegialen Austausches wurden nicht unmittelbar als sinnvolle Maßnahmen beschrieben, sondern erst im späteren Verlauf des Interviews geäußert (siehe entsprechenden Interviewabschnitt) und teilweise auch im Abschnitt zu Empfehlungen wieder aufgegriffen. Somit lag in der Befragungsgruppe ein weitaus größerer Erfahrungsschatz mit diesen Maßnahmen vor.[685] Es kann daher auch angenommen werden, dass diese als weniger bewusste Maßnahmen zur Kompetenzentwicklung wahrgenommen werden.

Im Vergleich der Maßnahmenbeschreibungen von den Befragten mit den in der Literatur dargestellten Maßnahmen wird deutlich, dass insbesondere bei erfahrungs- und bei feedbackbasierten Maßnahmen Überschneidungen bestehen. Dies wird beispielweise bei den Ausführungen zur Einarbeitung in das Unternehmen bzw. das Projekt deutlich. Hierbei werden sowohl die Begriffe Mentor, Pate als auch Coaching verwendet.[686] Eine weitere Überschneidung kann bei den Beschreibungen zur Nutzung von Retrospektiven und Lessons-Learned-Sessions gesehen werden. Hier werden von den Befragten Assoziationen zu kollegialem Austausch hergestellt.[687] Diese Beobachtung kann dahingehend interpretiert werden, dass eine genaue Abgrenz-

680 Kollegiale Austauschformen, d. h. kollegiale Fallberatung wie auch kollegialer Austausch, werden nicht direkt als sinnvolle Maßnahmen genannt, aber häufig im späteren Verlauf positiv beschrieben und auch empfohlen.

681 Zum besseren Verständnis wird dieser Begriff im Folgenden verwendet.

682 Vgl. PL-08.

683 Graf/Edelkraut weisen darauf hin, dass im deutschsprachigen Verständnis der Coach als Counselor bezeichnet wird, der eine beratende Funktion in Entscheidungsprozessen einnimmt (vgl. Graf, N./Edelkraut, F. (2014), S. 10). Counselling kann dabei als Prozess verstanden werden, „in dem Mitarbeiter bei Fehlverhalten oder andauernder Leistungsschwäche von ihren jeweiligen Führungskräften beratend begleitet werden, um die Ursachen für diese Probleme ausräumen zu können." In der deutschsprachigen Literatur bestehen dabei enge Überschneidungen zu Mentoring und Coaching (vgl. Hofmann, L. M. (2010a), S. 212). PL-08 und PL-05 nennen Supervision als sinnvolle Maßnahme, können jedoch diesbezüglich selbst keine Erfahrungen beschreiben (vgl. PL-08.-116; PL-05.-121).

684 Vgl. PL-05; PL-06; PL-11; PL-12; PL-13; PL-17.

685 Vgl. PL-02; PL-05; PL-06; PL-07; PL-08; PL-11; PL-12; PL-13; PL-15; PL-17; PL-18.

686 Vgl. PL-02; PL-08; PL-09; PL-14.

687 Vgl. PL-05; PL-11; PL-14.

ung der Maßnahmen aus Sicht der Befragten nicht immer vorgenommen wird bzw. werden kann. Im Rahmen der Auswertung wurden die Aussagen und Beschreibungen der Befragten den Maßnahmen zugeordnet, die die größtmögliche Überschneidung mit der Literatur aufwiesen.

In der übergreifenden Betrachtung der Maßnahmen können auf Basis der Erfahrungen Schwerpunkte anhand der Häufigkeitsnennungen identifiziert werden. Im Bereich der edukationsbasierten Maßnahmen dominieren insbesondere Formen wie Schulungen, Seminare etc. und Zertifizierungen sowie elektronische Lernformen wie E-Learning/Blended Learning. Bei erfahrungsbasierten Maßnahmen treten insbesondere Projekterfahrung/Learning-on-the-job, Retrospektiven/Lessons-Learned sowie das Lernen über Vorbilder hervor. Im Bereich der feedbackbasierten Maßnahmen können insbesondere Coaching und Mentoring sowie kollegiale Austauschformen in geplanter und ungeplanter Form genannt werden. Es erscheint daher zweckmäßig, im weiteren Verlauf auf diese Maßnahmen genauer einzugehen.

4.4.2 Edukationsbasierte Personalentwicklungsmaßnahmen im Kontext der Projektarbeit

Erfahrungen mit edukationsbasierten Maßnahmen sind in der Gruppe der Befragten am weitesten verbreitet, wobei überwiegend Maßnahmen in Form von Schulungen, Seminaren etc. genannt werden (17). Neben diesen Maßnahmen nennen die Befragten vereinzelt auch Zertifizierungen gemäß unternehmensinternen Vorgaben oder externen Standards (6). Zudem können elektronische Lernmedien in Form von Webinars, WebEx-Sessions und Computer-Based-Trainings genannt werden, die von der Hälfte der Befragten (9) in der Vergangenheit genutzt wurden.

4.4.2.1 Schulung, Seminar, Kurs und Training

Inhaltlich zeigen diese Maßnahmen ein breites Themenspektrum auf und decken grundsätzlich alle fünf Kompetenzklassen ab. Die Zuordnung der Maßnahmeninhalte zu den Kompetenzklassen macht deutlich, dass insbesondere Inhalte zur Vermittlung von Methodenkompetenz im Gegensatz zu Fach-, Führungs- und unternehmerischer Kompetenz stärker herausgehoben werden.[688] Inhalte zur Vermittlung der sozialen Kompetenz sind gleichgewichtig und vergleichbar mit der Anzahl der Themen für die Entwicklung der Methodenkompetenz. Erfahrungen mit Maßnahmen, die indes stärker darauf abzielen, unternehmerische Kompetenzen zu entwickeln, werden nur von zwei Befragten genannt.[689]

Tabelle 21 zeigt die hervorgehobenen Themenfelder entlang der Kompetenzklassen. Im Folgenden sollen ausgewählte Inhalte, die von den Befragten als sinnvoll für die Ausübung bzw. Entwicklung ihrer Rolle bewertet wurden, näher beschrieben werden.[690] Diese sind in der Tabelle unterstrichen hervorgehoben.

Nr.	Inhaltliche Schwerpunkte von Schulungen, Seminaren, Kursen und Trainings	Kompetenz-klasse
01.	Fachwissen	FK
02.	MS-Office, (Projekt-)Management, Präsentation, Risikomanagement, Rhetorik	MK
03.	Kommunikation, Konfliktmanagement, Verhandlung, Sprachen	SK
04.	Führung (Projekt-/Teamführung), (Motivation)	FüK
05.	Vertrieb/Verkauf	UK
Legende: FK = Fachkompetenz; MK = Methodenkompetenz; SK = Soziale Kompetenz; FüK = Führungskompetenz; UK = Unternehmerische Kompetenz; Unterstrichene Fähigkeiten werden als sinnvoll für die Ausübung/Entwicklung der Rolle bewertet.		

Tabelle 21: Inhaltliche Schwerpunkte von Schulungen, Seminaren, Kursen und Trainings

In der Kompetenzklasse der Fachkompetenz wird die Vermittlung von Fachwissen von einigen Befragten genannt, um herauszustellen, dass ein bestimmtes fachliches Verständnis zum Projektinhalt für die Ausübung der Projektleiterrolle wichtig ist. Fachwissen erleichtert die Schaffung eines Grundverständnisses über das Projektziel bzw. den -inhalt, die Strukturierung sowie die Planung und Steuerung des Projektes.[691] Das nachfolgende Zitat unterstreicht hierzu das Verständnis:

> *„Zum einen sollte ein Projektleiter [...] fachlich natürlich sich in dem Umfeld auskennen, was er als Projektleiter machen wird. Er muss vielleicht kein Spezialist sein, aber er muss zumindest einen groben Überblick haben über das, was ihn fachlich erwartet."*[692]

[688] Im Bereich Methodenkompetenz werden fünf unterschiedliche Themenfelder benannt, während für Führungs- und unternehmerische Kompetenzen lediglich jeweils zwei Themen aufgeführt werden. Inhalte zur Sozialkompetenz werden durch vier Inhalte beschrieben. Fach- und unternehmerische Kompetenz werden durch jeweils ein Thema beschrieben.

[689] Vgl. PL-06; PL-08.

[690] Als hervorgehobene Inhalte gelten diejenigen Maßnahmen, die von mindestens zwei Befragten als sinnvoll genannt bzw. bewertet wurden.

[691] Vgl. PL-03; PL-04; PL-07; PL-14; PL-12; PL-18.

[692] PL-12.-123.

Für die Kompetenzklasse der Methodenkompetenz wird die Vermittlung von Projektmanagementwissen von der Mehrheit der Befragten als sinnvoller Maßnahmeninhalt beschrieben.[693] Begründet wird dies u. a. damit, dass es hierdurch gelingt, einen Überblick über das Themengebiet zu erhalten[694]:

> *„Man muss das Grundgerüst verstehen, in dem man sich bewegt."*[695]

Gleichzeitig können die notwendigen Grundlagen (i. S. v. Basics; Basis-Know-How) sowie ein Grundverständnis vermittelt werden.[696] Dabei zielt das Projektmanagementwissen vielfach auf die Vermittlung von notwendigem „Handwerkszeug"[697] sowie von „Fachterminologie"[698] ab. Aus Sicht von zwei Befragten können diese grundlegenden Inhalte auch zur Auffrischung von vorhandenem Wissen genutzt werden.[699]

Präsentation und Rhetorik, die ebenfalls den Methodenkompetenzen zugeordnet werden können, werden besonders deutlich hervorgehoben. Auch hier werden diese Fähigkeiten häufig als Grundvoraussetzung und Handwerkszeug beschrieben. Sie sollen insbesondere die Kommunikation im Projekt und den Auftritt beim Kunden verbessern sowie nötige Selbstsicherheit geben.[700] Rhetorische Fähigkeiten unterstützen dabei zudem mit einer sprachlichen „Gewandtheit"[701], die Aufmerksamkeit der Zuhörer zu erhalten und beispielsweise bei offiziellen Projektsteuerungskreisen sicher aufzutreten.[702]

Zudem nennen die Befragten die Einführung in unterstützende Software wie MS Office Powerpoint oder MS Office Project. Erstere wird dabei als „State-of-the-Art"[703] wahrgenommen, um gegenüber Stakeholdern strukturiert und professionell aufzutreten. Der Umgang mit MS Project wird hierbei als Instrument zur Planung, Steuerung und Überwachung von Projekten benannt,

---

693 13 von 18 Projektleitern halten Projektmanagement als Gegenstand von Entwicklungsmaßnahmen hauptsächlich in Form von Schulungen und Kursen für sinnvoll. 11 von ihnen haben bereits Erfahrungen damit gemacht (vgl. PL-01; PL-02; PL-04; PL-06; PL-08; PL-09; PL-12; PL-16; PL-18).

694 Vgl. PL-04; PL-06; PL-15.

695 PL-06.-108.

696 Vgl. PL-02; PL-08; PL-09; PL-17.

697 Vgl. PL-04.-178.

698 Vgl. PL-11.-137. (bezieht sich auch auf Zertifizierungen)

699 Vgl. PL-01; PL-13.

700 Vgl. PL-03; PL-06; PL-15.

701 PL-10.-125.

702 Vgl. PL-03; PL-10; PL-15.

703 PL-03.-213.

um mit dem „Handwerkszeug“[704] als Projektleiter umzugehen. In vergleichbarer Weise werden auch Managementmethoden zur Organisation des Projektes beschrieben.[705]

Im Bereich sozialer Kompetenz wird die hohe Bedeutung von Maßnahmen zur Ausprägung im Bereich der Kommunikation und des Konfliktmanagements von den Befragten hervorgehoben. Sie wird dadurch begründet, dass diese es ermöglichen, schwierige Situationen in der Projektarbeit durchzustehen, gezielt zu reagieren und durch die bewusste Beeinflussung zu steuern.[706] Das nachfolgende Zitat verdeutlicht die unterschiedlichen Aspekte:

> *„[...] Das ist eine Schauspiellehrerin in Anführungsstrichen, die dein Agieren in solchen Situationen, [...] wie du im Kundengespräch beispielsweise wirkst, [beobachtet; C. W.]. Also dieses mit Kamera aufnehmen und dann auseinandernehmen. Das war gut, das war schlecht. [...] Präsentation ist das eine, aber dann das Verhalten, auch das Zuhören, also wie gehst du mit Erwiderungen des Kunden um, solche Sachen.“*[707]

Verhandlungsführung als weiteres Themenfeld, das der sozialen Kompetenz zugeordnet werden kann, wird hervorgehoben, da es aus Sicht der Befragten im Projektkontext unterstützt, schwierige Projektsituationen zu kommunizieren und vor dem Hintergrund der Rahmenbedingungen besser zu steuern. Dabei ist es hilfreich, die Position zu analysieren und Lösungsoptionen zu entwickeln[708], wie nachfolgendes Zitat verdeutlicht:

> *„Es gibt ja immer irgendetwas zu verhandeln. Das Projekt dauert zu lange oder wird teurer oder irgendwas ändert sich. Wie kann ich das hier verhandeln und auch zu versuchen, wenn ich in eine Verhandlung reingehe, welche absolut schlechtmöglichste Alternative könnte ich im Extremfall auch noch zulassen. Das man sozusagen nicht ins Kippen und Wanken gerät. Freilich muss das abgestimmt sein, auch ich sage mal im eigenen Stakeholder-Team, welche für uns als Projektumsetzer schlechtmöglichste Variante gäbe es auch noch, die man trotzdem zulassen könnte. Man will das nicht, aber man könnte die noch machen. Das ist auch sehr hilfreich, fand ich jedenfalls.“*[709]

Aus dem Bereich der Maßnahmen zur Entwicklung der Führungskompetenzen nennen die Befragten Maßnahmeninhalte zur Führung von Projekten und Teams sowie zur Motivation.[710]

---

[704] PL-04.-178.

[705] Vgl. PL-03; PL-09.

[706] Erfahrung mit Maßnahmen zum Thema Konfliktmanagement nennen: PL-01; PL-06; PL-07; PL-08; PL-11; PL-13; PL-14; PL-16. Erfahrungen mit Maßnahmen zum Thema Kommunikation äußern: PL-01; PL-02; PL-11; PL-12; PL-14.

[707] PL-03.-203-205.

[708] Vgl. PL-02; PL-06; PL-14.

[709] PL-14.-115.

[710] Erfahrungen mit Maßnahmen zum Thema Führung berichten: PL-01; PL-07; PL-08; PL-10; PL-11; PL-12;

Führungsinhalte stellen dabei einen zentralen Aspekt für die Erfüllung der Projektleiterrolle dar:

> *„Also das ist bei uns ein absoluter Pflichtpunkt. Und das gibt es dann auch als Pflichtprogrammpunkt, dass das Leute machen. Und ein Projektmanager ist ja eine Führungsrolle. Da muss er ja auch das Team führen können und der muss auch verstehen, warum Menschen sich in gewissen Weisen verhalten oder nicht. Und wenn er das nicht macht, dann gefährdet er den Projekterfolg.“*[711]

Dabei werden unterschiedliche Schwerpunkte in Bezug auf die Situationswahrnehmung in der Führung betont. Einerseits erfolgt eine Sensibilisierung auf die Erwartungen, die Mitarbeiter haben, sowie auf das eigene Verhalten.[712] Andererseits gelingt es hierdurch, das Verständnis für die Verhaltensweisen und -motive der Mitarbeiter zu schärfen sowie Hilfestellung zur Identifikation von Motivationstreibern der Projektmitarbeiter zu erhalten. Die nachfolgenden Zitate stellen die Bedeutung der Motivation vor dem Hintergrund der individuellen Ansprache heraus:

> *„Es ist jeder anders. Es hat jeder seine eigene Motivation, die er auch verfolgt in dem Projekt. [...] da muss man herausfinden, wie man sie anders motiviert bekommt. Und da hat jeder einen anderen Hebel, den man irgendwie oder einen Knopf, den man drücken kann, muss, um sie zu motivieren, [...] wenn die Belastung hoch ist und so weiter und so fort. Und da bei jedem herauszufinden, was das richtige Mittel ist, das finde ich, ist eine Herausforderung, die ist schwierig.“*[713]

> *„Also zumindest von dem ganzen Thema Motivationstheorie, intrinsisch, extrinsisch, [sollte er etwas verstehen; C. W.] damit er ein bisschen Gefühl dafür bekommt, was Kollegen und sein Team antreibt und wie man das einigermaßen händeln kann.“*[714]

Schulungen, Seminare etc. werden als geeignet und sinnvoll wahrgenommen, um grundlegende Themenfelder, wie z. B. Projektmanagement, zu vermitteln.[715] Dabei stellen sie stärker die Wissensvermittlung in den Vordergrund und weniger die konkrete praktische Umsetzung. Weiterhin werden sie als thematisch breiter, jedoch weniger inhaltlich in die Tiefe gehend beschrieben. Sie ermöglichen es somit, einen Überblick über ein Themenfeld zu erhalten und sind geeignet, die „Basis“[716] und das „Grundgerüst“[717] für die Ausübung einer Projektleiterrolle zu legen. Das

---

PL-13; PL-14; PL-15; PL-16.

711 PL-11.-141.

712 PL-16.-113.

713 PL-06.-30.

714 PL-06.-111.

715 Vgl. PL-13; PL-15.

716 PL-12.-132.

717 PL-06.-108.

nachfolgende Zitat verdeutlicht die Bedeutung von Schulungen, betont gleichzeitig aber auch die Relevanz feedbackbasierter Maßnahmen wie Coaching:

> *„Schulungen liefern grundsätzliches notwendiges Grundhandwerk, Coaching hilft einem dann, in dem Handwerk, auch noch gute Arbeit zu liefern. Gibt den Feinschliff.“*[718]

In diesem Verständnis werden Schulungen auch als positiv im Zusammenhang mit der Auffrischung von Projektmanagementwissen wahrgenommen.[719] Wie das nachfolgende Zitat unterstreicht, ermöglichen sie ebenso den Aufbau eines „Toolkastens“[720], der nicht nur für die Projektleitung, sondern auch für die Aufgaben einer Führungskraft nützlich ist.

> *„[...] Also die Schulungen, an denen ich teilgenommen habe, das war einmal nur Projektmanagement, sonst war das Konfliktlösung und sonst was, Teams managen und entwickeln und Gesprächsführung für Führungskräfte und solche Sachen. Aber damit bauen sie einen gewissen [...] Toolkasten auf, den sie im Projektmanagement benutzen, was aber nicht nur mit Projektmanagement an sich verbunden ist, sondern auch mit Führungskraft sein generell.“*[721]

Einen weiteren positiven Aspekt sehen die Befragten in der methodischen und praktischen Anwendung von Projektmanagement-Tools sowie der Möglichkeit, Vorgehensmodelle und Vorgehensweisen in diesem Rahmen zu thematisieren und kennenzulernen.

Im Hinblick auf die strukturellen Merkmale der Maßnahmen lassen die Beschreibungen der befragten Projektleiter darauf schließen, dass es sich überwiegend um formelle, geplante und zeitlich befristete Präsenzmaßnahmen von wenigen Tagen handelt, die vornehmlich in Gruppen durchgeführt wurden. Als Träger dieser Maßnahme treten neben den Teilnehmern auch externe sowie interne Trainer in Erscheinung. Dabei werden der Austausch von Erfahrungen, auch durch die Trainer, sowie die Diskussion über Problemstellungen als hilfreich wahrgenommen.[722]

Gleichwohl wird diese Form als „heile Welt“[723] beschrieben, die nur bedingt die Realität in Projekten widerspiegeln kann. Zudem werden vorrangig Maßnahmen geschildert, die ein abge-

---

718 PL-06.-135.
719 Vgl. PL-01; PL-13.
720 PL-01.-214.
721 PL-01.-214.
722 Vgl. PL-06; PL-13; PL-01.
723 PL-13.-154.

grenztes Themengebiet, wie z. B. Konfliktmanagement, Projektmanagement oder auch Führung, umfassen. Insbesondere zum Thema Führung werden Übungen und Rollenspiele in neutraler und geschützter Umgebung als Unterstützung wahrgenommen, um Verhaltensweisen auszuprobieren, zu üben und Erfahrungen zu sammeln.[724] Hierdurch erhalten die Befragten methodische Möglichkeiten an die Hand, diese Situationen aktiv und souverän anzugehen, um somit in ihrer Rolle und Sichtweise akzeptiert zu werden.[725] Ein Befragter beschreibt dies wie folgt:

> *„Ja, wie kann ich einen Mitarbeiter dazu bringen, mir trotzdem zuzuhören und mich auch zu akzeptieren und das Wissen auch anzunehmen. Also so was kann ich mir gut vorstellen, dass es eine gute Grundlage ist, überhaupt erst mal sich vor der Situation nicht zu scheuen. Weil gerade in Projektarbeit ist es ja oft so, dass du mit Gleichgestellten [...; arbeitest; C. W.] Und denen kann ich im Grunde auch erst einmal nichts sagen. Denen kann ich nur Ratschläge geben. Ja, die kann ich nur versuchen, dazu zu bringen, mir zuzuhören. [...] Und da finde ich es immer ganz spannend [...]es gibt immer wieder gleiche Charaktere."*[726]

Inhaltliche und strukturelle Einschränkungen zeigen diese Maßnahmen insbesondere in der Bearbeitung von konkreten Projektsituationen. Hierbei wird vielfach eine allgemeine oder einzelne Situation herausgegriffen, die jedoch den jeweiligen projektspezifischen Kontext und die damit verbundenen Besonderheiten nur bedingt abbilden kann. Die Situation wird vielmehr als abstrakt und theoretisch wahrgenommen.[727] Diesen Effekt unterstreicht auch das nachfolgende Zitat:

> *„Viel wichtiger sind da, glaube ich, so eins zu eins Sitzungen, wo man wirklich besprechen kann, was waren Situationen, weil ich glaube schon daran, dass jedes Projekt an sich sehr einzigartig ist und insofern auch besondere Schwierigkeiten jeweils hat, die du nicht jetzt zusammengefasst in bestimmten Trainings simulieren kannst."*[728]

Thematische Einschränkungen werden darüber hinaus weniger geäußert. Zwar werden intensive und persönlich anspruchsvolle Situationen geschildert[729], diese aber nicht als Grenzen hervorgehoben. Dieser Umstand scheint vor dem Hintergrund plausibel, dass diese Maßnahmen eine stärkere Betonung theoretischer Inhalte aufweisen und meist über einen kürzeren Zeitraum

[724] Vgl. PL-08; PL-12; PL-14; PL-15. PL-14 betont die Möglichkeit der Situationsanalyse (vgl. PL-14.-114); PL-12 betont den Nachbau und das Nachstellen von Situationen durch Fallstudien (vgl. PL-12.-145).
[725] Vgl. PL-10; PL-15; PL-11., der dies als Empfehlung formuliert (vgl. PL-11-222).
[726] PL-10.-117.
[727] Vgl. PL-06.-134; PL-15.-260.
[728] PL-18.-141.
[729] Vgl. beispielsweise PL-11.

verlaufen. Somit beschränkt sich der praktische Anteil auf Übungen, Rollen- oder auch Fallbeispiele, die jedoch weniger auf die persönlichen Lebensbereiche der Teilnehmer eingehen. Damit einher geht auch die Einschätzung einer geringen Nachhaltigkeit der Maßnahmen[730] sowie die Gefahr von möglichen inhaltlichen Wiederholungen.[731]

4.4.2.2 Zertifizierung

Schilderungen der Befragten zeigen, dass neben Erfahrungen zu Zertifizierungen im Bereich Projektmanagement[732] auch Erfahrungen mit Zertifizierungen zu anderen Themenbereichen, wie beispielsweise Prozessmanagement, [733] vorliegen.

Inhaltliche Themenfelder, die im Rahmen einer Projektmanagement-Zertifizierung angesprochen werden, werden grundsätzlich als sinnvoll erachtet,[734] da sie einen strukturierten Ansatz bieten und somit umfassendes Wissen über Grundlagen und Methoden vermitteln.[735] Ähnlich wie bei Schulungen, Seminaren etc. gelingt es hierdurch, einen „guten Überblick“[736] über das Themenfeld und ein „grundsätzliches Verständnis von Projektmanagement-Tätigkeiten“[737] zu erlangen. Zudem wird die Möglichkeit zur Vermittlung der notwendigen Fachterminologie hervorgehoben, die es ermöglicht, professionell mit anderen auf Augenhöhe zu sprechen.[738] Hierbei wird auch die Wirkung von Zertifizierungen auf die Wahrnehmung auf andere Personen herausgestellt:

> *„Das hat auch viel mit Vertrauen zu tun. Ich folge eher einem, wo man denkt, der hat Ahnung. Und wenn ich das alles nicht kenne, das ist ein Problem.“*[739]

Kritisch wird indes betont, dass die Inhalte trocken und in verhältnismäßig kurzer Zeit vermittelt werden, wobei der Lernwert als angemessen, jedoch der Anwendungswert in der Praxis als

---

730 Vgl. PL-13.
731 Vgl. PL-03; PL-06.
732 Vgl. PL-01; PL-06; PL-11; PL-15.
733 Vgl. PL-04; PL-08. Beide Interviewpartner schildern Zertifizierungen zum Prozessmanagement.
734 Vgl. PL-03; PL-04; PL-06; PL-08; PL-15.
735 Vgl. PL-03; PL-04; PL-08.
736 PL-15.-143.
737 PL-06.-22.
738 Vgl. PL-04; PL-11.
739 PL-11.-137.

gering bewertet wird.[740] Zudem wird der Zeitaufwand herausgestellt, der mit der Durchführung der Maßnahme verbunden ist und entsprechend eingeplant werden muss.[741]

Der Nutzen von Zertifizierungen zur Vorbereitung auf die Projektleiterrolle wird unterschiedlich bewertet. Einerseits werden Zertifizierungsinhalte als Grundlage für ein effizientes und professionales Arbeiten herausgestellt[742] sowie die Möglichkeit zur Identifizierung eigener methodischer Lücken betont,[743] jedoch andererseits angemerkt, dass sie nicht auf die Rolle des Projektleiters in der Praxis vorbereiten[744] bzw. für die erfolgreiche Ausübung der Projektleiterrolle als zwingend notwendig angesehen werden.[745] Diese Wahrnehmung wirkt insofern stimmig, als das das Themenfeld Projektmanagement sowohl in Form von Schulungen, Seminaren etc. als auch durch Zertifizierungen als sinnvoll für die Entwicklung der Handlungsfähigkeit für Projektleiter erachtet wird. Darüber hinaus werden das notwendige Vorwissen und die Erfahrung betont, die vielfach eine Voraussetzung für die Teilnahme darstellen.[746] Als sinnvoll werden Projektmanagement-Zertifizierungen für Projektleiter wahrgenommen, die größere Projekte leiten oder schon länger in der Rolle des Projektleiters tätig sind.[747] Aus diesem Grund sowie unter Kostenaspekten gerade bei externen Projektmanagement-Zertifizierungen wird eine unmittelbare Teilnahme als wenig sinnvoll bzw. unternehmenspolitisch weniger wahrscheinlich eingestuft.[748]

Zertifizierungsmaßnahmen werden im vergleichbaren strukturellen Rahmen wie Schulungen, Seminare etc. beschrieben, wobei sie sowohl unternehmensintern als auch extern organisiert sein können. Im Unterschied zu den Beschreibungen von Schulungen, Seminaren etc. wird jedoch der gemeinsame Austausch mit den Teilnehmern nicht gezielt hervorgehoben. Dies lässt darauf schließen, dass mit Zertifizierungen vornehmlich die inhaltliche Ebene des Projektmanagements verbunden wird.

---

740 Vgl. PL-11; PL-01.
741 Vgl. PL-01; PL-15.
742 Vgl. PL-03; PL-08; PL-11. PL-03 stellt insbesondere die Vermittlung von Methoden zur organisatorischen Abwicklung heraus (vgl. PL-03.-360).
743 Vgl. PL-14.
744 Vgl. PL-01.
745 Vgl. PL-18; PL-15. PL-15 hat gemischte Wahrnehmungen von Zertifizierungen (vgl. PL-15.-143). PL-18 hielt die Maßnahme weder persönlich noch mit Blick auf berufliche Anforderung für notwendig (vgl. PL-18.-225).
746 Vgl. PL-01; PL-06; PL-08.
747 Vgl. PL-03; PL-08.
748 Vgl. PL-08; PL-13.

Deutlicher wird indes die Außenwirkung eines Zertifikats herausgestellt.[749] Neben der Dokumentation der Erfahrungen und Fähigkeiten auf diesem Gebiet wird ebenso die kontinuierliche Weiterbildung in dem Bereich betont.[750] Zertifizierungen werden als Nachweis („track record“[751]) und Merkmal für Qualität und Erfahrung im Bereich Projektmanagement wahrgenommen.[752]

4.4.2.3 Webinar, WebEx-Sitzung und Computer-Based-Training

Erfahrungen mit elektronischen Lernmedien werden von über der Hälfte der befragten Projektleiter geschildert. Es fällt auf, dass diese Maßnahme jedoch überwiegend als nicht sinnvoll für die Entwicklung der Handlungsfähigkeit bewertet wird. Dabei wird hervorgehoben, dass diese Medien nur für bestimmte Themenbereiche, z. B. fachliche oder methodische Inhalte, geeignet sind.[753] Einschränkungen werden bei Themenbereichen gesehen, die einen unmittelbaren Bezug zur Praxis aufweisen[754], d. h. die darauf abzielen, konkrete Problemstellungen aus der Praxis zu bearbeiten. Zudem werden die fehlende Nachhaltigkeit des Lernens und die fehlende inhaltliche Tiefe als Nachteile dieser Maßnahmenform, die letztlich zu einem geringen Lerneffekt führen, geäußert.[755] So äußert sich ein Befragter hierzu wie folgt:

> *„Ich fand die persönlich nicht so effektiv, muss ich so sagen. [...] der Gehalt, den man so wirklich aufnimmt vom Lernfaktor, war gering. Ich konnte mich meistens ein paar Tage später nicht mehr so wirklich daran erinnern, was ich da noch alles gelesen habe an Zwischendokumenten.“*[756]

Neben der fehlenden Möglichkeit, sich mit anderen auszutauschen oder auch der Erarbeitung von Sachverhalten, wird auch das Fehlen einer gemeinsamen Reflexion über Methoden, Erfahrungen und Probleme im Projektkontext bemängelt.[757] Das nachfolgende Zitat unterstreicht diese Aspekte:

---

[749] Vgl. PL-01; PL-03; PL-08.
[750] Vgl. PL-03; PL-08; PL-01.
[751] PL-08.-71.
[752] Vgl. PL-01; PL-04; PL-03; PL-08.
[753] Vgl. PL-09; PL-13; PL-15; PL-18.
[754] Vgl. PL-18.
[755] Vgl. PL-08; PL-14.
[756] PL-08.-196.
[757] Vgl. PL-06; PL-09; PL-08.

„[Webinars; C. W.] Halte ich nicht für sinnvoll, ich persönlich. Ich glaube, es hilft, dass als Präsenztraining zu machen in der Gruppe, wo man sich einfach mit anderen dann auch austauscht und die Diskussion auch hat. Eine Methode ist auch wieder nur ein Rahmengerüst, in dem man sich bewegen kann, aber ob dieses Rahmengerüst hilft oder das zu verstehen und umzusetzen und anzuwenden kann man erst dann richtig gut, wenn man es auch diskutiert in der Gruppe, während des Trainings. Das hat man im Webinar nicht. Da klickt man da starr irgendwelche Folien durch und das halte ich für weniger sinnvoll. Also es sollte schon ein Gruppentraining sein, wo man auch Zeit bekommt, das zu diskutieren und inhaltlich zu beleuchten."[758]

Strukturell werden bei elektronischen Lernmedien die zeitliche und räumliche Unabhängigkeit für die Durchführung herausgestellt.[759] Die Befragten sehen einen Vorteil darin, die Maßnahme flexibel nach den persönlichen sowie arbeits- bzw. projektbezogenen Rahmenbedingungen durchführen zu können.[760] Allerdings wird auch deutlich, dass die Möglichkeit zur Ablenkung sehr leicht gegeben ist[761] und insofern für eine konsequente Durchführung auch mehr Disziplin und eine entsprechende Einstellung erforderlich ist, die es erlaubt, sich auf diese Lernform einzulassen.[762] Aufgrund der geschilderten Einschränkungen erscheint es plausibel, dass diese Maßnahmenform insbesondere zum kurzen Auffrischen von Themenfeldern empfohlen wird[763] sowie als Möglichkeit, umfassende Informationen, Zusatzmaterial sowie Ansprechpartner zu erhalten[764].

4.4.2.4 Erste Erkenntnisse zum Einsatz von edukationsbasierten Maßnahmen

Auf Basis der Analysen zu edukationsbasierten Maßnahmen kann festgehalten werden, dass diese aufgrund ihrer inhaltlichen Schwerpunktsetzung Kompetenzklassen gezielt fördern. Schulungen, Seminare etc. können dabei mit der jeweiligen thematischen Zielsetzung flexibler einen Kompetenzbereich beeinflussen, wohingegen Zertifizierungen und elektronische Lernmedien vorwiegend auf Fach- und Methodenkompetenz abzielen. Es zeigt sich jedoch auch eine mittelbare Beeinflussung auf anderer Kompetenzklassen. Dies wird beispielsweise bei Schulungen, Seminaren etc. zu Themenbereichen wie Kommunikation und Konfliktmanagement sichtbar. Hier kann davon ausgegangen werden, dass diese Maßnahmen auch förderlich für die Entwicklung der Führungskompetenz sind.

---

758 PL-06.-197.
759 Vgl. PL-08; PL-09; PL-13.
760 Vgl. PL-09.
761 Vgl. PL-03; PL-07.
762 Vgl. PL-13.
763 Vgl. PL-07.
764 Vgl. PL-09.

Weiterhin kann festgehalten werden, dass unternehmensinterne Strukturen, Abläufe oder unternehmenskulturelle Aspekte im Rahmen von edukationsbasierten Maßnahmen eine untergeordnete Rolle spielen. Diese werden nur dann angesprochen, wenn es sich um Themen handelt, die darauf abzielen, den Teilnehmern formelle interne Prozesse und Strukturen darzulegen, die für ihre Projektarbeit von Relevanz sind, z. B. die Einführung zum Projektmanagement und unternehmensinterne Vorgehensmodelle.[765]

Basierend auf den inhaltlichen Beschreibungen der Maßnahmen, können Schwerpunkte in der Beeinflussung des Kompetenzprofils abgeleitet werden. Tabelle 22 legt die Beschreibungen der Inhalte und Ziele der Maßnahmen offen und verknüpft sie mit den Kompetenzklassen. Die Bewertung der Beeinflussung des Kompetenzprofils richtet sich dabei nach den Themenfeldern, die aus den Beschreibungen extrahiert werden konnten, und nach dem beschriebenen und abgeleiteten Einfluss auf die Kompetenzklassen.

Edukationsbasierte Maßnahmen						
Maßnahmen	**Beschreibung der Inhalte und Ziele**	**FK**	**MK**	**SK**	**FüK**	**UK**
Schulung, Seminar, Kurs, Training	Fachwissen	++	+	+	+	+
	MS-Office; (Projekt-)Management; Präsentation; Rhetorik		++	+	+	+
	Kommunikation; Konfliktmanagement; Verhandlung		+	++	++	+
	Führung (Projekt-/Teamführung)		+	++	++	
Zertifizierung	Projektmanagement	+	++	+	+	+
Webinar/WebEx/CBT	Fachwissen; technische Inhalte	++				
	Methoden		++	+	+	
Legende: FK = Fachkompetenz; MK = Methodenkompetenz; SK = Soziale Kompetenz; FüK = Führungskompetenz; UK = Unternehmerische Kompetenz; Beeinflussung des Kompetenzprofils: + = eher gering/mittel, ++ eher hoch						

Tabelle 22: Einfluss edukationsbasierter Maßnahmen auf die Entwicklung der Kompetenzklassen

Darüber hinaus ergeben sich aus den Beschreibungen der Interviewpartner inhaltliche und strukturell förderliche bzw. hemmende Aspekte, die die Kompetenzentwicklung beeinflussen. Tabelle 23 fasst diese überblicksartig zusammen.

Übergreifend zeigt sich aus den Darstellungen der Befragten, dass edukationsbasierte Maßnahmen überwiegend formell geplant und zeitlich auf wenige Tage befristet sind. Sie vermitteln spezifisches Grundlagenwissen in strukturierter Form und sensibilisieren für den Umgang mit

765 Vgl. PL-03; PL-06; PL-18. Diese Befragten nennen interne Schulungen.

Situationen und Personen. Allerdings bleibt eine Distanz zum Lerninhalt bestehen, da sich einerseits die konkrete Anwendung nur auf einzelne (Fall-)Beispiele beschränkt und andererseits die besprochenen Themeninhalte nicht vollständig auf die jeweiligen Ereignisse und Erfahrungen der Teilnehmer zugeschnitten sind. Während bei Schulungen, Seminaren etc. die Interaktion in Teilen z. B. durch Gruppengespräche gegeben ist, fokussieren sich Zertifizierungen und elektronische Lernmedien vornehmlich auf die Vermittlung von relevantem Wissen.

Sinnvolle edukat. Maßn. inhaltl. / strukt. Aspekte		Förderliche Aspekte für die Kompetenzentwicklung	Hemmende Aspekte für die Kompetenzentwicklung
Schulung, Seminar, Kurs, Training	Inhalt	- Vermittlung von Grundlagenwissen und Theorie - Sensibilisiert für den Umgang mit Personen	- Gefahr möglicher inhaltlicher Wiederholungen - Übertragbarkeit der Inhalte in die Praxis - Abstrakte und theoretische Betrachtung von Fällen
	Struktur	- Austausch und Diskussion in der Gruppe - Rollenspiele, Fallbeispiele in einem geschützten bzw. neutralen Raum - Berufliche Distanz zu den Teilnehmern	- Zusammenstellung der Teilnehmer - Unzureichende Qualität des Trainers - Geringe Nachhaltigkeit
Zertifizierung	Inhalt	- Vermittlung umfassenden Grundlagenwissens; Guter Lernwert - Strukturierter Ansatz - Vermittlung einheitlicher Terminologie - Aufdeckung von methodischen Lücken	- Vermittlung trockener Inhalte - Geringer Anwendungswert
	Struktur		- Vermittlung innerhalb kurzer Zeit - Zeitaufwand - Vorerfahrung notwendig
Webinar/WebEx/CBT	Inhalt	- Vermittlung von umfangreichen und weiterführenden Informationen - Auffrischung von Themen	- Praktische Fragestellungen können nicht thematisiert werden - Geringer Lerneffekt - Zu geringe Tiefe für die Praxis - Fehlender inhaltlicher Austausch mit Dritten
	Struktur	- Zeitliche und räumliche Flexibilität	- Austausch mit anderen fehlt - Möglichkeit zur Ablenkung ist hoch

Tabelle 23: Förderliche und hemmende Aspekte sinnvoller edukationsbasierter Maßnahmen

4.4.3 Erfahrungsbasierte Personalentwicklungsmaßnahmen im Kontext der Projektarbeit

Im Bereich der erfahrungsbasierten Maßnahmen werden von den Befragten insbesondere Projekterfahrung i. S. d. Learning-on-the-job (9), projektphasenbezogene Retrospektiven und

Lessons-Learned-Sessions (4) sowie das Lernen über Vorbilder (4) als ungeplante und selbstinitiierte Maßnahmen genannt.[766]

4.4.3.1 Projekterfahrung

Als erfahrungsbasierte Maßnahmenform schildern einige Projektleiter die allgemeine Projekterfahrung als eine sinnvolle Form zur Entwicklung der eigenen Handlungsfähigkeit. Sie ergibt sich aus der Möglichkeit, vielfältige Erfahrungen im Arbeitskontext zu sammeln, Abläufe unter neuen Rahmenbedingungen anzuwenden und daraus zu lernen.[767] Hierbei wird herausgestellt, dass dieser Lernprozess einerseits nicht übersprungen werden kann[768] und andererseits ein fortlaufender Prozess in der Projektarbeit darstellt.[769] Ein Interviewpartner beschreibt dies wie folgt:

> *„Meiner Meinung nach musst du als Basis erst mal deine Fachlichkeit haben, bevor du zu Höherem aufsteigen kannst. [...] Ich sag jetzt mal ingenieurhaftes Denken [...] du musst halt wissen wie [, d. h.; C. W.] in welchen Entwicklungsschritten läuft so etwas ab. Das ist eher so etwas ingenieurhaftes, was man haben muss. Da tun sich häufig reine BWLer schwer, weil sie rein nur das Fachliche sehen, aber nicht diese Prozessschritte, dieses Handwerkszeug auch sehen. [...] als Projektleiter musst du das alles wissen und das ist Fachlichkeit, was du vorher meiner Meinung nach als Berater schon anwenden musstest. Und wenn du da nicht gut warst, dann wirst du auch kein guter Projektleiter.“*[770]

Projekterfahrungen bieten dabei die Möglichkeit, an den Herausforderungen zu wachsen. In diesem Zusammenhang wird die stufenweise Steigerung der Projektverantwortung hervorgehoben.[771] Das folgende Zitat verdeutlicht diesen Prozess:

> *„Ich glaube, es hilft aber viel, wenn ein Projektleiter einfach Erfahrungen macht. Also in die Lage versetzt wird, tatsächlich über kleine Projekte und dann peu à peu mit stetiger Verantwortung sowohl was den Umfang des Projektes anbelangt, die Bedeutung des Projektes, also auch, wo ist es aufgehangen. [...] Das man das peu à peu, aber learning-by-doing durchmacht, [...] Ich glaube, da ist es sehr hilfreich, die Erfahrung habe ich gemacht, wenn man von klein zu groß herangeführt wird. Wenn man sich mit kleinen sicher fühlt, dann ist man viel eher bereit, dann auch große in Angriff zu nehmen.“*[772]

---

[766] Vgl. hierzu Tabelle 20.
[767] Vgl. PL-03; PL-04; PL-08.
[768] Vgl. PL-03; PL-08.
[769] Vgl. PL-04; PL-08.
[770] PL-03.-233-235.
[771] PL-03; PL-04; PL-06; PL-08; PL-09; PL-16. Einige Projektleiter kennen derartige Verfahren aus ihrem Unternehmen z. B. PL-04, PL-06.
[772] PL-06.-112.

Durch dieses Vorgehen können neben der Gewinnung von (Selbst-)Sicherheit, von Vertrauen in die eigenen Fähigkeiten und von Motivation für weitere und größere Projekte auch persönliche Grenzen identifiziert werden.[773] Zudem wird die schrittweise Steigerung der Verantwortung von den Befragten auch als wichtiger Prozess zur Vermeidung von Überforderung und Überlastung betont[774]:

> *„Man sollte nicht einen jungen Unerfahrenen gleich auf ein Riesenprojekt setzen. Da muss die Größe und die Aufgabe [...] dazu passen, sprich, man wächst dann später mit seinen Aufgaben. [...] man darf junge Leute nicht verbrennen. Zu verbrennen heißt, ihnen zu verantwortungsvolle Aufgaben zu geben [...]“*[775]

Inhaltlich können durch die Projekterfahrung Themenfelder kennengelernt bzw. adressiert werden, die sich aus der unmittelbaren Praxisarbeit ergeben. Hierzu nennen die Interviewpartner beispielsweise:

- Verhalten und Kommunikation im Projekt[776]
- unterschiedliche Konstellationen im Projekt und der Umgang mit Stakeholdern[777]
- Erleben von (kritischen) Projektsituationen in der Praxis[778]
- Teamführung und -motivation.[779]

Hierbei wird deutlich, dass sowohl der Transfer von theoretischem Wissen in die Praxis erfolgt als auch „implizit“[780] Wissen generiert wird. Vergleichbare und wiederkehrende Abläufe unter wechselnden Rahmenbedingungen erweitern schrittweise eigene Erfahrungen und entwickeln dadurch die situative Handlungsfähigkeit in der Praxis. Ein Befragter beschreibt dies wie folgt:

> *„[...] es [geht; C. W.] ja um dieses nicht kodifizierte und nicht kodifizierbare Wissen, was sie durch lernen, anwenden, tun und interagieren im Projekt, sich irgendwie angeeignet haben.“*[781]

Allen Themenblöcken gemeinsam ist dabei die Realitätsnähe zum Projektkontext, die selbst durchlebt oder durch eigene Beobachtung bzw. in der Kommunikation mit einer anderen Person

[773] Vgl. PL-06; PL-09.
[774] Vgl. PL-03; PL-08.
[775] PL-03.-354.
[776] Vgl. PL-06.
[777] Vgl. PL-06; PL-08; PL-13.
[778] Vgl. PL-08; PL-10; PL-12.
[779] Vgl. PL-13.
[780] PL-01.-63.
[781] PL-01.-63.

weitergegeben wird. Als Träger dieser Maßnahmen dienen vielfach erfahrenere Mitarbeiter, Projektleiter, Führungskräfte, aber auch direkte Projektmitarbeiter.

4.4.3.2 Retrospektive und Lessons-Learned-Session

Sowohl Retrospektiven als auch Lessons-Learned-Sessions werden als arbeitsintegrierte Maßnahmen beschrieben, die Bestandteil des Projektablaufes sind:

> *„Also Retrospektive, gemeinsam losgehen und am Ende einer bestimmten Phase zurückgucken. Ganz spannend.“*[782]

Sie ermöglichen, die gemeinsame Reflexion des Projektfortschritts sowie positive und negative Situationen und Sachverhalte im Projektablauf zu identifizieren und entsprechende korrigierende Maßnahmen im weiteren Projektverlauf zu ergreifen. Retrospektiven werden in einer verhältnismäßig engen zeitlichen Taktung von meist zwei Wochen beschrieben, so dass Anpassungen kurzfristig vorgenommen werden können. Aus den Äußerungen kann vermutet werden, dass die engen Abstimmungsgespräche die Lernschleifen im Projekt sowohl bei Projektbeteiligten als auch beim Projektleiter fördern.

Demgegenüber werden Lessons-Learned-Sessions zum Abschluss von bestimmten Projektphasen beschrieben. Sie finden in größeren zeitlichen Abständen statt, woraus sich der Nachteil ergibt, dass Erkenntnisse aus dem Projektverlauf zwar aufgenommen, aber für die weitere Projektarbeit vielfach nicht weiterverwendet werden. Das nachfolgende Zitat unterstreicht diesen Aspekt:

> *„[...] Lessons Learned ist irgendwie auch ganz gut, aber hier hat es ja überhaupt keinen Effekt. Es wandert in eine Datenbank und dann liegt es da.“*[783]

In diesem Verständnis wird auch der Prozess des gemeinsamen Verarbeitens von Projekterlebnissen mit allen Projektbeteiligten auch im Hinblick auf die Konsequenzen vermisst.[784] Es kann somit vermutet werden, dass die Lernschleife im Projektteam weniger effektiv ist, als dies bei Retrospektiven der Fall ist.

---

[782] PL-05.-47.
[783] PL-04.-253.
[784] Vgl. PL-05.

Inhaltlich ermöglichen beide Maßnahmen, aktuelle Projektgegebenheiten zu thematisieren. Hierzu gehören neben fachlichen Fragestellungen sowie prozessualen Themenfeldern und Projektsituationen[785] auch Unstimmigkeiten und Spannungen im Team.[786] Als sinnvoll werden diese Maßnahmen wahrgenommen, da hierdurch sowohl das Projektteam als auch der Projektleiter Feedback zu Arbeits- und Verhaltensweise im Projekt erhalten.[787] Gleichzeitig ermöglichen diese Maßnahmen, Verbesserungspotenziale zu identifizieren, die bislang unerkannt blieben.

Als Träger dieser Maßnahmen werden insbesondere das Projektteam sowie teilweise externe Projektbeteiligte genannt. Hierdurch wird eine umfassende Betrachtung des Projektes aus unterschiedlichen Perspektiven ermöglicht.

4.4.3.3 Lernen über Vorbilder

Das Lernen über Vorbilder wird als ungeplante und selbstgesteuerte Maßnahme beschrieben, die sich aus der Arbeitskonstellation heraus entwickelt hat und die durch die Befragten eigenständig initiiert wurde.[788] Durch diese Maßnahme können unterschiedliche Vorgehens- und Verhaltensweisen sowie Kommunikation und Führungsstile beobachtet werden, die entsprechend der persönlichen Bewertung in die eigenen Arbeits- und Handlungsweisen übernommen werden.[789] Hierdurch ergibt sich sowohl die Möglichkeit, positiv wahrgenommene Arbeits- und Verhaltensweisen zu übernehmen bzw. nach dem eigenen Verständnis zu adaptieren, als auch aus den Fehlern anderer zu lernen.[790] Die Bedeutung eines Vorbilds für die Entwicklung der Handlungsfähigkeit veranschaulicht das nachfolgende Zitat:

> *„Ich hatte auch mal einen Projektleiter, der war sehr dezent, da hat man nicht viel mitgenommen und am Ende wahrscheinlich eh nicht gemacht. Dann hatte ich einen, der war sehr stringent und da habe ich am Anfang echt gedacht, was macht der sich für eine Mühe hier für diese ganzen Unterlagen. Muss am Ende aber natürlich sagen, dass ich von ihm natürlich deutlich mehr mitgenommen habe. Ich mache nicht alles, was er macht. Das ist auch ok. Jeder macht so seine eigenen Schwerpunkte, aber vieles von dem, was ich da gelernt habe, auch wie ich mich verhalte, wie man sich positioniert, das mache ich dann heute auch so. Also ist das natürlich immer die beste Methode, wenn man ein Vorbild hat, von dem man was lernen kann.“*[791]

[785] Vgl. PL-11; PL-14.
[786] Vgl. PL-05.
[787] Vgl. PL-05.
[788] Vgl. PL-02; PL-07; PL-12.
[789] Vgl. PL-02; PL-07; PL-12.
[790] Vgl. PL-07; PL-10.
[791] PL-02.-111.

Als Vorbilder dienen dabei meist erfahrenere Projektleiter oder Vorgesetzte. Sie treten bei den Befragten nicht nur in der Bedarfsanalyse und der Auswahl zu Personalentwicklungsmaßnahmen auf, sondern auch als direkter Träger von Entwicklungsinhalten. Zudem machen die Beschreibungen deutlich, dass die Einbindung erfahrener Projektleiter im unmittelbaren Arbeitskontext einen Einfluss auf die Entwicklung der Handlungsfähigkeit haben kann. Gleichzeitig zeigt sich aber auch, dass der wahrgenommene Nutzen maßgeblich von der Qualität und Geeignetheit der Person abhängt, die als Vorbild fungieren kann bzw. könnte.

4.4.3.4 Erste Erkenntnisse zum Einsatz von erfahrungsbasierten Maßnahmen

Wie sich zeigt, ermöglichen erfahrungsbasierte Maßnahmen in der praktischen Arbeit, Fähigkeiten aufzubauen und eigene Erfahrungen in der aktuellen Rolle zu sammeln. Der unmittelbare Praxisbezug erleichtert den Transfer von theoretischem Wissen in das tatsächliche Handeln. Über ähnliche Tätigkeiten, die unter wechselnden Rahmenbedingungen durchgeführt werden, wird die situative Handlungsfähigkeit geschult. Gleichzeitig werden diese intensiver erlebt bzw. teilweise selbst durchlebt. Insbesondere bei den Maßnahmen Learning-on-the-job sowie dem selbstgesteuerten Lernen über Vorbilder zeigt sich die besondere Rolle der Führungskraft bzw. des Vorgesetzten, der einerseits auf die horizontale bzw. vertikale Aufgabenerweiterung des Projektleiters einwirken kann sowie andererseits selbst als Personalentwickler agiert, indem er implizit über das Verhalten Lern- bzw. Reflexionsprozesse beim Projektleiter anstößt.

Erfahrungsbasierte Maßnahmen						
Maßnahmen	**Beschreibung der Inhalte und Ziele**	**FK**	**MK**	**SK**	**FüK**	**UK**
Projekterfahrung	Verhalten und Kommunikation in der Projektaufgabe ausprobieren			++	++	+
	Erleben von (kritischen) Praxissituationen	+	++	++	++	++
	Umgang mit Stakeholdern			++		++
	Teamführung und -motivation				++	
Retrospektive/ Lessons-Learned-Session	Reflexion der Projektumsetzung (aktueller Stand, positive/negative Ereignisse, nächste Schritte)	++	++	+	+	++
	Art der Zusammenarbeit			++	++	
Lernen über Vorbilder	Beobachtung von Vorgehensweisen	+	++	++		
	Kommunikation; Verhaltensweisen			++	++	
	Beobachtung von Führungsstilen			+	++	
	Organisation und Steuerung in Projekten		++	+	+	++

Legende: FK = Fachkompetenz; MK = Methodenkompetenz; SK = Soziale Kompetenz; FüK = Führungskompetenz; UK = Unternehmerische Kompetenz;
Beeinflussung des Kompetenzprofils: + = gering/mittel, ++ eher hoch

Tabelle 24: Einfluss erfahrungsbasierter Maßnahmen auf die Entwicklung der Kompetenzklassen

Bei erfahrungsbasierten Maßnahmen ergeben sich aufgrund der Praxisnähe sowohl flexiblere als auch erweiterte Möglichkeiten zur Kompetenzentwicklung. Die Förderung ist auch hier nicht gänzlich auf eine Kompetenzklasse beschränkt. Tabelle 24 stellt die Beeinflussung des Kompetenzprofils auf Basis der geschilderten Themeninhalte und Ziele zusammen.

Aus den Beschreibungen der Befragten können darüber hinaus die nachfolgenden, inhaltlichen und strukturellen Aspekte festgehalten werden, die die Kompetenzentwicklung fördern oder auch hemmen können (siehe Tabelle 25).

Erfahrungsbasierte Maßnahmen zeigen weniger strukturelle Einschränkungen, die sich auf die Einbindung der Maßnahme in den Projektalltag sowie auf die Art der Vermittlung beziehen. Demgegenüber wird die Bedeutung und Passung der Maßnahmenträger als Erfahrungsträger und -vermittler deutlich sichtbar. Hierbei werden Möglichkeiten zur Reflexion und zum Erhalt von Feedback hervorgehoben. Zudem stehen inhaltlich stärker Situationen und Ereignisse aus der Praxis im Vordergrund. Die Themenfelder entwickeln sich aus der praktischen Arbeit heraus und zielen stärker auf die praktische Anwendung ab. Die theoretische Wissensvermittlung tritt demgegenüber in den Hintergrund. Darüber hinaus sind die Maßnahmen dadurch gekennzeichnet, dass sie über einen längeren Zeitraum verlaufen und teilweise informell, z. B. über Anleitung und Mitlaufen im Projekt oder Lernen über Vorbilder, als auch formell, z. B. im Rahmen von Retrospektiven/Lessons-Learned-Sessions, stattfinden.

Sinnvolle erfahr. Maßn. inhaltl. / strukt. Aspekte		**Förderliche Aspekte für die Kompetenzentwicklung**	**Hemmende Aspekte für die Kompetenzentwicklung**
Projekterfahrung	Inhalt	- Realitätsnähe i. S. v. eigenem Erleben von Praxisfällen - Gewinnung eigner Erfahrungen	
	Struktur	- Stufenweise Steigerung der Projektverantwortung - Arbeitserfahrung unter wechselnden Rahmenbedingungen	
Retrospektive/Lessons-Learned-Session	Inhalt	- Reflexion der Projektumsetzung in der Praxis	
	Struktur	- Gemeinsame Reflexion in der Gruppe - Förderung von Feedbackprozessen	- Zeitlicher Versatz der Durchführung - Thematische Einschränkungen (Konflikte im Team)
Lernen über Vorbilder	Inhalt	- Direkte Beobachtung von Praxisfällen	
	Struktur	- Direkte Beobachtung aus dem Arbeitskontext heraus	- Eignung des (zugewiesenen) Vorbildes

Tabelle 25: Förderliche und hemmende Aspekte sinnvoller erfahrungsbasierter Maßnahmen

4.4.4 Feedbackbasierte Personalentwicklungsmaßnahmen im Kontext der Projektarbeit

Das Ziel dieses Kapitels ist es zunächst, einen Überblick über die Erfahrungswelten der Befragten in Bezug auf feedbackbasierte Personalentwicklungsmaßnahmen darzustellen. Hierbei wird jeweils zu Beginn das Grundverständnis der Befragten zu den Maßnahmen dargestellt, bevor im Anschluss auf eine Auswertung der Inhalte und Ziele sowie eine Beschreibung der Kompetenzentwicklung der Projektleiter durch die Anwendung der Maßnahmen eingegangen wird. Schließlich werden strukturelle Merkmale der jeweiligen Maßnahmen herausgearbeitet sowie deren inhaltliche und strukturelle Limitierungen.

Wie im Grundlagenteil dargestellt, sind die beschriebenen feedbackbasierten Ansätze nicht eindeutig und trennscharf definiert. Vor diesem Hintergrund wurden die Befragten zu ihrem Verständnis befragt, um einerseits ihre Aussagen in den Kontext ihres Verständnisses aufzunehmen und andererseits einen Vergleich zwischen den in der Literatur dargestellten Begriffsauffassungen herzustellen. Darüber hinaus wird kurz auf die persönliche Bewertung dieser Maßnahmen eingegangen. Hierdurch wird es möglich, die sowohl förderlichen als auch hemmenden Aspekte feedbackbasierter Entwicklungsmaßnahmen zu einem späteren Zeitpunkt kontextuell einzuordnen. Hierbei zeigte sich im Verlauf der Datenauswertung, dass die Befragten teilweise keinen Unterschied zwischen den jeweiligen Maßnahmen, insbesondere zwischen Coaching und Mentoring, bewusst wahrnehmen.[792] In diesen Fällen wurden die Äußerungen der Interviewpartner den verwendeten Bezeichnungen zugeordnet.

Im Hinblick auf die strukturellen Merkmale wurde das Datenmaterial in Bezug auf die nachfolgendenden Aspekte untersucht: Maßnahmenform und Konstellation,[793] Träger der Maßnahme,[794] Art der Themenbearbeitung,[795] sowie zeitliche Einbindung in den Projektalltag[796]. Hierdurch wird das Ziel verfolgt, zentrale Merkmale der strukturellen Ausgestaltung feedback-

[792] Vgl. PL-03; PL-04; PL-06; PL-10; PL-14; PL-16; PL-18.

[793] Hierunter fallen Beschreibungen des formalen Rahmens, d. h. der räumlichen Verortung der Maßnahme, der Organisation i. S. d. offiziellen bzw. inoffiziellen Planung und Durchführung sowie der Zusammenstellung der Austauschpartner. In der Literatur finden sich neben dem Begriff „Form“ auch „Art“ und „Setting“, um die Maßnahme zu charakterisieren.

[794] Beschreibung der Austauschpartner, bezogen auf Stellung, Merkmale und Beziehungsebene zum Betroffenen.

[795] Nutzung von Methoden, Besonderheiten im Rahmen des Austausches.

[796] Beschreibung des zeitlichen Ablaufs der Maßnahme i. S. d. Frequenz.

basierter Maßnahmen und ihres Einflusses auf die Entwicklung der Handlungsfähigkeit herauszuarbeiten.

4.4.4.1 Coaching

Im Rahmen der Analyse der Aussagen zu Coaching-Maßnahmen konnten insbesondere drei Bereiche identifiziert werden, die mit Coaching verbunden werden: Neben der Wahrnehmung von Coaching als unmittelbarer Anleitung und Begleitung im Projektkontext wird es zudem als Maßnahme zur Entwicklung der eigenen Arbeits- und Verhaltensweise verstanden. Ein dritter Bereich kann in der punktuellen Begleitung bei spezifischen Problemen gesehen werden.

Inhaltliche Zielrichtung der Maßnahme und Einfluss auf das Kompetenzprofil

Als erster inhaltlicher Themenschwerpunkt von Coaching-Maßnahmen kann die Anleitung und Begleitung im Projekt aufgeführt werden. Hierbei können zwei Konstellationen unterschieden werden: So kann die Begleitung direkt erfolgen, aber auch indirekt, d. h. mit einer größeren Distanz zum Projektleiter und zum Projektgeschehen.[797] Die beiden nachfolgenden Zitate verdeutlichen die Konstellationen:

> *„, […]im Bereich Anfängertum finde ich ein Coaching sehr wichtig. Um geführt zu werden, um auf Situationen vorbereitet zu werden, um auch andere direkt zu sehen, wie sie in gewissen Situationen agieren und das direkt mitzubekommen. Dafür finde ich ein Coaching sehr hilfreich.“*[798]

> *„Dass ich jemanden an die Seite gestellt bekomme, der einen gewissen Erfahrungsschatz hat in Themenbereichen, in denen man selbst auch nicht Experte ist. Der auch vom Zeitaspekt her die Möglichkeit hat, das eigene Tun und Handeln von außen zu betrachten.“*[799]

Neben dem Kennenlernen der aufbau- und ablauforganisatorischen Aspekte im Projekt ermöglichen die Coaching-Gespräche im direkten Projektkontext einen stufenweisen Übergang in die Projektleiterrolle. Indem die Aufgaben und die Verantwortung schrittweise auf die Person über-

---

797 Vgl. PL-14; PL-10; ähnlich auch PL-08 bezogen auf Mentoring.

798 PL-14.-130.

799 PL-13.-128.

gehen, wird zunächst eine Ausgangsbasis geschaffen, aus der heraus die Person im weiteren Verlauf selbstständig agieren kann[800]. So äußert ein Interviewpartner beispielsweise:

> *„Es hat mir geholfen, [...] die Projektsituation beim Kunden besser zu begreifen. Mit den [...] do's und don'ts, die er zumindest mal erfahren hat und die übergeben zu bekommen. Ich mache mir gern trotzdem mein eigenes Bild, aber es ist trotzdem sehr hilfreich, da eine gewisse Handlungsempfehlung zu bekommen, [...] wie tickt der Kunde in seinem Projekt.“*[801]

In dieser Konstellation nimmt der Coach unmittelbar am Projektgeschehen teil und hat somit auch die Möglichkeit, in Situationen einzugreifen. In Einzelgesprächen werden konkrete Projektsituationen gemeinsam reflektiert und verarbeitet.[802] Gleichsam werden situativ fachliche Fragen sowie politisches Handeln diskutiert.[803]

Darüber hinaus kann in der schrittweisen Übergabe der Verantwortung der Projektverlauf durch bestimmte Vollständigkeitsprüfungen gelenkt und gesteuert werden „[...] so nach dem Motto: Hast du daran gedacht? Hast du daran gedacht?“[804].[805] Diese Form der Kontrolle wird auch bei begleitenden Coaching-Gesprächen, in denen der Coach indirekt im Arbeitskontext beteiligt ist, hervorgehoben:

> *„[...] das waren tatsächlich formell vorgegebene Termine, sollten aber auch dazu führen, dass die Qualität eines Projektes entsprechenden Standards natürlich entspricht, die sich [...] [das Unternehmen; C. W.] so vorgestellt hat. Und der so ein bisschen Kontrolle darauf hat und ein Auge darauf hat, dass sich das auch in einem bestimmten Standard weiterentwickelt das Projekt.“*[806]

Rück- und Zukunftsbetrachtungen der eigenen Projektsteuerung und Organisation erlauben, das eigene Vorgehen und Verhalten zu reflektieren.[807]

Im Hinblick auf den Einfluss der Maßnahmen stellen die Interviewpartner bei der direkten Anleitung und Begleitung heraus, dass die Begleitung neben der Schaffung einer Handlungsbasis

---

[800] Vgl. PL-14.
[801] PL-14.-136.
[802] Vgl. PL-14; PL-03.
[803] Vgl. PL-03.
[804] PL-14.-156.
[805] Vgl. PL-06; PL-14.
[806] PL-06.-120.
[807] Vgl. PL-06.

im Umgang mit Projektbeteiligten auch Rückhalt bietet und die Selbstsicherheit in der Projektsituation und im Umgang mit Stakeholdern steigt.[808] Dies beschreibt ein Befragter wie folgt:

> *„Na ja, also wenn ich nicht alleine auf weiter Flur stehe, sondern weiß, dass jemand hinter mir steht und mich unterstützt bei dem, was ich tue [...] Also ich präsentiere irgendetwas vor einer versammelten Mannschaft und er durch Seiteneinwürfe beispielsweise, das würde ich schon fast als Coaching betrachten, wenn er mich von der Seite unterstützt. Er hat mir ja quasi den Rückhalt geboten, um meine Ziele durchzusetzen."*[809]

Des Weiteren ermöglicht die enge Anleitung und Begleitung, Erfahrungen zu sammeln und über das Agieren des Coaches in der Projektsituation alternative Verhaltensweisen kennenzulernen.[810] Das gemeinsame Erleben von Projektsituationen bietet ebenso Gelegenheit, ein Feedback auf Verhaltensweisen im Sinne einer „Manöverkritik"[811] sowie eine Situationsbewertung und Handlungsempfehlungen zu erhalten[812]. Dieser Aspekt wird auch bei indirekter Anleitung und Begleitung betont. So ergibt sich durch den Ansprechpartner die Möglichkeit, einen „Sparringspartner"[813] im Umgang mit Problemen zu haben. Die gemeinsame und umfassende Reflexion des Projektfortschritts sowie die Identifizierung sowohl positiver als auch negativer Punkte im Projektablauf wird von den Befragten als hilfreich empfunden, um Hinweise und Feedback nicht nur für die bereits erlebten, sondern auch für die geplanten nächsten Schritte zu erhalten.[814] Übungen und die Einordnung von Sachverhalten durch eine erfahrenere Person werden darüber hinaus als hilfreich für die Gewinnung von Selbstsicherheit und den Abbau von Nervosität im Umgang mit neuen Situationen wahrgenommen.[815] Sowohl in der direkten als auch in der indirekten Anleitung und Begleitung wird der hierdurch geschaffene praktische Wissenstransfer förderlich wahrgenommen.[816]

Als zweiter thematischer Schwerpunkt der beschriebenen Coaching-Maßnahmen kann die Weiterentwicklung der eigenen Person genannt werden. Hierbei zielen die Gesprächsinhalte auf die langfristige Veränderung der persönlichen Arbeits- und Verhaltensweisen ab. Einige Interviewpartner grenzen hierbei das operative Coaching im Rahmen der Anleitung und Begleitung

---

808 Vgl. PL-14; PL-10.
809 PL-10.-148.
810 Vgl. PL-03.
811 PL-03.-328.
812 Vgl. PL-03; PL-10.
813 PL-09.-100.
814 Vgl. PL-06.
815 Vgl. PL-06; PL-09.
816 Vgl. PL-03; PL-06; PL-10.

deutlich von der Persönlichkeitsentwicklung und der Veränderung der Arbeits- und Verhaltensweise ab.[817]

Bei der langfristigen Veränderung der Arbeits- und Verhaltensweisen werden Themenfelder, wie z. B. Risiko-, Zeitmanagement, Delegieren, der Umgang mit Konflikten, Projektmanagement, Verkaufsgespräche sowie Verhandlungsführung, hervorgehoben.[818] Insbesondere bei den letzten drei Themen wird die enge Wahrnehmung zu Schulungs- oder Trainingsmaßnahmen, die auf die Veränderung des Verhaltens abzielen, deutlich. Die nachfolgenden Zitate unterstreichen neben dem Coaching-Verständnis auch die damit verbundene Zielrichtung der Maßnahme:

> *„Coaching ist ein angeleitetes, praktisches Lernen oder Lehren in dem Fall. Also es zielt auf spezifische Inhalte, die du später auch wirklich durchführen sollst. Du kriegst kein theoretisches Grundgerüst geboten, sondern wirklich bezogen auf die Prozesse der Arbeit oder auf die Inhalte, die du halt machen sollst, im nächsten Projekt oder in der nächsten Zeit."*[819]

> *„Aber, auch bei uns heißt das Stichwort dann Pricing, wie gehe ich in Verhandlungen rein, um einen Auftrag zu gewinnen. Auch da ein Coaching, wie argumentiere ich. Das ist dann eher ein inhaltliches Mehr."*[820]

> *„[...] wir haben das in der Organisationsentwicklung mal gemacht, Kleingruppen, die dann gecoacht wurden in Bezug auf Konfliktmanagement und Konflikttraining und so weiter und auch auf Verkaufsmaßnahmen, klar man muss natürlich seine Dienstleistung auch verkaufen."*[821]

Neben dem grundlegenden Austausch und der Diskussion über Sachverhalte werden vielfach Beispiele und Praxisfälle geschildert, nachgespielt und anschließend abstrahiert. Durch die Analyse und spätere Reflexion der häufig mit der Kamera aufgenommenen Situationen erhalten die Befragten die Möglichkeit zur eigenständigen, aber auch gemeinschaftlichen Verhaltensspiegelung.[822] Allerdings wird diese Form auch kritisch bewertet. So sieht ein Befragter insbesondere in dieser künstlichen Umgebung einen Nachteil, da Situationen nicht vollständig nach-

---

817 Vgl. PL-02; PL-03.

818 Vgl. PL-02; PL-07; PL-11; PL-13; PL-15; PL-16; PL-17. PL-02 schildert darüber hinaus die Veränderung der persönlichen Arbeitsorganisation, wobei er hierfür ein Coaching in Anspruch nehmen würde, hierzu aber noch keine eigenen Erfahrungen gesammelt hat (vgl. PL-02.-142). PL-04 nennt Risikomanagement, Umgang mit Change Requests und Verzögerungen im Projekt als mögliche Themen (vgl. PL-04.-210-212). PL-15 führt eine Coaching-Ausbildung an. Diese wird als Coaching-Maßnahme verstanden (vgl. PL-15.-155-157).

819 PL-04.-186.

820 PL-07.-184.

821 PL-16.-132.

822 Vgl. PL-16; PL-02; PL-07; PL-11.

gespielt werden können (die zweite Partei ist nicht anwesend) und die Praxiserfahrung zeigt, dass solche abgeleiteten „Choreographien“[823] in der Praxis nur bedingt eingesetzt werden können.[824] So beschreibt er:

> *„[...] wir hatten schon Coaching in kleinen Gruppen. Es handelt sich dabei immer um gestellte Situationen und [...] wo ich gesagt habe „Naja, also die Wirklichkeit ist einen Tick weit anders.“ Also, was man da mitnimmt, ist eine gewisse Systematik und vielleicht auch ein gewisses Verständnis, wie man Situationen einordnen kann und wie man darauf reagiert, wie man den anderen abholt, aber im echten Leben läuft es meistens anders.“*[825]

Neben diesen verhaltensbezogenen und methodischen Themenbereichen wird von den Befragten zudem die individuelle Entwicklung der eigenen Person als wesentlicher inhaltlicher Aspekt der Coaching-Maßnahmen aufgeführt[826]:

> *„Ich meine, letztlich entwickelt man ja im Wesentlichen die Persönlichkeit, um zu versuchen festzustellen, wo sind denn irgendwelche, ja Blockaden hört sich blöd an, aber so ist es ja letztlich, wo man dran arbeiten muss [...]“*[827]

Gesprächsgegenstand sind dabei persönliche Entwicklungsbereiche, z. B. „Blockaden“[828].

Neben der Steigerung der Selbstsicherheit, der Gelassenheit und des Selbstvertrauens beschreiben die Befragten auch Verbesserungen in der Art und Weise, mit Herausforderungen in ihrer Rolle umzugehen.[829] Als positiven Aspekt schildern die Interviewpartner, dass sie methodisches Handwerkszeug erhielten, das sie befähigt, Problemstellungen eigenständig zu lösen und Sicherheit über das weitere Vorgehen zu erhalten.[830] Das nachfolgende Zitat beschreibt den Wandel, der durch die Maßnahme erzielt werden konnte:

> *„Es hat mir zum einen geholfen, Werkzeuge an die Hand zu bekommen, wie man gewisse Dinge angeht. Und zum anderen auch [...] tatsächlich die Befähigung gegeben, auch tatsächlich Dinge anzugehen. Nehmen wir mal das Thema Konfliktmanagement: früher war es so, dass ich Konflikten, wie jeder Mensch es gerne tun würde, aus dem Weg gegangen bin. Oder die auch nicht sofort angesprochen habe. [...] Heute ist es so, dass*

[823] PL-16.-136.
[824] Vgl. PL-16.
[825] PL-16.-134.
[826] Vgl. PL-05; PL-07; PL-08.
[827] PL-07.-205.
[828] PL-07.-205.
[829] Vgl. PL-07; PL-13; PL-15.
[830] Vgl. PL-13; PL-17.

> *ich solche Situationen sehr konkret angehe, frühzeitig das Gespräch suche und dementsprechend eben auch eine Lösung herbeiführen möchte. Also zwei ganz unterschiedliche oder konträre Herangehensweisen."*[831]

Durch Übungen können unterschiedliche Szenarien schon vorab durchgespielt werden, so dass die Person in der eigentlichen Situation souveräner, abgeklärter und zielorientierter reagieren kann.[832] Ein Interviewpartner beschreibt dies wie folgt:

> *„Und das [Coaching; C. W.] hilft mir in meiner täglichen Arbeit enorm, weil [...] Da werden ganz viele Situationen durchgespielt. Da spielst du Konflikte durch, da spielst du schwierige Teamsituationen durch und das ist das, was mir in meiner Ausbildung absolut gefehlt hat. Ich gehe seitdem mit gewissen Situationen viel besser um oder auch mit politischen Situationen. Das ist gerade für junge Projektleiter unheimlich schwierig. Und wenn du das als solides Werkzeug an die Hand bekommst, gehst du viel souveräner mit gewissen Dingen um. Und das macht es dir dann wiederum leichter, in Steering Committees oder im Umgang mit irgendwelchen CTOs oder was weiß ich was zu bestehen."*[833]

Im Austausch zeigt sich auch, dass die Befragten zu der Erkenntnis gelangen, mit ihren Herausforderungen nicht allein zu sein. So wurde es ermöglicht, einerseits zu erkennen, dass andere Personen vor ähnlichen Problemstellungen stehen und andererseits sich in ihren Sichtweisen und Wahrnehmungen zu bestärken.[834] Zudem unterstützen die Gespräche dabei, Situationen bewusster werden zu lassen und die eigene Selbstwahrnehmung zu verbessern.[835] Letzteres unterstreicht das nachfolgende Zitat:

> *„Also es hat mir schon ein bisschen in meiner Selbstwahrnehmung geholfen. Also ich habe auch mal ein Coaching gehabt, wo man auch aufgenommen wurde, [...] um zu zeigen, wie man reagiert. In Stresssituation oder in Situationen, wo man hohen Anforderungen ausgesetzt ist und da habe ich gesehen, dass ich dann da eine bestimmte Art und Weise der Reaktion zeige, die ich ganz einfach vermeiden kann."*[836]

Als weiteren Punkt zeigen die Aussagen der Befragten, dass Coaching unterstützt, Situationen besser einzuschätzen und zu bewerten. Hierdurch können das eigene Verhalten und der Umgang mit Personen verbessert werden.[837] Hierbei werden Verbesserungen bezogen auf Fähig-

[831] PL-13.-116.
[832] Vgl. PL-15.
[833] PL-15.-157.
[834] Vgl. PL-02; PL-11; PL-16.
[835] Vgl. PL-07; PL-11.
[836] PL-07.-188.
[837] Vgl. PL-11; PL-16; PL-17.

keiten, wie beispielsweise aufmerksames Zuhören oder Priorisieren von relevanten Sachverhalten, geschildert.[838] So beschreibt dies ein Interviewpartner wie folgt:

> *„Ja, Nummer eins ist es erst einmal, man lernt viel besser, Personen zu reflektieren aus einer Metasicht. Warum macht der das jetzt wie? Was sind seine Beweggründe? Warum tut er das in dem gegebenen Rahmen? Also diese Sicht einzunehmen. Das lernt man ganz stark. Und man lernt auch viel besser, seine eigenen Gefühle unter Kontrolle zu haben oder sie so zu verwerten, dass es dann sinnvoll ist."*[839]

Diese Form von Erlebnissen wirkt sich auch unbewusst auf das Verhalten aus. So sprechen mehrere Interviewpartner davon, dass sie die positiven Auswirkungen des Coachings nicht explizit greifbar machen können, aber gefühlt eine Verbesserung wahrgenommen haben.[840]

Ein dritter thematischer Schwerpunkt, der sowohl bei der Anleitung und Begleitung im Projektkontext als auch bei der langfristigen Veränderung der Arbeits- und Verhaltensweise hervortritt, ist die punktuelle Unterstützung bei spezifischen Problemen. Hierbei zielen die Gespräche inhaltlich darauf ab, die Methoden zur eigenen Problemlösung weiter auszubilden und zu entwickeln sowie bei der Lösung von Problemen zu unterstützen. Die Aufgabe des Coaches wird darin gesehen, bei der eigenständigen Lösungsfindung zu unterstützen, z. B. durch die Schilderung eigener Erfahrungen und Denkanstöße. Hierbei soll der Coach die Lösung aber im Wesentlichen nicht vorgeben, sondern die lösungsorientierte Betrachtung eines Sachverhaltes fördern und den Lösungsprozess anleiten.[841] Die folgenden Zitate unterstreichen dieses Verständnis:

> *„Und in Gesprächen Ansatzpunkte / oder mit einem selbst Ansatzpunkte erarbeitet, die man nachher aufgreifen kann, um Veränderungen herbeizuführen. Das heißt, es geht nicht darum, dass der Coach mir sagt „Mach das mal so und so.", sondern herauszuarbeiten in Gesprächen: „Was meinst du denn, was da jetzt gerade falsch gelaufen ist?". Oder: „Wenn du mal mit eigenen Augen darauf schaust, was ist da denn gerade passiert?" In der Art und Weise."*[842]

> *„Coaching definiere ich in Form von: ich habe eine schwierige herausfordernde Situation, die ich meinem Gegenüber schildere. Und mein Gegenüber stellt mir Fragen, beleuchtet die Situation, gibt mir Denkanstöße, so dass ich letztendlich für mich*

[838] Vgl. PL-17.
[839] PL-11.-157.
[840] Vgl. PL-15; PL-17.
[841] Vgl. PL-13; PL-15; PL-06; PL-17. PL-13 und PL-06 beschreiben dies als Grundverständnis von Coaching (vgl. PL-13.-128; PL-06.-122). PL-15 und PL-17 beschreiben dies als Aufgabe des Coaches (vgl. PL-15.-189; PL-17.-228).
[842] PL-13.-128.

entscheiden kann, wie ich damit umgehe. Gibt mir vielleicht auch Tipps, aber ein Coach ist für mich niemand, der sagt „Du musst jetzt a, b oder c machen.“, sondern gibt mir Denkanstöße in Form von dass er vielleicht andere Situationen schildert und Erfahrungen schildert [...], so dass man für sich selber einordnen kann: ok, der hat die Erfahrung gemacht, die Situation ist ähnlich, verfolge ich einen ähnlichen Ansatz oder nehme ich vielleicht doch einen anderen.“[843]

„Dessen Aufgabe [des Coaches; C. W.] ist es, mich quasi aus dem Problemzustand, meistens geht es um irgendwelche Probleme, zu holen und mir zu helfen, quasi statt des Problems ein irgendwie geartetes Ziel zu erreichen oder mir zu ermöglichen, ein irgendwie geartetes Ziel zu erreichen.“[844]

Das Feedback des Austauschpartners wird dazu genutzt, Entwicklungspotenziale aufzuzeigen. Die eigentliche Veränderung verbleibt jedoch bei dem betroffenen Projektleiter.[845]

Bei der Bearbeitung spezifischer Probleme kann die Zielrichtung der Gespräche in unterschiedliche Stufen unterteilt werden, die teilweise oder vollständig durchlaufen werden. Zum einen können sie darauf abzielen, ein besseres Verständnis über die Gesamtsituation zu erhalten. Der Austausch zielt darauf ab, eine bestehende Herausforderung gemeinsam zu analysieren und dadurch ein besseres Verständnis herzustellen sowie eigene Handlungsspielräume und Ansatzpunkte für den Umgang mit der konkreten Situation herauszuarbeiten:

„Das heißt, ein Coaching kann mir auch dabei helfen, wenn ich mit dem Team ein Problem bekomme, dass ich nicht weiterkomme, dass ich hake, dann muss ich herausfinden, woran liegt denn das. Wo ist mein Teil daran? Wo ist der Teil, den ich daran verändern kann, dass es nicht mehr hakt. Die anderen habe ich ja nicht im Griff. [...] Und das beschreibt auch relativ schön die Grenzen. Die Grenzen sind einfach in dem, was ich erreichen kann innerhalb meines Einflussbereiches.“[846]

Einen weiteren Aspekt in der Problembearbeitung stellt die Bewertung einer Erlebnisschilderung von außen dar[847], wie die nachfolgenden beiden Zitate beispielhaft aufzeigen:

„[...] Es mag ja durchaus sein, dass für ein Problem eine Lösung erst augenscheinlich erscheint und plötzlich muss man feststellen, ne war doch nicht der richtige Ansatz.“[848]

843 PL-06.-122.
844 PL-15.-185.
845 Vgl. PL-06; PL-15; PL-13; PL-17; PL-18. Ähnlich auch PL-05, der dies auf das Set-up von Mentoring bezieht (vgl. PL-05.-197).
846 PL-05.-195.
847 Vgl. PL-03; PL-06; PL-13.
848 PL-13.-134.

> *„Ja, Konflikte im Team, also wie man jetzt mit bestimmten Konflikten im Team umgeht oder eben auch, […] dass wir uns inhaltlich auch erzählen, worum es gerade geht und dann hat durchaus der jeweils andere immer auch eine Meinung dazu, ok, welcher Aspekt ist denn da jetzt der wichtigere. Und was würde ich jetzt priorisieren."*[849]

Neben dieser grundlegenden Reflexion der Situation kann der Gesprächsinhalt stärker auf die Herausarbeitung einer konkreten Handlung abzielen, d. h. auf das eigentliche Vorgehen und Verhalten in einer Situation zu deren Lösung. In diesem Zusammenhang schildern die Interviewpartner, dass die Gespräche darauf abzielen, neue bzw. alternative Vorgehensmöglichkeiten zu identifizieren[850] und bei der Auswahl einer geeigneten Vorgehensweise zu unterstützen.[851] Beim Coaching kann also dem jeweiligen Bedarf und den individuellen Zielen des Betroffenen entsprechend auf unterschiedliche Aspekte zur Problemlösung eingegangen wird.

Hinsichtlich der gemeinsamen Problembearbeitung können wesentliche Hilfestellungen identifiziert werden. Durch die gemeinsame Reflexion des Sachverhalts wird es ermöglicht, die Situation besser zu verstehen und einzuordnen sowie seine Gedanken zu strukturieren, um dadurch eine Lösungsfindung zu ermöglichen:

> *„[…] [Coaching; C. W.] hilft mir einfach, meine Gedanken zu sortieren, weil viele Ideen habe ich auch selber."*[852]

Zudem unterstützen andere Sichtweisen und vorgeschlagene Herangehensweisen die Generierung und Formulierung neuer Ideen und Lösungsoptionen.[853] Dies beschreibt ein Interviewpartner wie folgt:

> *„Und da ist es sehr hilfreich, […] wenn man jemanden hat, mit dem man sich austauschen kann. […] mit dem man schwierige Situationen diskutiert und das man auch so ein bisschen Unterstützung bekommt, wie man weitermacht. Weil, man weiß das im Zweifel nicht. Man hat eine Idee, aber vielleicht ist es auch noch einmal hilfreich, ein Feedback zu bekommen, um zu sagen „Gehe ich jetzt Weg a, b oder c. […]"."*[854]

In Bezug auf das Lösen von Problemen stellen die Befragten vielfach heraus, dass die Gespräche mit anderen dabei unterstützen, Fragestellungen von einer anderen „Perspektive" oder aus

---

849 PL-18.-198.
850 Vgl. PL-11; PL-12; PL-13; PL-15.-167.
851 Vgl. PL-06. Ähnlich auch PL-10 bezogen auf kollegialen Austausch (vgl. PL-10.-131).
852 PL-15.-189. Ähnlich auch PL-01 bezogen auf kollegialen Austausch (vgl. PL-01.-22).
853 Ähnlich auch PL-09 bezogen auf kollegiale Austauschformen (vgl. PL-09.-156).
854 PL-06.-112.

einem anderen „Blickwinkel" zu betrachten. Dabei spielt der Erfahrungsschatz der Austauschpartner eine zentrale Rolle. Neben einem generellen Einblick in die Erfahrungswelt des Austauschpartners[855] kann der Erfahrungsschatz anderer Personen auch zur Situationsbewertung genutzt werden, wodurch mitunter neue Lösungsmöglichkeiten selbst oder gemeinsam generiert werden.

Die Perspektivenerweiterung, die durch das Gespräch erreicht wird, eröffnet die Möglichkeit, die Erfahrungen von anderen Personen in die Auswahl einer in Betracht kommenden Vorgehensweise aufzunehmen bzw. sich für eine vergleichbare Vorgehensweise zu entscheiden und hierüber eigene Erfahrungen zu sammeln.[856] Darüber hinaus können Situationen gemeinsam expliziert und bearbeitet sowie konkrete Handlungsempfehlungen abgeleitet werden, die als gesamthafter, d. h. umfassender, vollständiger und besser, bewertet werden.[857] Ein Befragter sieht in der Aufgabe des Coaches starke Parallelen zur Arbeit einer Führungskraft, die im Projekt als Ersatz für die Führungskraft in der Linie fungiert.[858]

Als hilfreich schildern die Befragten auch die inhaltliche Bearbeitung aktueller, echter und eigener Problemstellungen aus ihrem Arbeitskontext. Hierbei werden nicht „synthetische"[859] Fälle als Grundlage verwendet, sondern konkrete Situationen aus der Erlebniswelt der betroffenen Personen.[860] Ebenso leitet sich die Hilfestellung aus den Erfahrungswelten der Austauschpartner ab.[861] Nicht zuletzt wird durch den Austausch und die gemeinsame Diskussion der Transfer in die Praxis durch den persönlichen Bezug erleichtert.[862] Die Verbindung dieser Aspekte verdeutlicht das nachfolgende Zitat:

> *„Es ist mehr an der Realität dran für mich, ehrlich gesagt, weil man ganz konkret an Situationen an konkreten Situationen arbeitet und nicht an theoretisch an den Haaren herbeigezogenen Situationen, sondern man kommt mit einer ganz konkreten Herausforderung oder Problematik und diskutiert die. Und das Feedback, [...] orientiert sich selber auch an ganz konkret gemachten Erfahrungen und nicht an irgendeinem*

855 Vgl. PL-06; PL.-09.
856 Vgl. PL-06; PL-18.
857 Vgl. PL-18; PL-05. Ähnlich auch PL-11 bezogen auf kollegialen Austausch (vgl. PL-11.-204).
858 Vgl. PL-18. Ähnlich auch PL-09 bezogen auf Mentoring (vgl. PL-09.-126).
859 PL-11.-161; PL-18.-161.
860 Vgl. PL-06; PL-11; PL-12; PL-18.
861 Vgl. PL-04; PL-06; PL-09; PL-18.
862 Vgl. PL-02; PL-11.

> *theoretischen Geblubber, das irgendwo steht, das vielleicht aber überhaupt gar nicht hilfreich ist für diese Situation.“*[863]

Diese Austauschform wird von den Befragten als lehrreicher, bewusster und nachhaltiger wahrgenommen.[864] Diese Bewertung scheint vor dem Hintergrund plausibel, dass hierdurch eine auf die Person und Fragestellung individualisierte und flexible Lernsituation geschaffen wird, die eine sowohl zeitliche als auch inhaltlich bedarfsgerechte Bearbeitung ermöglicht.[865]

Strukturelle Merkmale der Maßnahmen

Die geschilderten Coaching-Maßnahmen wurden überwiegend als geplante, formelle Personalentwicklungsmaßnahmen wahrgenommen.[866] Mit Ausnahme der Coaching-Maßnahmen im Rahmen von Schulungen wurden diese meist über einen längeren Zeitraum und mit einem zuvor definierten Ende durchgeführt. Hierbei kommen sowohl unternehmensexterne als auch interne Coaching-Angebote zum Einsatz. Zudem werden Coaching-Konstellationen beschrieben, die sich im Laufe des Arbeitsprozesses entwickelt haben[867] und privat in Anspruch genommen wurden[868].

Coachings in Form von Gruppen- oder Einzelcoachings sowie als Bestandteil von Schulungen finden meist unter Einbindung externer Trainer und Coaches statt. Demgegenüber werden sowohl in der direkten als auch in der indirekten Anleitung und Begleitung im Projekt erfahrene Projektleiter genannt. Eine besondere Rolle nimmt zudem die Führungskraft ein, die von einigen Befragten als informeller Coach meist in der direkten Anleitung und Begleitung im Projekt wahrgenommen wird.[869] Bei Trainern und Coaches wird zudem auch eine (Fach-)Expertise auf ihrem Gebiet erwartet.[870] Übergreifendes Merkmal der Träger sind Erfahrungen in der Projektarbeit. Die Austauschkonstellationen werden überwiegend als Einzelgespräche beschrieben. Sofern Gruppen zusammenkommen, wird dem Coaching eine stärkere Betonung eines Train-

---

863 PL-06.-134. Ähnlich auch PL-15, die diesen Aspekt von Coaching im Vergleich zur Fachberatung äußert (vgl. PL-15.-189).

864 Vgl. PL-11; PL-17.

865 Vgl. PL-06; PL-09.

866 Folgende PLs erhielten ein offizielles Coaching für den beruflichen Kontext: PL-02; PL-06; PL-07; PL-11; PL-14; PL-16; PL-17; PL-18.

867 Vgl. PL-03; PL-09; PL-10.

868 Ein privat in Anspruch genommenes Coaching nennen PL-05 und PL-13. Coaching im Rahmen einer Coaching-Ausbildung beschreibt PL-15.

869 Vgl. PL-09; PL-10; PL-03.

870 Vgl. PL-02; PL-11.

ings oder einer Schulung im Zusammenhang mit der langfristigen Veränderung der Arbeits- und Verhaltensweise zugesprochen.

Aus den jeweiligen Konstellationen heraus äußern die Befragten unterschiedliche Wahrnehmungen. Einzelgespräche werden als individuelles Lernen, d. h. auf die Person, Situation und den Inhalt abgestimmt, wahrgenommen. Der unmittelbare Austausch fördert dabei den direkten Lerneffekt.[871] Dies unterstreicht ein Interviewpartner wie folgt:

> *„Es ist halt normalerweise eins zu eins, so dass da ein wesentlich besserer Austausch ist oder eine wesentlich bessere Interaktion ist und du wirst [...] direkt korrigiert. Da ist so der direkte Lerneffekt und du hast jetzt nicht so ein theoretisches Bild und meinst es richtig umzusetzen, sondern du bekommst von einer erfahrenen Person direkt Feedback „Hier, mach so und so." Oder „Dieses und jenes war gut oder schlecht."*[872]

Darüber hinaus stellen einzelne Befragte in Bezug auf die Gruppenzusammensetzung heraus, dass die Teilnehmer möglichst vergleichbare Probleme und Erfahrungen haben sollten, um sich gegenseitig unterstützen zu können und aus ähnlichen Problemstellungen zu lernen.[873]

Im Hinblick auf die zeitliche Einbindung in den Projektalltag wird die Verfügbarkeit des Coaches als ein weiterer wichtiger Aspekt aus Sicht der Befragten dargestellt. So kann im Bedarfsfall, d. h. „on-demand"[874], auf Austauschpartner zurückgegriffen werden, so dass schnelle und zielgerichtete Hilfe und Unterstützung möglich werden.[875] Ebenso wird eine punktuelle Begleitung positiv wahrgenommen, um z. B. den Rückfall in alte Verhaltensweisen zu vermeiden.[876] So äußert ein Interviewpartner:

> *„Und jeder kennt das, man verfällt auch sehr schnell in alte Verhaltensweisen. Man kann auf einem Training eine neue Vorgehensweise zwar kennengelernt haben und findet die auch ganz toll und möchte die auch gerne umsetzen, aber teilweise fehlt einem auch die Fähigkeit dazu, das wirklich konsequent umzusetzen im Nachgang. Ich glaube, ein Coach kann so etwas sehr gut begleiten und beobachten und einem zurückspiegeln, falls man in diese alte Schleife verfällt / oder die alte Verhaltensweise."*[877]

---

871 Vgl. PL-03; PL-04; PL-06; PL-09; PL-18.
872 PL-04.-220.
873 Vgl. PL-11; PL-02.
874 PL-06.-137.
875 Vgl. PL.-03; PL-10.
876 Vgl. PL-13. Ähnlich auch PL-04, wobei dieser eine Kontrolle nach einem Coaching als Erwartung formuliert (vgl. PL-04.-208).
877 PL-13.-120.

Sowohl die zeitliche Flexibilität als auch eine gewisse Regelmäßigkeit scheinen wichtige Aspekte im Rahmen der Begleitung durch Coaching darzustellen.

Inhaltliche und strukturelle Einschränkungen

Bei Coaching-Maßnahmen werden inhaltliche Grenzen insbesondere in der Besprechung persönlicher Themenfelder, wie beispielsweise persönlichen Krisen, auch im Privatleben, geäußert.[878] Diesen Themenbereichen wird, wenn überhaupt, nur insofern Raum gegeben, wie sie für die Bearbeitung der Problemstellung als notwendig und förderlich empfunden werden.[879]

Persönliche Grenzen werden insbesondere in der Veränderbarkeit der Persönlichkeit gesehen. Dabei wird einerseits der Umstand herausgestellt, dass die Person aufgrund ihrer Persönlichkeitsstruktur nicht für die Ausübung einer solchen Projektleiterrolle geeignet sein kann,[880] andererseits wird die Reichweite einer solchen personenbezogenen Maßnahme dahingehend eingeschränkt, dass sie nur bis zu einem gewissen Grad in der Lage ist, die Persönlichkeit zu verändern.[881] Letzteres unterstreicht das nachfolgende Zitat.

> *„Ich kann mit Coaching oder Training vielleicht noch einmal 20 Prozent, wenn es gut läuft, irgendwo rausholen, aber der Rest ist Talent, Arbeit und man ist, wie man ist."*[882]

Daneben werden auch Grenzen hinsichtlich der Qualität des Austauschpartners bezogen auf die Fähigkeiten, Erfahrungen und Verhaltensweisen des Coaches hervorgehoben. So wird herausgestellt, dass das Lernfeld auf das Wissen und die Erfahrung des Coaches beschränkt ist. Somit besteht die Möglichkeit, dass Fehler weitergegeben werden sowie die Erfahrungswelt des Coaches bei der Problembearbeitung unzureichend ist.[883] Im Umkehrschluss ergeben sich hieraus Fähigkeiten, die ein Austauschpartner mitbringen sollte, um für die Durchführung dieser Maßnahmen geeignet zu sein. Hierzu zählen die Befragten beispielsweise, aufmerksam zuhören zu können, eine Vertrauensbasis aufbauen zu können, Lerninhalte vermitteln zu können sowie die

---

878 Vgl. PL-07; PL-09.
879 Vgl. PL-07.
880 Vgl. PL-09; PL-02.
881 Vgl. PL-02; PL-16; PL-12.
882 PL-02.-171.
883 Vgl. PL-04; PL-06.

Fähigkeit, die individuellen Schwierigkeiten der betroffenen Person deutlich herausarbeiten zu können.[884]

Im Rahmen von Einzelgesprächen werden Erfahrungen des Austauschpartners, Vertrauen in das Gegenüber sowie eine Vertraulichkeit in Bezug auf die Themeninhalte als wesentliche Voraussetzung für eine offene Austauschbeziehung hervorgehoben. Dies wird auch über die häufige Äußerung der zwischenmenschlichen Komponente unterstrichen:[885]

> *„[...] wenn man formell einen Coach zugewiesen bekommt, kann es a) natürlich das Problem geben, dass man sich jetzt so zwischenmenschlich nicht so grün ist oder aber, dass man vielleicht auch einen Coach hat, der naja sagen wir mal, nicht so die notwendigen Erfahrungen mitbringt, die einem tatsächlich weiterhelfen würden. Ja. Es gibt auch schlechte Coaches."*[886]

Gleichwohl erscheint ebenso eine gewisse Distanz notwendig. So sollten die Austauschpartner keine zu enge Verbindung haben, um die Vertraulichkeit der Gesprächsinhalte bzw. die Gefahr potenziell negativer Auswirkungen zu vermeiden und einen offenen Austausch zu ermöglichen.[887]

Aus der gemeinsamen Bearbeitung heraus schildern die Befragten Einschränkungen bezogen auf die inhaltliche Themenbearbeitung. So erfolgt lediglich eine punktuelle inhaltliche Hilfestellung, die nicht alles abdeckt. Vielfach sprechen die Befragten von „Tipps" und „Hinweisen". Grundsätzliches (Vor-)Wissen und Erfahrung können somit nicht im Rahmen der Maßnahmen generiert werden.[888]

4.4.4.2 Mentoring

In der Analyse der Erfahrungsschilderungen zum Mentoring konnten zwei zentrale Bereiche identifiziert werden, die mit dieser Maßnahme verbunden werden. Hierbei wird zum einen die Einführung ins Unternehmen oder Projekt, zum anderen die persönliche Karriereplanung, -entwicklung und -förderung im Unternehmen mit Mentoring assoziiert.

---

[884] Vgl. PL-04; PL-07; PL-13; PL-18.
[885] Vgl. PL-06; PL-07; PL-09; PL-17; PL-18.
[886] PL-06.-141.
[887] Vgl. PL-11; PL-15.
[888] Vgl. PL-15.

Inhaltliche Zielrichtung der Maßnahme und Einfluss auf das Kompetenzprofil

Als erster inhaltlicher Themenschwerpunkt von Mentoring-Maßnahmen kann die Einführung ins Unternehmen oder Projekt genannt werden. In diesem Verständnis wird der Mentor vereinzelt auch als Pate bezeichnet.[889] Das nachfolgende Zitat unterstreicht das hierbei hervortretende Verständnis:

> *„[...] ein Mentor ist jetzt jemand, der mich in einem Unternehmen, wo ich vielleicht auch neu bin, einführt. [...] unterstützt, aber nicht irgendwie so wie ein Coach.“*[890]

Neben organisatorischen sowie operativen Fragen stehen auch die Vorbereitung auf Situationen im Arbeitskontext sowie der persönliche Umgang mit Personen im Arbeitsumfeld im Vordergrund. Die Austauschpartner fungieren als erste Ansprechpartner und geben Hintergrundinformation und über ihre Erfahrungen firmenspezifisches Wissen weiter. Dies ermöglicht eine situative, punktuelle sowie bedarfsorientierte Unterstützung im Einführungsprozess. Als Beispiele nennen die Befragten die Einreichung von Urlaubsbögen, der Umgang mit Fehlzeiten, das Schreiben von Fachkonzepten oder die Benennung von Ansprechpartnern im Unternehmen.[891] Neben einem schnelleren Zugang zum Unternehmen zielt der Austausch darauf ab, vertrauensvoll vermeintlich unangemessene Fragen zu klären, die nicht gegenüber der Führungskraft geäußert werden wollen.[892] Die beiden nachfolgenden Zitate verdeutlichen die Zielsetzung:

> *„Das Ziel ist, glaube ich, dass [...] die Kollegen, die eben einen Mentor haben, dass die einen schnelleren Einstieg finden, dass sie eben jemanden haben, mit dem sie sich auch über Sachen austauschen können, die man mit dem direkten Vorgesetzten vielleicht nicht austauschen würde oder fragen würde. Dass man jemanden hat, der / wo man sich nicht scheuen muss, eine doofe Frage zu stellen.“*[893]

> *„Der hat mich wirklich toll da durchgelotst durch diesen Prozess, wie das Unternehmen funktioniert und wie ich mich da verhalten kann.“*[894]

---

889 Vgl. PL-02; PL-09.
890 PL-07.-225. (Mentoring-Erwartung)
891 Vgl. PL-02; PL-07; PL-08.
892 Vgl. PL-08; PL-09; PL-12.
893 PL-12.-203.
894 PL-11.-181.

In diesem Zusammenhang geben einige Interviewpartner an, dass sie den Austausch mit ihrem Mentor dazu genutzt haben, projektbezogene Inhalte zu besprechen.[895] Hierbei werden neben fachlichen Fragestellungen auch schwierige Situationen oder Personen, z. B. mit dem Team, thematisiert. Dabei werden Anregungen und Unterstützung für den weiteren Projektverlauf sowie eine zweite Sichtweise auf die Situation zu erhalten positiv hervorgehoben.

Die Hilfestellung dieser Form von Austauschgesprächen wird insbesondere darin gesehen, eine Orientierung auf operativer, administrativer Ebene zu geben und Sicherheit in der neuen Umgebung zu entwickeln. Darüber hinaus unterstützt es die Befragten, interne Strukturen und Entscheidungsprozesse besser nachzuvollziehen[896]:

> *„[...] weil ich neu in dem Unternehmen war, fand ich es bezüglich der Strukturen dort sinnvoll, weil ich die Strukturen dadurch verstanden habe und insbesondere herausgefunden habe, wie kann ich denn da irgendwas erreichen.“*[897]

Dabei spielen auch kulturelle und verhaltensbezogene Aspekte eine Rolle, die ein angemessenes Agieren in der Organisation und die persönliche Positionierung fördert. Die beiden nachfolgenden Zitate verdeutlichen diesen Aspekt:

> *„In dem Fall lerne ich Konzernkompatibilität, Geduld. Ich lerne das System, in dem ich da jetzt arbeite, besser kennen und ich kriege Feedback zu meiner Art zu arbeiten.“*[898]
> *„Ich konnte Entscheidungsprozesse verstehen und sie beeinflussen. Das war sehr wichtig. [...] ich konnte mich in der Organisation positionieren.“*[899]

Zudem äußern die Interviewpartner auch Verbesserungen in ihren unternehmerischen Fähigkeiten durch die Perspektivenerweiterung auf diesem Gebiet, wobei Aspekte der Unternehmensentwicklung und -steuerung aufgegriffen werden.[900] Das nachfolgende Zitat unterstreicht die Erwartung:

> *„Dass es nicht nur wichtig ist, was man jetzt gerade macht und dass man das gerade gut oder schlecht macht, sondern, dass man auch darüber hinaus noch gucken muss, was hat das für Auswirkungen für andere, muss ich mich da noch engagieren? Sollte*

---

[895] Vgl. PL-05; PL-15; PL-17.
[896] Vgl. PL-11; PL-15.
[897] PL-15.-210.
[898] PL-05.-205.
[899] PL-11.-185.
[900] Vgl. PL-05; PL-07; PL-09; PL-15. In Bezug auf die unternehmerischen Fähigkeiten PL-09 und PL-13, wobei beide sich auf Mentoring beziehen.

> *ich hier noch was tun? Welche Themen gibt es noch nebenbei, die auch insgesamt wichtig fürs Unternehmen sind, abgesehen von meinem kleinen Projekt hier? Was kann ich da leisten? Ich glaube [...] diese Perspektive zu wechseln in die Breite, das ist ein Thema, was man mit Mentoring bestimmt hinbekommt.“*[901]

Damit verbunden werden auch Analyse und Bewertung des Projektumfeldes. Wesentlich sind dabei die Informationen des Austauschpartners zu den internen Strukturen und Berichtslinien, Funktionen, Befugnissen und Entscheidungsträgern sowie zur Unternehmensentwicklung, um basierend auf den Entwicklungen der Fachbereiche reagieren zu können.[902] Die nachfolgenden beiden Zitate zeigen hierbei relevante Aspekte auf:

> *„Beispielsweise Umgang mit internen Kunden. Was ja Projektarbeit unter anderem auch ausmacht. Wie sind die Erfahrungen des Mentors im Umgang mit verschiedenen Fachbereichen? Wie sind die Erfahrungen des Mentors mit bestimmen Managementpersonen oder Managementrollen?“*[903]

> *„Ganz wichtig ist, immer solche strategischen Informationen zu erhalten. Wie entwickelt sich was? Wo ist gerade ein Hintergrund? Wo muss ich aufpassen, wenn ich da was Bestimmtes mache? Also beispielsweise jetzt Person XY, die plant, das und das jetzt zum Beispiel auszubauen. Macht es dann Sinn, dass wir den Service anbieten oder nicht? Wie, was sind die Bedürfnisse von anderen Einheiten im Moment? Wo sind die Entwicklungsmöglichkeiten? Also der strategische Dialog, das ist der Punkt, wo man den Mentor braucht, weil der auch nur die Information hat.“*[904]

Die Aussagen lassen darauf schließen, dass die hierdurch gewonnenen Informationen und Erkenntnisse in die Projektarbeit einfließen und aktiv genutzt werden, um Projekte zielgerichtet zu steuern.

Einen zweiten Themenkomplex beim Mentoring bilden Fragestellungen zur persönlichen Karriereplanung, -entwicklung und -förderung in der Organisation.[905] Dieses Begriffsverständnis unterstreicht das nachfolgende Zitat:

> *„Und Mentoring wäre [...] das Coaching für das gesamte Standing im Unternehmen, also jetzt nicht nur für dieses Projekt, sondern wo es einfach ums Allgemeine geht. Für deine Karriere solltest du auch noch dieses machen und jenes machen und das wäre gut oder jenes wäre gut.“*[906]

---

901 PL-09.-130.
902 Vgl. PL-11; PL-13.
903 PL-13.-142. (Mentoring-Erwartung)
904 PL-11.-192.
905 Vgl. PL-03; PL-06; PL-09; PL-10.
906 PL-09.-106.

Dabei ermöglichen die gemeinsamen Gespräche mit dem Austauschpartner, die aktuelle Situation zu reflektieren und zielgerichtet nächste Schritte zur Karriereentwicklung im gemeinsamen Austausch zu bestimmen.[907] Die beiden nachfolgenden Zitate geben hierzu einen Einblick:

> *„Das war tatsächlich persönliche Weiterentwicklung, also sei es inhaltlich thematisch, um weiterzukommen bzw. wo möchte ich eigentlich hin? Was muss ich inhaltlich thematisch dazu machen? Welche Themen muss ich vielleicht auch übernehmen? Was führt dazu, dass ich eine gewisse Wahrnehmung auch haben werde im Unternehmen? Auch Vergütungs- und Gehaltsgeschichten, die ich da mit besprochen habe.“*[908]

> *„Irgendwann schon, dass die Fragen dann kamen „Kannst du dir vorstellen, diese Aufgabe zu machen? Kannst du dir vorstellen, in einem halben Jahr diese Aufgabe zu machen? Wenn so ein Projekt kommt, kannst du dir vorstellen, das Projekt eigenverantwortlich zu machen?“ Solche Sachen kamen da.“*[909]

Die Beziehung wird nicht als einseitige oder willkürliche Förderung durch den Austauschpartner wahrgenommen. Vielmehr werden aufgrund guter Vorleistungen und Zutrauen in die Fähigkeiten der Person neue Entwicklungsmöglichkeiten offeriert[910] bzw. von dem Projektleiter eigeninitiativ eingefordert.[911] Die beiden nachfolgenden Zitate beschreiben diese Form der Förderung:

> *„[...] in den über 30 Jahren Job [waren; C. W.] auch immer wieder Menschen mit Einfluss da [...], die davon überzeugt waren, dass ich einen guten Job mache. Und die [...], wenn, ich sage mal, Positionen zu besetzen waren, auf mich zugekommen sind und gesagt haben „Wäre das nicht was für dich?““*[912]

> *„Na ja also mein Chef hat mich ja ganz gezielt dahin gebracht, wo ich jetzt bin. [...] also im Grunde ist das von Anfang an immer ein und derselbe immer wieder gewesen und das ist aber auch im Austausch mit ihm passiert. Also er kam auf mich zu, ich kam auf ihn zu [...]. Und Mentoring also ist [...] schon so gewesen, dass gerade was so die neue Aufgabenstellung betrifft, dass ich auch immer ein bisschen hinterher war. Ihn dann auch immer wieder aufgefordert habe, sich dazu zu äußern.“*[913]

Diese Beobachtung lässt vermuten, dass bei diesen eher informellen Mentoring-Maßnahmen die Förderung einer Person vornehmlich auf der Basis der individuellen Bewertung des Mentors erfolgt. Inwieweit auch übergeordnete Unternehmens- und Mitarbeiterziele in Einklang gebracht werden, bleibt jedoch offen.

---

907 Vgl. PL-06; PL-09; PL-11. Hierbei sind Punkte ggf. schriftlich zu fixieren ähnlich wie bei einem Jahresgespräch (vgl. PL-09.-126).

908 PL-06.-147. Ähnliche Themen schildert auch PL-09 (PL-09.-126).

909 PL-03.-284.

910 Vgl. PL-03; PL-10; PL-17. Diese Befragten nennen Angebote zu neuen beruflichen Aufgaben.

911 Vgl. PL-06; PL-10.

912 PL-17.-161.

913 PL-10.-170-172.

Austauschbeziehungen, die diesen Gesprächsgegenstand aufgreifen, unterstützten auch, Karrieremöglichkeiten im Unternehmen zu reflektieren und anschließend zielgerichtet und zum passenden Zeitpunkt anzugehen bzw. zu nutzen.[914] Ein Befragter schildert hierzu beispielsweise:

> *„Es war immer hilfreich, die eigene Situation und das eigene Weiterkommen im Unternehmen zu reflektieren im Hinblick auf die Möglichkeiten. Also, das war keine Fähigkeit, das war einfach mehr hilfreich, dann auch selber die richtigen Schritte einzuleiten oder die richtigen Themen anzusprechen, zum richtigen Zeitpunkt, um sich dann auch karrieremäßig weiterzuentwickeln [...].“*[915]

Sowohl für das Themenfeld Karriereentwicklung als auch die Einführung in das Unternehmen oder Projekt kann festgestellt werden, dass bei Befragten, die selbständig tätig sind, diese weniger deutlich artikuliert wurden. Es kann somit vermutet werden, dass die Bedeutung dieses Themenbereiches in Abhängigkeit von den arbeitsvertraglichen Rahmenbedingungen und persönlichen Zielen des Projektleiters bezogen auf seine langfristige Entwicklung steht.

Strukturelle Merkmale der Maßnahme

Erfahrungen mit Mentoring werden von der Hälfte der Befragten geschildert. Im Gegensatz zu Coaching wird Mentoring ausschließlich als unternehmensinterne Maßnahme in Form von Einzelgesprächen geschildert, die sowohl formell als auch informell genutzt werden. Hierbei werden Konstellationen beschrieben, die sich durch Erfahrungsunterschiede auszeichnen. Bei der Einführung ins Unternehmen oder ins Projekt werden leichte Erfahrungsunterscheide, z. B. in Bezug auf die Unternehmenszugehörigkeit, geschildert, während bei der Karriereentwicklung deutlicher hervorstechende Unterschiede in der Stellung des Mentors beschrieben werden. Die Interviewpartner nennen insbesondere erfahrene Kollegen sowie Vorgesetzte bzw. Führungskräfte, die sich durch Einfluss und Autorität auszeichnen.[916] Neben der allgemeinen Erfahrung des Mentors spielt darüber hinaus der Zugang zu unternehmensinternen Informationen, die dem Projektleiter in seiner eigenen Position eingeschränkt zur Verfügung stehen, eine Rolle.[917] Bei den Interviewpartnern, die eine Einführung in das Unternehmen oder Projekt beschreiben, deuten die Beschreibungen auf einen vorab ausgewählten Mentor hin.[918] Demgegenüber wird bei

914 Vgl. PL-06; PL-17; indirekt ähnlich auch PL-03.
915 PL-06.-165.
916 Vgl. PL-03; PL-11; PL-17.
917 Vgl. PL-06; PL-11.
918 Vgl. PL-04; PL-05; PL-08; PL-14; PL-15. Alle definieren Mentoring als Einführung/Begleitung ins Unternehmen/Projekt und hatten einen festen Ansprechpartner als Mentor.

informellem Mentoring die Führungskraft herausgestellt, die im Verlauf des Arbeitsprozesses die Mentorenrolle übernimmt.[919]

Bei der Einführung ins Unternehmen oder Projekt wird der erfahrenere Projektleiter als Ansprechpartner für die operative Projektarbeit und das Verständnis der Unternehmensstrukturen wahrgenommen, wobei eine kollegiale Art der Unterstützung und Beratung stärker hervorgehoben wird.[920] Gleichzeitig wird hierüber ein erster Schritt zur Integration in die Organisation sichtbar, da der Betroffene einen ersten Ansprechpartner erhält, auf den er „im Notfall“[921] zurückgreifen kann. Aber es wird auch der Zugang zu weiteren Kontakten im Projektumfeld geschaffen. Demgegenüber wird bei der Karriereentwicklung die Beziehung zum Mentor als Unterstützer und Förderer für die persönliche Entwicklung im Unternehmen betont:

> *„Einem dazu verhelfen, seine Karriere zu spinnen im Unternehmen. In welcher Form auch immer. Sei es die Treppe nach oben oder seien es Quersteps, wie auch immer man sich selber entwickeln möchte. Und einem dabei zu helfen, die richtigen Kontakte zu knüpfen, die richtigen Leute kennenzulernen, sich das richtige Netzwerk aufzubauen, damit das letztendlich auch funktioniert.“*[922]

Während beim Mentoring i. S. d. Einführung ins Unternehmen oder Projekt vornehmlich Personen auf vergleichbarer Hierarchiestufe genutzt werden, wird für die Karriereentwicklung ein deutlicherer Hierarchieunterschied herausgestellt. Diese Wahrnehmung scheint vor dem Hintergrund des beschriebenen Zugangs zu relevanten Informationen und Kontakten nachvollziehbar. Damit einher geht aber auch eine Verschiebung der Gesprächsinhalte, die sich von der Projektarbeit stärker auf die Entwicklung im Unternehmen verlagern.

Im Vergleich zu den beschriebenen Coaching-Maßnahmen wird die zwischenmenschliche Komponente weniger deutlich artikuliert. Es kann daher vermutet werden, dass die Austauschbeziehung durch ein geringeres „persönliches Verhältnis“[923] geprägt ist. Hierauf deuten auch die Themenfelder hin, die sich überwiegend auf den beruflichen Kontext und weniger auf die Person beziehen.

---

919 Vgl. PL-03; PL-06; PL-09; PL-10; 17. Diese haben in der Führungskraft ihren Mentor im Zeitverlauf gefunden.

920 Vgl. PL-08; PL-15.

921 PL-08.-121.

922 PL-06.-130.

923 PL-05.-201.

Im Vergleich zu den dargestellten Coaching-Erfahrungen werden die Mentoring-Maßnahmen als länger andauernde Austauschbeziehungen charakterisiert, die zunächst auf unbestimmte Zeit bestehen. Als Gründe für den Abbruch des Mentorings werden berufliche Um- oder Neuorientierungen seitens des Mentors hervorgehoben.[924] So finden die Gespräche eher unregelmäßig und mitunter in größeren zeitlichen Abständen statt. Dennoch wird eine bestimmte Kontinuität im Austausch als wichtiger Faktor und Vorteil hervorgehoben, wie das folgende Zitat deutlich macht:

> *„Dass ich jederzeit oder zu einem vereinbarten Termin auf diesen Mentor zugehen kann. Dass ich weiß, dass er, deswegen ist er ja dann ausgewählt worden oder sollte so sein, auch fachlich mir den Rat geben kann, den ich brauche."*[925]

Damit zeigen sich Parallelen zu der Wahrnehmung von Coaching-Maßnahmen, wo ebenfalls der situative und bedarfsorientierte Austausch hervorgehoben wurde.

Inhaltliche und strukturelle Einschränkungen

Auch für diese Maßnahme können inhaltliche Grenzen und Nachteile herausgearbeitet werden. Während beim Coaching die Öffnung für private Themenfelder eher gegeben zu sein scheint, wird dies beim Mentoring eher verneint.[926] Es werden vielmehr fachliche, tätigkeitsbezogene sowie projektumfeldbezogene Inhalte thematisiert.[927]

Zwei Befragte äußern, dass sie Karrierefragen gar nicht oder nur unter bestimmten strukturellen Rahmenbedingungen im Rahmen des Mentoring ansprechen würden.[928] Ausschlaggebend hierfür seien die hierarchische Stellung und vermutlich die damit einhergehende Erfahrung und der Zugang zu Informationen innerhalb des Unternehmens. Das nachfolgende Zitat macht die Einschränkungen deutlich:

> *„Ich kann so was vordenken mit meinem Mentor, klar. Wobei es immer darauf ankommt, welches Level hat der Mentor eigentlich. Wenn er eben auf gleichem Level ist, dann finde ich es schwierig, über Karriere zu sprechen und Planung. Wenn es jemand ist / wenn das Mentoring dadurch geprägt ist, dass er eine Stufe weiter oben ist, könnten*

---

924 Vgl. PL-03; PL-09.
925 PL-07.-231.
926 Vgl. PL-07; PL-17.
927 Vgl. PL-02; PL-03; PL-05; PL-07; PL-12; PL-13; PL-17.
928 Vgl. PL-07; PL-12.

> *auch solche Themen interessant sein, wobei ich meine, dass solche Karrierethemen auch immer mit dem Vorgesetzten besprochen werden müssen. Der hat auch immer irgendwie idealerweise eine Vorstellung. Das muss irgendwie harmonisch sein.“*[929]

Zudem wird beim Mentoring die Gefahr herausgestellt, dass der Mentor aufgrund von Eigeninteressen die Austauschbeziehung beeinflusst, womit die strategische Komponente deutlicher hervorgehoben wird.[930] Ein Interviewpartner beschreibt dieses Risiko wie folgt:

> *„Also der Mentor kann ein Interesse daran haben, die Personen, die er gementort hat, nicht in die Organisation zu lassen, weil er sie halt für sich selber haben will. Aus irgendeinem Grund. Also die Ressource an sich. Das ist gefährlich an dem Mentoring.“*[931]

Eine weitere Gefahr wird in der Art der Wissens- und Erfahrungsvermittlung wahrgenommen. So können neben unangemessenen Verhaltensweisen auch eingeschränkte Sichtweisen an den Mentee weitergegeben werden.[932]

Für die im Mentoring entstehende Konstellation zwischen den Austauschpartnern stellen einige Befragte heraus, dass inhaltliche Grenzen im Gespräch entstehen, wenn die direkte Führungskraft oder eine Person in zu enger Nähe des Arbeitskontextes als Mentor gewählt wird.[933] So können Befindlichkeiten oder Interessenkonflikte erwachsen, wenn beispielsweise Themenfelder wie Gehaltsfragen thematisiert werden:

> *„Da da unter Umständen doch Befindlichkeiten aufgrund unterschiedlicher Interessenslagen vielleicht zum Tragen kommen. Ja. Also, natürlich sollte man sich dessen bewusst sein, wenn man als Mentor tätig ist, auch da den bestimmten Abstand zu bestimmten Dingen zu haben. Ich weiß nur nicht, ob das immer gelingen kann.“*[934]

Weiterhin ergeben sich aus Sicht der Befragten Nachteile in Bezug auf die Außenwahrnehmung der Maßnahme. Hierbei spielt auch der Verdacht möglicher Seilschaften eine Rolle.[935] Insbesondere beim Mentoring stellen die Befragten die enge Verbindung mit dem Austauschpartner als möglichen Nachteil dar. Obwohl grundsätzlich die positiven Effekte in Bezug auf die Kar-

929 PL-12.-205.
930 Vgl. PL 06; PL 11.
931 PL-11.-189.
932 Vgl. PL-11; PL-14; PL-15.
933 Vgl. PL-06; PL-09; PL-13.
934 PL-13.-148.
935 Vgl. PL-09; PL-11.

riereentwicklung betont werden,[936] wird der Begriff als „einseitig belastet“[937] wahrgenommen. Mit dieser Nähe zum Austauschpartner geht die Befürchtung einher, nicht mehr als eigenständige Person mit eigener Meinung wahrgenommen zu werden und vielmehr als Sprachrohr für den Austauschpartner zu fungieren.[938] Darüber hinaus beschreiben die Befragten die negativen Auswirkungen oder Einschränkungen in der persönlichen Entwicklung im Unternehmen, wenn der Mentor an Ansehen verliert oder das Unternehmen verlässt.[939] Folgende Zitate verdeutlichen diesen Umstand:

> *„Für mich hat das immer so ein bisschen etwas mit Seilschaften zu tun. Und das ist bei mir einfach negativ belegt, sage ich mal so, manchmal. […] Aber ich glaube für die Person kann es natürlich dann eine negative Auswirkung haben, wenn der Mentor irgendwie im Unternehmen dann nicht mehr gut angesehen ist. Dann hat man im Zweifelsfall Pech, wenn man quasi zu seiner Truppe gehört.“*[940]

> *„Nachteil ist natürlich, du bist relativ eng an diese Person gekettet, jetzt von der Wahrnehmung anderer Kollegen. Und brauchst ein bisschen, um dich wieder sozusagen aus diesem Einfluss zu lösen. Nach außen hin zu lösen. Dass die Kollegen das Gefühl haben „Nein, der äußert jetzt nicht die Gedanken des Herrn XY“, […] oder „Der hat seine eigenen Gedanken, der äußert seine eigenen Gedanken.“ Das ist ein Nachteil.“*[941]

Insgesamt deuten die Beschreibungen darauf hin, dass Mentoring, im Unterschied zu Coaching, einer stärkeren Außenwahrnehmung und Bewertung unterliegt. Auch die Interessen des Austauschpartners werden beim Mentoring stärker hervorgehoben, als dies beim Coaching der Fall ist.

4.4.4.3 Kollegiale Austauschformen

Das Verständnis kollegialer Austauschformen bei den Interviewpartnern kann als äußert vielfältig und facettenreich beschrieben werden. So werden von den Befragten unterschiedliche Konstellationen sowohl in geplanter als auch ungeplanter Form unter diesem Begriff beschrieben. Das Erfahrungsspektrum reicht dabei von regelmäßigen, geplanten und methodisch strukturierten Formen der Problembearbeitung i. S. d. kollegialen Fallberatung über regelmäßige Abstimmungen und Austauschgespräche in Form von Teammeetings, Gruppenbesprechungen

936 Vgl. PL-09; PL-11; PL-17.
937 PL-10.-170.
938 Vgl. PL-03.
939 Vgl. PL-03; PL-09; PL-11.
940 PL-09.-132.
941 PL-03.-338.

sowie unregelmäßigen arbeitsimmanenten Arbeits- und Brainstorming-Treffen bis hin zu gelegentlichen Austauschgesprächen zu aktuellen Fragestellungen beim Mittagessen, am Rande von Telefonkonferenzen, Seminaren oder außerhalb des Berufslebens.

Inhaltliche Zielrichtung der Maßnahme und Einfluss auf das Kompetenzprofil

Erfahrungen mit kollegialer Fallberatung als geplanter und methodisch strukturierter Maßnahme werden von zwei Befragten beschrieben, wobei diese vor bzw. zu Beginn der Projektleitertätigkeit gesammelt wurden.[942] In den Schilderungen wird deutlich, dass hierbei sowohl positive als auch negative Erfahrungen bestehen. Thematisch wird der Umgang mit schwierigen Situationen oder Personen im Arbeitsprozess, z. B. der Umgang mit Kunden bei Vertragsverhandlungen, thematisiert und in der Gruppe von Kollegen näher beleuchtet. Das nachfolgende Zitat verdeutlicht den methodischen Ansatz:

> *„Das heißt, man selber konnte, wenn man wollte, [...] einen Fall mitbringen und sagen „Ich befinde mich jetzt mit dem Kunden in Situation a, b, c." Keine Ahnung, der Kunde unterschreibt nicht oder wir brüllen uns nur noch an. [...] [Dann; C. W.] hat man das vorgestellt, und das war Punkt eins, also was ist das konkrete Problem? Punkt zwei ist, was hat man bereits alles unternommen? Hat das dargestellt und geschildert und Punkt drei war dann eigentlich so die Diskussion mit den Kollegen, die dann Fragen gestellt haben, ob man folgendes jenes dieses nochmal in Betracht gezogen hat."*[943]

Dabei wird positiv hervorgehoben, dass die Fragen und Diskussionen den Betrachtungshorizont erweitern und den mitunter verfestigten „Tunnelblick"[944] auf die Situation öffneten, um mögliche Ursachen zu suchen. Der Austausch über die konkrete Situation wird als umfassender, distanzierter und zielorientierter beschrieben.[945] Zudem wurde aufgrund der Kollegeneinschätzungen der Interviewpartner motiviert, eine andere Herangehensweise zu wählen.[946] Einschränkungen werden jedoch in der Methodik gesehen, die vielfach durch Mutmaßungen und Theorien geprägt ist und weniger erfahrungsbasiert erfolgt. Mögliche Fehlinterpretationen der Situation werden damit als eher wahrscheinlich eingestuft.[947]

---

942 Vgl. PL-06; PL-15.
943 PL 06. 167.
944 PL-06.-167. Ähnlich auch PL-15, die die Situation beschreibt, in der man in einem „Problemzustand festhängt" (PL-15.-167).
945 Vgl. PL-06.
946 Vgl. PL-06.
947 Vgl. PL-06.

Kollegialer Austausch wird darüber hinaus mit regelmäßigen Terminen zur Besprechung und Abstimmung assoziiert.[948] Bei diesen meist offiziell geplanten Austauschgesprächen zielen die Gesprächsinhalte auf die Projektsteuerung und Organisation ab, um eine übergreifende Abstimmung zwischen den Projekten zu ermöglichen und gemeinsam Lösungen für die Herausforderungen in der Projektarbeit zu finden.[949] Ein Befragter beschreibt dies wie folgt:

> *„[...] ich kann mich daran erinnern, dass wir das hatten, da war ich hier Führungskraft. Habe selber noch Projekte geleitet, habe aber auch eine Reihe Kollegen gehabt, die unterschiedliche Projekte [...] hatten und wir haben uns halt einmal die Woche getroffen. Sind immer die Projekte durchgegangen, wie ist der aktuelle Stand und da hat halt jemand nach / wenn er ein Problem hatte dann auch gesagt: „Hier haben wir / das und das taucht jetzt gerade auf." Und natürlich hat man dann Tipps und Tricks gegeben. Aber das lief jetzt nicht unter kollegialer Fallberatung. Das lief einfach darum, hier müssen wir uns abstimmen. Wie wir das hier alles gewuppt kriegen [...]."*[950]

Inhaltlich stehen insbesondere der Informationsaustausch zur Projektorganisation, wie z. B. Ansprechpartner, Mitarbeiter und deren Einsatz, aber auch die aktuelle Projektplanung und -entwicklung, d. h. High- und Lowlights sowie der Umgang mit kritischen Situationen oder Stakeholdern, im Vordergrund.[951] Das nachfolgende Zitat verdeutlicht beispielhaft eine solche Zielrichtung:

> *„Ich kenne das [kollegiale Fallberatung; C. W.] höchstwahrscheinlich nur in einem anderen Setting, nämlich als sogenanntes Local Office Training. Das heißt, Mitarbeiter, die an einem Standort ja gesetzt sind [...], dass man sich mit denen alle zwei Monate trifft und Projektthemen auch tatsächlich am lebenden Projekt bespricht und Alternativvorschläge, Lösungsvorschläge erarbeitet. In der Hinsicht ist das ja sehr ähnlich."*[952]

Weiterhin werden Arbeitstreffen im Rahmen der Projektarbeit mit kollegialem Austausch verbunden, die vielfach ungeplant stattfinden. Hierbei zielt das Treffen auf die inhaltliche Bearbeitung eines Projektgegenstandes ab, der gemeinsam in der Gruppe erarbeitet werden soll.[953] So erläutert ein Befragter beispielsweise:

> *„Also früher waren wir vier Personen und wenn jetzt einer ein Problem hat, dann gibt er das einfach über den Tisch und sagt „Hey Leute, ich habe gerade das Problem. Habt ihr eine Idee?" Dann brainstormt man eben kurz am Whiteboard und da kommt eine*

[948] Vgl. PL-07; PL-09; PL-13; PL-16.
[949] Vgl. PL-06; PL-09; PL-14. PL-18 äußert ähnliche inhaltliche Schwerpunkte als Erwartung.
[950] PL-09.-156.
[951] Vgl. PL-09; PL-13; PL-16.
[952] PL-07.-239.
[953] Vgl. PL-08; PL-12.

Lösung raus und die nimmt man dann. Das ist jetzt aber kein formaler Termin, den man da irgendwie hat."[954]

Neben diesen Austauschformen in Gruppen wird zudem eine Reihe von gelegentlichen Austauschformen meist in Zweiergesprächen beschrieben. Inhaltlich werden Themenfelder angesprochen, wie beispielsweise Fragen zum Projektumfeld, z. B. zum Umgang mit Stakeholdern, aber auch fachliche und technische Fragestellungen sowie konkrete Projektinhalte, Vorgehensweisen und Konflikte im Team.[955] Folgende Zitate unterstreichen hierbei die Themeninhalte:

„*Die Fragen, die ich hatte, oder wo ich mich gerne mit Kollegen beraten habe, waren üblicherweise bezogen auf die Umgebung des Projektes [...].*"[956]

„*Ja, es [kollegialer Austausch; C. W.] ist meistens fachlich anspruchsvoller, inhaltlich anspruchsvoller, weil man tatsächlich sich mit Kollegen austauscht, die auf dem gleichen fachlichen Niveau, ist vielleicht ein falsches Wort, aber letztlich ist es so, auf dem gleichen fachlichen Niveau sind.*"[957]

In den Beschreibungen kollegialer Austauschformen zeigen sich deutliche Parallelen zu den skizzierten Wahrnehmungen von Coaching-Maßnahmen. So bieten kollegiale Austauschformen die Möglichkeit, über den Austausch selbst sein eigenes Verständnis einer realen Situation[958] zu verbessern und seine Gedanken zu strukturieren:

„*Es geht darum, dass man sich mit jemandem austauscht. Dass man Dinge von einer anderen Perspektive sieht. Dass man sich selbst sprechen hört, [...]. Wenn man von Problemen spricht, muss man sich erst mal des Problems bewusst sein [...] Wenn ich ein Problem, eine Situation verstanden habe, weil ich sie jemand anderem erklären konnte, habe ich den ersten Schritt Richtung Lösung gemacht.*"[959]

Darüber hinaus ermöglichen die Austauschformen die Betrachtung der Situation aus mehreren Perspektiven und somit eine erweiterte Analyse, Interpretation und Bewertung sowie die Identifizierung möglicher Lösungsoptionen im Umgang mit einer Problemstellung.[960] Hierbei wird auch der Vorteil hervorgehoben, Einblicke in die Erfahrungswelten anderer zu erhalten, daraus

954 PL-11.-196.

955 Fragen zum Projektumfeld (vgl. PL-01.-250); Fachliche sowie technische Fragestellungen (vgl. PL-01.-250; PL-07.-245); Umgang mit konkreten Situationen/Personen (vgl. PL-18.-198).

956 PL-01.-250. Ähnlich auch PL-13, die dies als Erwartung an Mentoring formuliert (vgl. PL-13.- 142).

957 PL-07.-245.

958 Die Bearbeitung realer Fälle wird auch hier hervorgehoben z. B. PL-16.-248.

959 PL-01.-227.

960 Vgl. PL-01; PL-18.

zu lernen, einen Erfahrungsschatz aufzubauen, um für zukünftige Situationen gewappnet zu sein.[961] Das nachfolgende Zitat zeigt hierzu relevante Fragestellungen auf:

> *„Also einfach mal Problemstellungen zu besprechen. Wie würdest du damit umgehen mit der Situation? Was würdest du da machen? Hast du Erfahrungen damit gemacht? Um dann selber daraus zu schlussfolgern, wie man persönlich mit der Situation umgeht, ohne den Fehler dann vielleicht selber auch zu machen, den derjenige gemacht hat. […] Einmal aus Fehlern lernen, aber auch aus den Fehlern anderer lernen. Auch etwas zu beschleunigen eventuell oder sich mit der Situation nicht konfrontiert sehen, wenn es schon zu spät ist.“*[962]

Neben der Motivation, neue Erfahrungen zu sammeln,[963] stellen die Interviewpartner auch heraus, andere alternative Vorgehensweisen kennenzulernen, die nicht nur für die betroffene Person selbst, sondern auch für die Beteiligten hilfreich sein können[964]:

> *„Also das ist durchaus sinnvoll, denn jeder Projektleiter hat unterschiedliche Nuancen, wie er Projekte leitet beziehungsweise eine unterschiedliche Herangehensweise. […] dieser bunte Blumenstrauß von unterschiedlichen Charakteren und unterschiedlichen Herangehensweisen kann einem schon weiterhelfen, wenn man sich dann untereinander auch regelmäßig austauscht und eben schaut, wie würde der eine oder andere eine Sache lösen wollen.“*[965]

Positiv wird zudem hervorgehoben, dass diese Form nicht nur einen Lern- und lösungsorientierten Ansatz verstärkt[966], sondern auch die Lösungsfindung als schneller, qualitativ hochwertiger und vollständiger eingestuft wird. Aufgrund der unterschiedlichen Perspektiven, die durch die Gruppenarbeit zusammenkommen, werden neue Sichtweisen und Lösungsmöglichkeiten erschlossen, die bislang nicht in Betracht gezogen wurden.[967] Zudem lassen die Schilderungen darauf schließen, dass der kollegiale Austausch förderlich für die emotionale Stabilität ist. So schildern mehrere Interviewpartner, dass sie durch die Gespräche negative Erlebnisse besser aufarbeiten konnten.[968]

---

[961] Vgl. PL-10; PL-14.
[962] PL-10.-131.
[963] Vgl. PL-01; PL-16.
[964] Vgl. PL-12; PL-13.
[965] PL-13.-166.
[966] Vgl. PL-07.
[967] Vgl. PL-11; PL-12.
[968] Vgl. PL-16; PL-18.

Strukturelle Merkmale der Maßnahme

Die Wahrnehmung von kollegialen Austauschformen zeichnet sich durch eine größere Variantenvielfalt aus. Neben formellen und geplanten Treffen in der Gruppe, beispielsweise zur übergreifenden Abstimmung oder Fallberatung, werden auch Arbeitstreffen im Projektkontext mit kollegialem Austausch verbunden. Darüber hinaus zeigen sich hier auch gelegentliche informelle Formen des Austausches mit internen Kollegen, Führungskräften oder auch mit befreundeten Projektleitern.

Für die kollegialen Austauschformen werden überwiegend Personen im unmittelbaren Projektkontext, d. h. Projektmitarbeiter sowie projekterfahrene Projektleiter, angesprochen. Der direkte Austausch mit der jeweiligen Führungskraft nimmt in diesen Maßnahmen eine geringere Bedeutung ein. Es finden sowohl formelle als auch informelle Gespräche in der Gruppe sowie in Zweierkonstellationen statt. Wie bei Coaching- und Mentoring-Maßnahmen wird die Betrachtung von Sachverhalten aus mehreren Blickwinkeln als hilfreich bewertet. Bei Gesprächen in Gruppen wird die damit einhergehende Perspektivenerweiterung durch mehrere Kollegen hervorgehoben. Dies belegen Aussagen, wie beispielsweise „vier Augen sehen mehr als zwei oder vier Meinungen sind besser als eine“[969].
Kollegiale Austauschformen werden sowohl in geplanter als auch in ungeplanter Form eingesetzt. Vergleichbar zum Mentoring dominieren hierbei zeitlich unbefristete und somit länger andauernde Austauschbeziehungen.[970] Die stärkere zeitliche Flexibilität wird als hilfreich bewertet, da auf den Erfahrungsschatz der Austauschpartner bei Bedarf zurückgegriffen werden kann, wenn eine bestimmte Situation eintrifft, zu der noch keine eigenen Erfahrungen oder auch Lösungen vorliegen[971].

Inhaltliche und strukturelle Einschränkungen

Wenngleich sich bei kollegialen Austauschformen ein weites Themenspektrum ergibt, so bestehen aus Sicht der Befragten auch hier thematische Grenzen. Hierbei werden Einschränk-

[969] PL-17.-203.
[970] Insgesamt 7 Projektleiter schildern Coaching als eine befristete Maßnahme über einen längeren Zeitraum. 11 Projektleiter nennen unter Mentoring einen längeren Zeitraum, der unbefristet ist. 12 Projektleiter berichten von kollegialem Austausch über einen längeren und unbefristeten Zeitraum.
[971] Vgl. PL-01; PL-11; PL-12. Die Interviewpartner beschreiben akute Probleme und die Möglichkeit, durch kollegialen Austausch, schnell Hilfe zu bekommen.

ungen genannt, die in der Person selbst liegen. So kann die Offenlegung von persönlichen Schwächen verhindern, dass ein detaillierter Austausch über Probleme stattfinden kann. Dieser Umstand wird bei Gruppenkonstellationen stärker hervorgehoben als in Einzelgesprächen.[972] Ebenso wird die Offenheit für Hinweise von Austauschpartnern als mögliche Grenze für die Entwicklung von Kompetenzen bei kollegialen Austauschformen genannt. Das nachfolgende Zitat stellt dabei einige Hemmnisse dar und macht deutlich, dass die Einstellung der Beteiligten für die Nutzung kollegialer Austauschformen einen grundlegenden Faktor darstellt:

> *„Aber es ist eben die Frage, wie das Gegenüber damit umgeht. Ob das Gegenüber eventuell eine total ablehnende Haltung hat, vielleicht auch sein Wissen gar nicht preisgeben will, was er hat. Oder ihn das vielleicht gar nicht so beschäftigt, weil er einfach ein Bock ist. Und der das gar nicht als Problem ansieht oder nie als Problem angesehen hat und die Leute unter ihm vielleicht sehr leiden, das kann natürlich auch sein. Weil der das nicht versteht, dass die Probleme da sind.“*[973]

Aus der gemeinsamen Interaktion, d. h. dem Austausch und der Diskussion von Fragestellungen heraus, können weitere Einschränkungen entstehen. Insbesondere im Kontext von kollegialem Austausch in Gruppen nennen die Befragten die Gefahr der Störung der Beziehungsebene und das Aufkommen persönlicher Konflikte untereinander, die z. B. durch endlose Diskussionen oder den Drang, andere von einer Sichtweise überzeugen zu wollen, hervorgerufen werden können.[974] Ein Interviewpartner beschreibt dies wie folgt:

> *„Die Gefahr ist eben, dass es persönliche Konflikte schafft, glaube ich. Wenn diese Emotionalität da reinkommt und man möchte den anderen unbedingt von seiner Meinung überzeugen und das gelingt nicht, kann da im ersten Moment erst mal eine Lücke entstehen. [...] Ja, da können durchaus schon Konflikte daraus erwachsen.“*[975]

Aus der Interaktion erwachsen weitere Nachteile in der Art der Themenbearbeitung. So sehen einige Befragte einen Nachteil in der komprimierten Darstellung eines Sachverhalts, ohne jedoch ein vollständiges Bild über die Gesamtsituation zu erhalten. Im Ergebnis können die Empfehlungen daraufhin unangemessen oder falsch interpretiert werden.[976] Dieser Nachteil wird von den Befragten bei kollegialen Austauschformen stärker betont als bei Coaching-Maßnah-

[972] Vgl. PL-06; PL-07; PL-09; PL-12; PL-15. Diese Interviewpartner nennen diese Einschränkung im Kontext von kollegialer Fallberatung, offiziellen Teammeetings, Projektleiterrunden und Gruppensitzungen.

[973] PL-10.-164.

[974] Vgl. PL-05; PL-13. PL-05 hat keine Erfahrungen mit kollegialem Austausch, jedoch befürchtet er, dass ohne eine gesprächsführende Moderation der Austausch schnell zu einer „Läster- oder Jammerrunde“ werden könnte (vgl. PL-05.-213).

[975] PL-13.-174.

[976] Vgl. PL-06; PL-17.

men in der Gruppe. Ein möglicher Grund könnte in der fehlenden Unterstützung und Begleitung durch einen professionellen Trainer oder Moderator liegen. Ein weiterer Nachteil wird in dem abnehmenden Erkenntnisgewinn bei zunehmender Gruppengröße gesehen, wie nachfolgendes Zitat zeigt:

> *„Natürlich, es ist normalerweise so, es gibt zwar, sagen wir mal so, marginaler Zuwachs, das heißt diminishing return, aber je mehr Köpfe sie haben, desto klüger sind sie. Es sind ja zwei Köpfe doppelt so klug wie ein Kopf, aber drei Köpfe sind ja nicht dreimal so klug wie einer, also der marginale Zuwachs."*[977]

In vergleichbarer Weise wie bei den Schilderungen zu Coaching wird ebenfalls hervorgehoben, dass mit Hilfe dieser Austauschformen kein umfassendes Wissen generiert werden kann. Die Befragten sprechen vielmehr von „Tipps" und „Hinweisen".[978] So unterstreicht ein Befragter:

> *„Sie holen ja aus dem Ganzen heraus nur punktuelle Hilfe für etwas Bestimmtes. Niemand macht für Sie ihre Arbeit. Die Grenzen sind eben, dass es beschränkt sein kann. [...] größere Einheiten an Wissen können Sie sich so nicht aneignen."*[979]

Zudem wird insbesondere beim Austausch mit Kollegen ein möglicher Nachteil darin gesehen, dass diese ihr Wissen bzw. ihre Erfahrung nicht offenlegen möchten oder Eigeninteressen die Qualität der Ratschläge beeinflussen.[980] Als Gründe werden hierbei die Konkurrenzsituation im Arbeitskontext sowie mögliche Spannungen zwischen einzelnen Kollegen genannt.[981]

Insgesamt kann festgestellt werden, dass zu kollegialen Austauschformen insbesondere in formellen Gruppenkonstellationen mehr Nachteile und Grenzen von den Befragten geäußert werden als bei den beschriebenen Coaching- oder Mentoring-Maßnahmen. Die Beschreibungen lassen vermuten, dass die Befragten ihren Austauschpartnern auf Arbeitsebene nur eingeschränkt vertrauen und von einer begrenzten Vertraulichkeit ausgehen. Diese Beobachtung kann dahingehend interpretiert werden, dass der kollegiale Erfahrungsaustausch in formellen Gruppenkonstellationen zusätzliche Rahmenbedingungen benötigt, um einen offenen Austausch zu ermöglichen.

977 PL-01.-231.
978 Vgl. PL-06; PL-09; PL-10.
979 PL-01.-254.
980 Vgl. PL-06; PL-10; PL-15.
981 Vgl. PL-15; PL-06.

4.4.4.4 Erste Erkenntnisse zum Einsatz feedbackbasierter Maßnahmen

Die aus dem Datenmaterial herausgearbeiteten Maßnahmeninhalte und -ziele machen deutlich, dass anhand der Themenfelder Schwerpunkte in der Nutzung feedbackbasierter Maßnahmen bestehen. Coaching wird genutzt, um sowohl persönliche Arbeits- und Verhaltensweisen als auch die Persönlichkeitsentwicklung zu fördern. Die Art des Austausches, die mit Coaching verbunden wird, erscheint in den Beschreibungen als die vertraulichste Form der individuellen Entwicklung, die es auch grundsätzlich ermöglicht, Themenfelder im privaten Kontext zu besprechen. Diese Bereiche werden beim Mentoring und bei kollegialen Austauschformen eher ausgeblendet. So wird Mentoring deutlicher im Zusammenhang mit der Orientierung und Positionierung im Unternehmen hervorgehoben, während kollegiale Austauschformen einen inhaltlichen Schwerpunkt in der Bearbeitung von projektbezogenen Fragestellungen haben. Weiterhin weisen sowohl Coaching als auch kollegiale Austauschformen deutliche inhaltliche Gemeinsamkeiten auf, die in den Themenbereich der Projektarbeit fallen. Alle drei untersuchten Maßnahmen werden genutzt, um das Projektumfeld zu bewerten sowie den Umgang mit konkreten Situationen oder Personen zu reflektieren.

Während Coaching somit den Schwerpunkt auf die Entwicklung der Person setzt, zielt Mentoring stärker in die Entwicklung innerhalb der Organisation (Einführung, Begleitung in das Projekt/Unternehmen, Karriere). Kollegiale Austauschformen zeigen einen inhaltlichen Schwerpunkt in der Umsetzung der Projektarbeit.

Wie Tabelle 26 zeigt, ermöglichen feedbackbasierte Personalentwicklungsmaßnahmen, eine übergreifende Handlungsfähigkeit in unterschiedlichen Kompetenzklassen weiter zu entwickeln.

Feedbackbasierte Maßnahmen						
Maßnahmen	**Beschreibung der Inhalte und Ziele**	**FK**	**MK**	**SK**	**FüK**	**UK**
Coaching	Anleitung und Begleitung ins Projekt	+	++	++	++	++
	Langfristige Veränderung der Arbeits- und Verhaltensweise		++	++	++	
	Umgang mit spezifischen Problemen/Ausbildung von Methoden zur eigenständigen Problemlösung		++	++	++	
Mentoring	Einführung und Begleitung ins Unternehmen/Projekt	+	++	++	++	++
	Persönliche Karriereentwicklung im Unternehmen		++	++		
Kollegiale Austauschformen	Umgang mit schwierigen Situationen/Personen (Kollegiale Fallberatung)			++	++	++
	Projektsteuerung, -organisation (Kollegialer Austausch – Abstimmungs-Austauschgespräche)		++	++	++	++
	Bearbeitung von Herausforderungen/Umgang mit Situationen/Personen (Kollegialer Austausch – Abstimmungs-Austauschgespräche)		++	++	++	++
	Inhaltlich/fachliche Bearbeitung von Projekt-Inhalten/-Problemen; Fragen zum Projektumfeld (Kollegialer Austausch – Arbeitstreffen)	++	++			++
	Fragen zum Projektumfeld, fachlich/technische Fragen, Projektinhalte, Umgang mit Konflikten (Kollegialer Austausch – Arbeitstreffen)	++		++	++	++
Legende: FK = Fachkompetenz; MK = Methodenkompetenz; SK = Soziale Kompetenz; FüK = Führungskompetenz; UK = Unternehmerische Kompetenz; Beeinflussung des Kompetenzprofils: + = gering/mittel, ++ eher hoch						

Tabelle 26: Einfluss feedbackbasierter Maßnahmen auf die Entwicklung der Kompetenzklassen

Dabei stützt sich die Bewertung zusätzlich auf die Auswertung der genannten Fähigkeiten, die mit Hilfe der Maßnahmen verbessert werden konnten. Hierzu können die genannten Fähigkeiten den Kompetenzklassen nach Hölzle (2009) zugeordnet werden. Diese sind in Tabelle 27 zusammengefasst. Diese Übersicht verdeutlicht, dass insbesondere methodische, soziale sowie unternehmerische Kompetenzen erweitert werden können. Gleichzeitig wird aber auch die Flexibilität dieser Maßnahmenformen zum Ausdruck gebracht, da bedarfsgerecht auch die Fach- und Führungskompetenz entwickelt werden können.

Kompetenzklasse / Kompetenz		Beispielhafte Beschreibung der Beeinflussung von Kompetenzen
FK	Fachwissen	durch die Unterstützung in fachlichen Fragenstellungen
MK	Zielorientierung	durch Kenntnis über Firmen-/Projektziele; Konkretisierung persönlicher Karriereziele; durch gemeinsame Lösungsfindung
	Ganzheitlich-vernetztes Denken	durch Kenntnisse über Entscheidungsprozesse, Einführung in das Projektumfeld (Baustellen/Brennpunkte erkennen), Erweiterung des Betrachtungsfeldes auf Situationen
	Problemlösungsfähigkeit (Analyse-, Beurteilungs-, Entscheidungsfähigkeit, Zielorientierung)	durch die aufgabenbezogene Unterstützung durch Tipps und Hinweise, gemeinsame Problembearbeitung/Lösungsfindung
	Analysefähigkeit	durch Reflexion der eigenen Position im Unternehmen, eigener und fremder Problemstellungen
	Beurteilungsvermögen	durch die Reflexion eigener sowie fremder Problemstellungen, Einordnung von Situationen
	Methodische Fähigkeiten PM (neu)	durch Unterstützung bei prozessualen Fragestellungen, Methoden und Tools; Kontrolle zur Einhaltung von Qualitätsstandards/Vollständigkeitsprüfungen
SK	Lernfähigkeit	durch den gemeinsamen Austausch und Reflexion eigener und fremder Problemstellungen
	Verantwortungsbereitschaft	Schrittweise Steigerung der Selbstständigkeit
	Flexibilität im Umgang mit Menschen (neu)	durch Kenntnisse über eigene Verhaltensweisen, die gemeinsame Reflexion von Situationen/Personen
	Menschenkenntnis (neu)	durch Erfahrungsvermittlung im Umgang mit anderen Fachbereichen und Managementpersonen
FüK	Flexibilität in der Führung	durch die gemeinsame Reflexion von Situationen/Personen; Kenntnisse über alternative Verhaltensweisen
	Motivation	
	Teamführung	
UK	Kenntnisse über organisatorische Strukturen	über operative und administrative Orientierung im Unternehmen; Kenntnisse über Strukturen in der Organisation; strategische Informationen
	Erkennen von Chancen	durch Kenntnisse der Unternehmensstrukturen, Umgang mit Fachbereichen und Managementpersonen; strategische Informationen
	Organisations- und Planungsfähigkeit	durch die Kenntnis über die Projektsituation, Wissen über die Handlungsbasis; Zielgerichtete Planung von Karriereschritten; Kontrolle zur Einhaltung von Qualitätsstandards/Vollständigkeitsprüfungen
	Fähigkeiten des Kosten-, Investitions- und Zeitmanagements	durch Kontrolle zur Einhaltung von Qualitätsstandards/Vollständigkeitsprüfungen
MK, SK, FüK	Flexibilität im Umgang mit Situationen (neu)	durch Kenntnisse alternativer Herangehensweisen
PersM	Selbstvertrauen, Selbstsicherheit, Gelassenheit	durch den wahrgenommenen Rückhalt, Vorbereitung auf Situationen

Legende: FK = Fachkompetenz; MK = Methodenkompetenz; SK = Sozialkompetenz; FüK = Führungskompetenz; UK = Unternehmerische Kompetenz; PersM = Persönlichkeitsmerkmale

Tabelle 27: Einfluss feedbackbasierter Maßnahmen auf Kompetenzen

Weiterhin können auch für diese Maßnahmen förderliche und hemmende Aspekte für die Kompetenzentwicklung identifiziert werden. Diese sind in Tabelle 28 aufgeführt.

<table>
<tr><th colspan="2">Sinnvolle feedb. Maßn. inhaltl. / strukt. Aspekte</th><th>Förderliche Aspekte für die Kompetenzentwicklung</th><th>Hemmende Aspekte für die Kompetenzentwicklung</th></tr>
<tr><td rowspan="2">Coaching</td><td>Inhalt</td><td>Anleitung und Begleitung im Projektkontext
- Kennenlernen und Auseinandersetzung mit dem Projekt und -umfeld
- Besprechung fachlicher Fragen, politisches Handeln
- Beobachtung alternativer Vorgehensweisen
- Inhaltliche Reflexion des Projektes und Verarbeitung von Situationen

Langfristige Veränderung der Arbeits- und Verhaltensweise/Persönlichkeitsentwicklung
- Gezielte Auseinandersetzung mit als relevant wahrgenommenen Themenfeldern (z. B. Zeitmanagement, Delegieren, Umgang mit Konflikten, Verhandlungsführung)

Spezifischer Umgang mit Problemen/Ausbildung von Methoden zur eigenständigen Problemlösung
- Realitätsnähe (Besprechung von aktuellen, echten, eigenen Problemen)
- Einbringung von Erfahrungen oder Denkanstößen/Perspektiven
- Identifizierung von Entwicklungspotenzialen
- Diskussionen zur Erleichterung des Praxistransfers
- Feedback des Austauschpartners z. B. auf Verhaltensweisen
- Konkrete Bearbeitung von Problemen (Gemeinsame Analyse, Bewertung, Alternativen identifizieren, Lösungen/Ideen entwickeln, Entscheidungsfindung)
- Praktische Übungen, Beispiele, Abstraktion
- Lösungsorientierte Betrachtung; Unterstützung bei der Lösungsfindung, ohne Lösungen vorzugeben
- Individuelle Bearbeitung von Fragestellungen</td><td>- Keine Abdeckung von grundsätzlichen Wissen und Erfahrung, fachlichen Fragestellungen
- Eingeschränkte Tipps und Hinweise
- Schwere Probleme/Themenfelder, z. B. persönliche Krisen, Privatleben
- Gestellte Situationen (Konserventhemen) und theoretische Betrachtungen bei Gruppencoachings</td></tr>
<tr><td>Struktur</td><td>- Möglichst homogene Gruppen, vergleichbare Probleme bei Gruppencoaching
- Feedback des Austauschpartners orientiert sich an konkreten Erfahrungen
- (Fach-)Expertise des Austauschpartners
- Bedarfsorientierte und kurzfristige bzw. regelmäßige Unterstützung
- Kontinuierliche Auseinandersetzung/Nachhaltigkeit</td><td>- Fehlende Geeignetheit des Austauschpartners (Ausbildung, Erfahrung, Rahmenbedingungen)
- Lernfeld auf den Austauschpartner beschränkt (z. B. Wissen, Erfahrung), Fehler werden weitergegeben
- Fehlendes Vertrauen und Vertraulichkeit beim/zwischen Austauschpartner/n
- Persönliche Grenzen, Persönlichkeit des Projektleiters</td></tr>
</table>

Sinnvolle feedb. Maßn. inhaltl. / strukt. Aspekte		Förderliche Aspekte für die Kompetenzentwicklung	- Hemmende Aspekte für die Kompetenzentwicklung
Mentoring	Inhalt	**Einführung und Begleitung ins Unternehmen oder Projekt** - Vermittlung von Strukturen/Abläufen/Ansprechpartnern im Unternehmen oder Projekt - Schwierige Situationen im Projekt und fachliche Fragestellungen besprechen - Umgang mit Personen/Agieren im Unternehmen/Projekt - Informationen zur Unternehmensentwicklung, -organisation **Persönliche Karriereentwicklung im Unternehmen** - Auseinandersetzung mit der Position im Unternehmen - Diskussion von Karriere-/Entwicklungsmöglichkeiten	- Weitergabe eingeschränkter Sichtweisen durch Austauschpartner - Thematische Beschränkung aufgrund von Interessenskonflikten (Führungskraft als Austauschpartner)
	Struktur	- Unterschiede zwischen Projektleiter und Austauschpartner in Bezug auf Hierarchie und/oder Erfahrung - Situative und punktuelle, bedarfsorientierte Unterstützung - Unbestimmte Zeit, Kontinuität	- Einschränkungen in der Entwicklung, wenn Austauschpartner nicht mehr vorhanden - Übertragung unangemessener Verhaltensweisen; Vermittlung einseitiger Bilder durch den Austauschpartner - Zu starke berufliche Nähe zum Austauschpartner (Interessenkonflikte) zum Austauschpartner - Unregelmäßige Gesprächstermine, großer zeitlicher Abstand
Kollegiale Austauschformen	Inhalt	**Bearbeitung von Fällen (strukturierte Fallbearbeitung)** - Gemeinsame Bearbeitung von Fällen (Umgang mit schwierigen Situationen/Personen) **Abstimmungs-/Austauschgespräche** - Diskussion zur Projektsteuerung, -organisation und zu Ansprechpartnern - Bearbeitung von Herausforderungen in der Projektarbeit (Umgang mit schwierigen Situationen/Personen) **Arbeitstreffen** - Inhaltliche/fachliche Bearbeitung von Projektinhalten/-problemen - Fragen zum Projektumfeld, fachlich/technische Fragen, Projektinhalte, Umgang mit Konflikten **Übergreifend** - Einbringung von Erfahrungen oder Denkanstößen/Perspektiven - Kennenlernen neuer Vorgehens-/Herangehensweisen - Identifizierung von Lösungsoptionen	- Qualität der Vorschläge (Mutmaßungen, Theorien, keine Erfahrungen) bei kollegialer Fallberatung - Eingeschränkte Tipps und Hinweise
	Struktur	- Realitätsnähe (reale Situationen) - Zeitlich unbefristet und flexibel	- Teilnahme von konkurrierenden Personen in Gruppentreffen; divergierende Interessen - Fehlende Offenheit zur Offenlegung von Wissen und Erfahrung seitens der/des Austauschpartner/s - Entstehung von Konflikten in der Gruppe - Endlose Diskussionen in der Gruppe - Offenlegung persönlicher Schwächen seitens des Projektleiters

Tabelle 28: Förderliche und hemmende Aspekte feedbackbasierter Maßnahmen

Aus den Erlebnisbeschreibungen wird deutlich, dass die Mehrheit der Befragten aus ihrem Verständnis heraus Erfahrungen mit feedbackbasierten Maßnahmen gesammelt hat und im Kontext der Projektarbeit darauf zurückgreift.[982] Hierbei fußt die Erfahrung überwiegend auf Angeboten des Unternehmens, die sowohl am Markt eingekauft als auch durch das Unternehmen selbst angeboten werden. Während Coaching-Maßnahmen vielfach in formelle Strukturen eingebunden sind und überwiegend außerhalb des Arbeitsplatzes stattfinden, werden beim Mentoring je nach Themenschwerpunkt sowie bei den kollegialen Austauschformen sowohl formelle als auch informelle Strukturen geschildert, die überwiegend arbeitsimmanent erfolgen. Die genutzten Coaching- und Mentoring-Maßnahmen zielen meist nicht ausschließlich auf die untersuchte Funktionsgruppe.[983] Vielmehr werden sie als Bestandteil von Führungskräfteprogrammen, als Qualitätssicherung im Projektmanagement, aber auch im Rahmen allgemeiner Weiterbildungsmaßnahmen und Einführungsmaßnahmen genutzt. Bei Befragten, die zum Zeitpunkt der Befragung keine Unternehmenszugehörigkeit aufweisen, wird der Austausch mit anderen Personen aktiv gesucht, z. B. in Form von privaten Einzelcoachings, einer Coaching-Ausbildung oder auch privater Austauschmöglichkeiten mit Personen in gleicher Funktion.[984]

Weiterhin können unterschiedliche Personengruppen identifiziert werden, die bei feedbackbasierten Entwicklungsmaßnahmen zum Einsatz kommen: Sie können dem projektbezogenen Umfeld, dem internen sowie dem externen Unternehmensumfeld zugeordnet werden.

Bezogen auf das Projektumfeld, werden neben Personen in der gleichen Funktion, d. h. in der Rolle des Projektleiters, auch direkt im Projekt tätige Mitarbeiter genannt. Darüber hinaus ergibt sich ein erweiterter Kreis aus dem internen Unternehmensumfeld. Neben direkten Führungskräften oder Vorgesetzten werden auch Personen aus dem erweiterten Kreis der Unternehmensleitung i. S. v. Machtpromotoren, d. h. hierarchisch höhergestellten Personen, aufgeführt. Sowohl direkte Führungskräfte als auch Personen aus dem Kreis der Unternehmensleitung unterscheiden sich dabei in ihrem Verantwortungsbereich und somit auch in ihrem Zugang zu unternehmensinternen Informationen. Zudem sind Kollegen, die nicht unmittelbar zum Projektteam gezählt werden, wie z. B. Mitarbeiter, die ebenfalls an Schulungsmaßnahmen teilnehmen oder Kollegen aus Fachgruppen, zu nennen. Die Personalabteilung in ihrer Rolle als An-

[982] PL-04 weist darauf hin, dass er Angebote für Mentoring und kollegialen Austausch erhielt, diese aber aus zeitlichen bzw. örtlichen Restriktionen bislang nicht wahrnehmen konnte.

[983] Zum Beispiel: PL-02; PL-05; PL-07; PL-08; PL-10; PL-11; PL-13; PL-14; PL-15; PL-17.

[984] Vgl. PL-05; PL-15; PL-18.

bieter bzw. Vermittler formeller feedbackbasierter Maßnahmen kann als mittelbarer Träger von Personalentwicklungsmaßnahmen genannt werden. Darüber hinaus können dem externen Unternehmensumfeld Trainer, Schulungsleiter sowie Coaches zugeordnet werden, ebenso wie Personen, die außerhalb des Unternehmens in gleicher Funktion wie die Befragten tätig sind. Tabelle 29 fasst die Gruppen sowie deren Einsatz in den jeweiligen Maßnahmen zusammen:

Bereiche	Systematisierung der Austauschpartner	Coach.	Ment.	KollA.
Intern – Projektbezogen	Kollegen in gleicher Funktion (PL)		X	X
	Projektbezogene Kollegen (P-Team, P-MA)			X
Intern – Unternehmens-bezogen	Führungskraft	X	X	X
	Erweiterte Unternehmensleitung/Machtpromotoren		X	
	Sonstige Kollegen/Teilnehmer	X		
	Fachgruppen			X
	(Personalabteilung, als Anbieter bzw. Vermittler)	X	X	
Extern	Trainer und Coaches	X		
	Externe Kollege in gleicher Funktion (PL)			X
Legende: PL = Projektleiter, P-Team = Projektteam, P-MA = Projektmitarbeiter, Coach. = Coaching, Ment. = Mentoring, KollA. = Kollegiale Austauschformen				

Tabelle 29: Übersicht der Träger feedbackbasierter Maßnahmen

Der Überblick verdeutlicht insbesondere die herausgehobene Rolle der Führungskraft, da sie in allen drei Maßnahmenformen als Austauschpartner fungiert. Dies zeigt sich insbesondere bei Schilderungen, die dem Führungskräfte-Coaching oder auch Mentoring durch die Führungskraft zugeordnet werden können.

Weiter zeigen die Aussagen der Interviewpartner, dass die Erfahrungen und Ziele der Austauschpartner die Qualität feedbackbasierter Maßnahmen beeinflussen. Insbesondere der angemessene und ausreichende Erfahrungsschatz des Austauschpartners stellt aus Sicht der Befragten einen wesentlichen Faktor dar.[985] Ein Grund kann hierbei in der zentralen Stellung der Erfahrungen im Rahmen der gemeinsamen Bearbeitung von Themenstellungen gesehen werden. So besteht eine stärkere Fokussierung auf das Wissen und die Erfahrung des Austauschpartners, was als Grundlage für die Ableitung der eigentlichen Hilfestellung dient. Aus den Schilderungen der Befragten wird ebenfalls deutlich, dass sich die Austauschpartner im Vergleich zu den Betroffenen in ihren Erfahrungen unterscheiden und genau hierin ein individueller Nutzen aus Sicht der Projektleiter gestiftet wird.

Ein bedeutender Faktor für den offenen Austausch wird zudem in der zwischenmenschlichen Beziehung und damit einhergehenden gemeinsamen Vertrauensbasis sowie in der Vertraulich-

[985] Vgl. PL-07; PL-04; PL-13.

keit zwischen den Austauschpartnern gesehen. Hierbei kann angenommen werden, dass die inhaltlichen Schwerpunkte der Maßnahmen ein Grund dafür sind, da sie sich stärker mit den persönlichen Problemen sowie Arbeits- und Verhaltensweisen im Arbeitskontext auseinandersetzen und somit die Beziehungsebene zwischen den Austauschpartnern mehr Vertrauen und Vertraulichkeit voraussetzt.

Zudem deuten die Aussagen der Befragten auf ein grundsätzliches Dilemma in der Nutzung feedbackbasierter Maßnahmen hin. So ist durch die Einbindung von erfahreneren Kollegen eine Form von Expertenwissen/-erfahrung vorhanden, die potenziell zu einer sachgerechteren Bearbeitung von Problemen genutzt werden kann, allerdings gehen damit auch Nachteile einher, wie beispielsweise die Weitergabe unangemessener Ratschläge, die Gefahr persönlicher Konflikte oder negative Folgen der Austauschbeziehung in der Außenwirkung.

Als besonders vorteilhaft erscheint darüber hinaus die Bearbeitung realitätsnaher und eigener Sachverhalte. Obwohl der Themenumfang als begrenzter wahrgenommen wird, erfolgt hier die Unterstützung tiefergehend und konkret auf die individuelle Problemstellung bezogen. Zudem ermöglicht der Austausch durch Übungen und Ausprobieren eine Vorbereitung auf die konkrete Umsetzung. Dies lässt den Schluss zu, dass herausfordernde Projektsituationen von den Betroffenen als stark individuell, komplex und facettenreich wahrgenommen werden und die Handlungsfähigkeit unter Berücksichtigung eigener Erlebnisse eher erweitert werden kann.

Die genannten inhaltlichen Einschränkungen bei feedbackbasierten Maßnahmen, wie das Offenlegen des Privatlebens, persönlicher Krisen oder Schwächen, lassen zudem den Schluss zu, dass diese auch durch die Konstellation und die Beteiligten beeinflusst werden. Die Aussagen der Befragten zeigen, dass das Themenspektrum in einer Gruppenkonstellation weniger in den persönlichen Bereich hineinreicht. So wird dort z. B. die persönliche Karriereentwicklung eher außen vorgehalten, während diese in Einzelgesprächen beispielsweise mit einem Mentor oder Coach eher angesprochen werden könnte.[986]

Hinsichtlich der zeitlichen Integration der Maßnahmen in den Projektalltag zeigt sich, dass die Befragten überwiegend länger andauernde Austauschbeziehungen schildern, die zeitlich zunächst auf unbestimmte Zeit bestehen. Sofern kürzere Zeiträume genannt werden, handelt es

[986] Vgl. PL-05; PL-07.

sich dabei um Maßnahmenformen, die offiziell angeboten werden und einen stärkeren Schulungs- bzw. Trainingscharakter aufweisen sowie der Übergabe von Projekten dienen und somit zeitlich begrenzt sind.[987] Informeller Austausch findet indes überwiegend ungeplant statt und zeichnet sich somit durch mehr zeitliche Spontaneität und Flexibilität aus. Neben dieser eher ad-hoc Inanspruchnahme schildern einige Befragte auch regelmäßige Treffen bzw. den Wunsch nach regelmäßigen Austauschmöglichkeiten.[988]

4.5 Potenziale zur Erweiterung von Kompetenzprofilen im Personalentwicklungsprozess

Im Rahmen der Befragung wurden die Interviewpartner gebeten, Empfehlungen für die Umsetzung von Personalentwicklungsmaßnahmen für Projektleitern zu äußern. Dadurch sollen übergeordnete Bereiche zur Vermittlung der beruflichen Handlungskompetenz für Projektleiter identifizieren werden. Die Fragen stellen damit weniger auf die persönlichen Defizite und Neigungen der einzelnen Person ab, sondern stärker auf die übergeordneten Rahmenbedingungen und die Ausgestaltung von Personalentwicklungsmaßnahmen im Hinblick auf die Rolle des Projektleiters.[989] Die Ergebnisse werden in diesem Kapitel gemeinsam unter dem Oberbegriff Verbesserungspotenziale zusammengefasst. Als Grundlage hierfür dient der Personalentwicklungsprozess nach Solga et al. (2011).[990] Hierdurch wird eine Zuordnung der Verbesserungspotenziale zu den jeweiligen Phasen des Personalentwicklungsprozesses möglich. Es konnten hierbei insbesondere Verbesserungspotenziale im Bereich der PE-Bedarfsanalyse sowie der -Konzeption und -Durchführung identifiziert werden.

Zugleich stellt dieses Kapitel den Abschluss der empirischen Ergebnisdarstellung dar. Daran anschließend, folgt die weitere Interpretation der Daten mit Blick auf die Forschungsfragen sowie die Formulierung zentraler Erkenntnisse und konzeptioneller Empfehlungen zur Erweiterung der Kompetenzprofile von Projektleitern.

---

987 Vgl. PL-02; PL-16; PL-17. PL-14 schildert eine Projektübergabe als feedbackbasierte Maßnahme.
988 Vgl. PL-07; PL-12; PL-18.
989 Die Fragen bezogen sich auf Konzeption, Rahmenbedingungen, Umsetzung sowie Defizite in den bestehenden Projektleiteraus- und -weiterbildungsangeboten.
990 Vgl. Kapitel 2.2.1.1.

4.5.1 Potenziale im Bereich der PE-Bedarfsanalyse

Die PE-Bedarfsanalyse als „Bindeglied zwischen Unternehmensstrategie und Qualifizierung“[991] stellt den Ausgangspunkt des Personalentwicklungsprozesses dar. Zur Ermittlung des PE-Bedarfs werden hierbei basierend auf den strategischen Unternehmenszielen und den organisationalen Rahmenbedingungen die Anforderungen und Aufgaben seitens des Unternehmens mit den aktuellen Leistungen sowie Potenzialen der Mitarbeiter verglichen.[992]

Aus den Aussagen der Befragten konnten zwei Themenbereiche herausgearbeitet werden, die Verbesserungspotenziale im Bereich der Anforderungs- bzw. Aufgaben- und Personanalyse sowie der übergeordneten Rahmenbedingungen aufzeigen.

Ein erstes Themenfeld, das der Aufgaben- und Personanalyse zugeordnet werden kann, bezieht sich auf das fehlende oder mangelnde Grundlagenwissen zum Projektmanagement bei Projektleitern und Projektpersonal. So formuliert ein Interviewpartner:

> *„[...] wenn man mal eine Umfrage machen würde, wie viel theoretisches Wissen haben eigentlich die Leute, die effektiv Projekte machen, dann glaube ich kommt da relativ wenig bei rum.“*[993]

Hieraus können sich unterschiedliche Problemstellungen für die Durchführung von Projekten ergeben. So könnte fehlendes Wissen die Gefahr mit sich bringen, dass Projektteilnehmer Aufgaben und Verantwortlichkeiten nicht wahrnehmen und es daher zu Fehlern und/oder zeitlichen Verzögerungen im Projekt kommen kann. Auch könnte eine zielgerichtete Projektdurchführung gefährdet sein, wenn beispielsweise Projektsituationen nicht richtig eingeschätzt werden (können). Ein Befragter beschreibt dies mit Blick auf die Medienbranche wie folgt:

> *„Eher so grundsätzlich die Basics in der Medienindustrie die fehlen, die kommen teilweise als Redakteure oder so wie die dann anfangen und dann weiter sich auch entwickeln und später Projekte irgendwie versuchen, auch im Redaktionsbereich zu leiten und dann ist es schwierig, weil die dann natürlich keine Financials so richtig bearbeiten können, weil so etwas konnten sie vorher nicht und das fehlt dann einfach als echte Kompetenz bei diesen Projektleitern, die noch mehr reinwachsen müssen in diese Rolle.“*[994]

---

991 Vgl. Solga, M. et al. (2011), S. 23.
992 Vgl. Solga, M. et al. (2011), S. 22 ff.
993 PL-04.-160.
994 PL-08.-190.

Die Beschreibungen deuten auf eine Diskrepanz zwischen Anforderungen und vorhandenen Fähigkeiten zum Zeitpunkt der Rollenausübung hin. Dies kann dahingehend interpretiert werden, dass der notwendige Personalentwicklungsbedarf zuvor nicht vollständig oder regelmäßig erfasst wurde und/oder keine ausreichenden Maßnahmen zu seiner Deckung ergriffen wurden.

Einen zweiten Themenbereich stellen Veränderungen in den übergeordneten Rahmenbedingungen zur Personalentwicklung von Projektleitern dar. Hierbei werden Verbesserungsmöglichkeiten in der Veränderung der Lernkultur sowohl im Kontext der Arbeit in Projekten als auch bezogen auf die Akzeptanz von Personalentwicklungsmaßnahmen artikuliert. Im Hinblick auf die Projektarbeit wird eine offene Fehlerkultur als Mittel verstanden, den individuellen, aber auch den kollektiven Lernprozess positiv zu beeinflussen und effektiver zu gestalten:

> *„Und so wäre es auch glaube ich für alle, die Projektarbeit oder Projektleitung machen wollen, wichtig, dass auch sie Fehler machen. Also ich würde jetzt nicht unbedingt sagen, grundsätzlich alle immer vor allen Fehlern bewahren zu wollen, sondern die sollen ruhig auch mal Fehler machen. Ich finde, aus Fehler zu lernen, ist oft effektiver, als jemand krampfhaft davor bewahren zu wollen, dass er einen Fehler macht.“*[995]

Hierbei geht es nicht nur darum, Fehler zu erlauben, sondern auch gemeinschaftlich aus ihnen zu lernen, wie das nachfolgende Zitat unterstreicht:

> *„[...] Eine Fehlerkultur oder eine nicht vorhandene Fehlerkultur sagt häufig viel darüber aus, wie Veränderungsprozesse initiiert werden oder auch nicht initiiert werden. Wenn ich es nicht erlaube, dass überhaupt irgendwo Fehler passieren, dann werden auch Fehler gar nicht kommuniziert und aus Fehlern lernt man häufig. [...] man muss bei Projektleitern darauf achten, dass sie in der Lage sind, eine Team- und Fehlerkultur zu initiieren und diese zu fordern und zu fördern.“*[996]

Diese offene Fehlerkultur ermöglicht auch, organisationale Veränderung auf übergeordneter Ebene zu verbessern, indem hierfür die Aufmerksamkeit geschärft wird und gleichsam neue Initiativen im Unternehmen angestoßen werden können. Dies verdeutlicht das nachfolgende Zitat:

> *„Aber auch dann so die Awareness zu erhöhen, dass man sich permanent verbessern kann in so einem Unternehmen [...] und dass man das mittracken kann und dass sich das auf einer Metaebene sehr, sehr lohnt. [...] Also einfach ein Dokument pflegen und*

[995] PL-10.-184.
[996] PL-16.-169.

das dann aber auch hinterher umsetzen [...] Und da quasi so ein Meta-Change-Management über die Projekte zu fahren, das passiert hier nicht. [...]“[997]

Dieser Aspekt scheint vor dem Hintergrund zunehmender Veränderungsgeschwindigkeit und damit einhergehender organisationaler Wandlungsfähigkeit bedeutsam. Zudem kann vermutet werden, dass eine fehlerfreundliche Unternehmenskultur es auch erleichtert, Personen für die Rolle des Projektleiters zu akquirieren, da der Erfolgsdruck vermindert wird.

4.5.2 Potenziale im Bereich der PE-Konzeption und -Durchführung

Ergänzend zu den Verbesserungspotenzialen aus dem Bereich der PE-Bedarfsanalyse, weisen die Befragten auf weitere inhaltliche Schwerpunkte hin, die sie aufgrund ihrer Erfahrungen empfehlen bzw. wo sie Defizite wahrgenommen haben (siehe Tabelle 30).

Die Zusammenstellung verdeutlicht, dass neben thematischen Schwerpunkten auch Verbesserungsbedarf in der Ausrichtung auf die Zielgruppe und in der Art der Umsetzung besteht. Dabei wird die Notwendigkeit zur Herstellung eines Praxisbezugs sichtbar. Die Empfehlungen unterstreichen zudem die Wahrnehmung, dass ein persönlicher Bezug für die Entwicklung der Handlungsfähigkeit förderlich erscheint.

Bereiche	Empfehlungen
Thematische Schwerpunkte[998]	- Anforderungen an das Projektmanagement und Rollen vermitteln - Vorstellung von Projektmanagement-Tools - Bedeutung von Projektphasen und Flexibilität der Vorgehensweise - Besprechung aktueller und zukünftiger Projektsituationen - Inhaltliche Ausrichtung an aktuellen Praxisthemen - Förderung der Persönlichkeitsstrukturentwicklung
Inhaltliche Ausrichtung[999]	- Inhalte an den Rollen im Projekt ausrichten - Inhalte von Schulungen auf das Wissens- und Erfahrungsniveau der Teilnehmer anpassen
Durchführung[1000]	- Erfahrungsaustausch fördern, Erfahrungsberichte teilen - Abwechselnd Themen ansprechen

Tabelle 30: Verbesserungspotenziale der Personalentwicklungsangebote

Im Hinblick auf die strukturelle Ausgestaltung äußern die Befragten Verbesserungspotenziale, die sich auf den Einsatz der unterschiedlichen Personalentwicklungsmaßnahmen sowie deren

997 PL-04.-249-253.

998 Vgl. PL-04; PL-05; PL-06; PL-12; PL-15.

999 Vgl. PL-03; PL-04; PL-16.

1000 Vgl. PL-01; PL-15.

Einbettung in den Projektablauf beziehen. Die Durchführung von Maßnahmen in enger zeitlicher Nähe zur praktischen Anwendung zeigt sich bei Empfehlungen zu edukationsbasierten Maßnahmen.[1001] Das nachfolgende Zitat verdeutlicht darüber hinaus die Relevanz praktischer Erfahrungen seitens der Trainer sowie der Teilnehmer:

> *„Diese Maßnahmen zum professionellen Projektmanagement müssen natürlich von Praktikern oder zumindest unter Beteiligung von Praktikern stattfinden, die müssen in einem zeitlichen Kontext zum Projekt stattfinden. Sie können möglicherweise auch getrennt sein. Also heute mache ich einen Tag. Übermorgen mache ich einen zweiten Tag und dazwischen habe ich gearbeitet. [...]"*[1002]

Eine Kombination von Maßnahmen wird zudem von mehreren Interviewpartnern empfohlen. Ein theoretisches Grundgerüst stellt vielfach die Basis dar, die durch Übungen, Beispielprojekte, aber auch durch Begleitung on-the-job oder auch Praxiserfahrung ausprobiert, geübt und angewendet werden soll.[1003] Eine konkrete Beschreibung, wie dies ablaufen könnte, zeigt das folgende Zitat:

> *„Das wäre für mich Training-on-the-job in Form von einem juniorereren Kollegen, der läuft mit oder kriegt kleine eigene Projekte, abgesteckten Umfang, wo man einfach nicht viel kaputt machen kann, aber sich auch ausprobieren kann. Kriegt zusätzlich einen erfahrenen Kollegen an die Seite, einen Senior oder Subject Matter Expert, [...] der Erfahrungen hat sowohl in Projekten als auch in dem Unternehmen. Mit dem er sich regelmäßig austauschen kann und auch die Herangehensweise und Situationen diskutiert und dadurch einfach dann auch regelmäßiges Feedback bekommt. Dann gehören für mich eben dazu peu à peu entsprechende Schulungen."*[1004]

Als begleitende Maßnahmen im Kontext der Arbeit werden insbesondere Coaching oder Mentoring über einen längeren, aber dennoch befristeten Zeitraum empfohlen,[1005] wie nachfolgendes Beispielzitat verdeutlicht:

> *„Ich glaube aber dennoch, dass ein Learning-on-the-job und ein Coaching oder eine Begleitung für einen gewissen Zeitraum jedem Projektleiter durchaus dienlich sein kann. So etwas gibt es in der Art und Weise aber noch gar nicht."*[1006]

1001 Vgl. PL-01; PL-09.
1002 PL-01.-284.
1003 Vgl. PL-04; PL-05; PL-06; PL-09; PL-11; PL-13. PL-14.
1004 PL-06.-186.
1005 Vgl. PL-03; PL-12; PL-13; PL-17; PL-18.
1006 PL-13.-98.

Hierbei zeigen sich Unterschiede, zu welchem Zeitpunkt die Begleitung erfolgen soll. Es ergeben sich dabei drei Gruppen der Begleitung:

- mit Beginn der Übernahme der Projektleiterrolle[1007]
- im Verlauf der Rollenausübung[1008]
- bei der Übernahme neuer, unbekannter Aufgaben.[1009]

Die begleitenden Einzelmaßnahmen sollten von einer erfahreneren Person, die ggf. hierarchisch höhergestellt ist, vorgenommen werden.[1010] In Gruppenkonstellationen nennen die Befragten sowohl Vorzüge für homogene als auch für heterogene Gruppenzusammenstellungen.[1011] Übergreifend stellt jedoch ein gewisses Maß an Erfahrung eine Grundvoraussetzung dar.[1012]

Weiterhin nennen die Befragten auch Verbesserungspotenziale im zeitlichen Ablauf der Maßnahmen. Ein regelmäßiger Ablauf scheint demnach ein zentraler Aspekt in der Umsetzung von Personalentwicklungsmaßnahmen darzustellen, um kontinuierlich und nachhaltig an der persönlichen Entwicklung zu arbeiten,[1013] wie die beiden nachfolgenden Zitate zeigen:

> *„Was ich jedem sagen würde, ist, dass Projektmanagement nicht eine Trainingsaufgabe ist, sondern dass es ein längerer Prozess ist."*[1014]

> *„Wir haben gute Erfahrungen mit Programmen gemacht, die in verschiedene Module aufgeteilt sind, die über ein Jahr oder zwei gehen. […] Ist halt ein kontinuierlicher Prozess […]. Also dieses kontinuierlich daran arbeiten, ist ein ganz wichtiger Punkt. Es bringt nichts, ich gehe jetzt eine Woche zum Coach und dann bin ich gecoacht."*[1015]

Die Befragten nennen hierbei unterschiedliche Gründe für die zeitliche Ausweitung von Personalentwicklungsmaßnahmen. Neben der besseren Vereinbarkeit von Personalentwicklungsmaßnahmen mit der Projektarbeit[1016] ermöglicht eine entzerrte Vermittlung die kontinuierliche Auseinandersetzung mit Entwicklungsthemen.[1017] Zudem können Sachverhalte in weniger

---

1007 Vgl. PL-08; PL-14.
1008 Vgl. PL-13.
1009 Vgl. PL-02; PL-11; PL-12. Die Beschreibungen lassen keine exakte Abgrenzung zur Projektleiterrolle zu, so dass sie sich grundsätzlich auch auf diese beziehen können.
1010 Vgl. PL-06; PL-08; PL-18.
1011 Vgl. PL-02; PL-11; PL-14.
1012 Erfahrung wird genannt von: PL-02; PL-11; PL-14.
1013 Vgl. PL-04; PL-06; PL-07; PL-09; PL-11; PL-13; PL-15.
1014 PL-09.-134.
1015 PL-11.-210-212.
1016 Vgl. PL-07.
1017 Vgl. PL-15.

komprimierter Art erlernt, in der Praxis ausprobiert und reflektiert werden.[1018] Modulare Maßnahmen unterstützen das nachhaltige Lernen in mehrerer Hinsicht. So macht das nachfolgende Zitat deutlich, dass die Kontinuität eine langfristige Verhaltensänderung herbeiführen kann, indem Inhalte aktiv in Erinnerung gerufen werden, zur Reflexion aufgefordert und die aktive Umsetzung eingefordert wird. Hierdurch wird es ermöglicht, Verhaltensweisen in der Praxis zu üben, zu wiederholen und somit in das praktische Arbeitsverhalten aufzunehmen.[1019] So beschreibt dies ein Interviewpartner wie folgt:

> *„Es ist präsent, [...] gerade im Projektgeschäft. Im Projekt, es geht hoch her, man ist darin gebunden, man hat als Projektmanager jetzt keinen Trigger, [...] das mal zu reflektieren. Es sei denn, der Prozess gibt es vor, aber selbst dann diese eigene persönliche Reflexion, da ist es gut, wenn ein externer Trigger kommt und einfach noch einmal einen festen Termin zu haben [...] Und wenn dieser Trigger dann regelmäßig erfolgt von extern, dann wird er auch Teil, will mal so sagen, der Kultur und dann kann ich es auch mit aufnehmen. Und wenn ich da nicht kontinuierlich daran arbeite, dann verpufft das halt mit der Weile. Das ist immer dieser Effekt, ich habe es gelernt und berücksichtige es und spätestens ein Jahr später bin ich so im Stress. [...] Dann weiß ich es, aber ich habe es halt nicht trainiert. Ich werde es halt nicht annehmen effektiv. Und dann hat die ganze Maßnahme nichts gebracht. Das Wissen ist da, aber die Anwendung passiert nicht. Also die Verhaltensänderung wurde nicht herbeigeführt.“*[1020]

In Verbindung mit dem zeitlichen Ablauf der Maßnahmen stehen auch die Verbesserungspotenziale, die von den Befragten bezogen auf die Übertragung der Lerninhalte in die Praxis genannt werden. Neben den bereits dargestellten kombinierten Maßnahmenformen, die bereits eine Nähe zum Projektalltag gewährleisten, ergeben sich für die Befragten auch organisatorische Verbesserungspotenziale. Demnach ist es wichtig, die Maßnahmen systematisch in den organisatorischen Ablauf der Projektarbeit zu integrieren. Einige Befragte empfehlen daher, feste Zeiträume für die Durchführung von Maßnahmen einzurichten, z. B. einmal monatlich, einmal in der Woche, und diese in der Projektplanung zu berücksichtigen.[1021] Hierunter zählen auch Vertretungsregelungen, um zu gewährleisten, dass Maßnahmen tatsächlich durchgeführt werden können.[1022]

1018 Vgl. PL-04.

1019 Ähnlich hierzu auch PL-13, die externes Nachfassen, wiederholte Auseinandersetzung betont (vgl. PL-13.-184). Die Möglichkeit zur Reflexion nennt auch PL-04. PL-15 betont die Wiederholung und praktische Phasen zwischendurch (vgl. PL-15.-256).

1020 PL-11.-214.

1021 Vgl. PL-06; PL-07; PL-13; PL-15.

1022 Vgl. PL-14.

Darüber hinaus empfehlen die Befragten neben bereits genannten Gruppenaustauschformen, wie beispielsweise Projektleiter-Runden oder auch der Etablierung von Projektleiter Communities,[1023] die Einrichtung von Projektleiter-Netzwerken und Plattformen zur Förderung des gemeinsamen (Erfahrungs-)Austausches und des Aufbaus von Netzwerken.[1024] Diese Maßnahmenformen wurden zuvor nicht von den Befragten genannt (unter sinnvolle Maßnahmen), unterstreichen jedoch die Wahrnehmung, dass das Teilen von Erfahrungen im Rahmen solcher Austauschmöglichkeiten für Projektleiter einen hohen Stellenwert besitzt und geeignet ist, Probleme zielgerichtet zu bearbeiten und die Handlungsfähigkeit im Projektkontext zu fördern.

4.5.3 Erste Erkenntnisse zu den Potenzialen zur Erweiterung von Kompetenzprofilen

Aus den skizzierten Verbesserungspotenzialen kann festgehalten werden, dass für eine zielgerichtete Personalentwicklung für Projektleiter die Identifizierung von Personalentwicklungsbedarfen vor und während der Ausübung der Projektleiterrolle von Bedeutung ist. Darüber hinaus zeigen sich Potenziale in der Lernkultur auf Projekt- und Unternehmensebene. Eine offene Lernkultur kann damit zusätzlich die Kompetenzentwicklung von Projektleitern unterstützen.

Mit Blick auf die Konzeption von Personalentwicklungsmaßnahmen sind zeitliche Freiräume für den Praxistransfer und das Sammeln eigener Erfahrungen von Bedeutung. Die Kombination aus Theorie, Praxis und Reflexion stellt eine sinnvolle Ergänzung der Verbesserung der Handlungsfähigkeit dar. Eine Einbindung der Entwicklungsmaßnahmen in die Projektplanung sowie regelmäßige und aufeinander aufbauende Angebote stellen eine weitere Möglichkeit dar, den Transfer in die Praxis ebenfalls zu unterstützen. Dem regelmäßigen Austausch mitunter auch dem spontanen Austausch über einen längeren Zeitraum wird eine hohe Bedeutung beigemessen. Hierbei wird dem bedarfsorientierten Rückgriff auf den Austauschpartner ein besonderer Stellenwert zugesprochen. Weiterhin stellt Erfahrung ein Grundelement dar, das sich sowohl in den relevanten Personengruppen, d. h. im Projektleiter, in den Austauschpartnern (Teilnehmern, Trainern, Coaches/Mentoren/Kollegen) als auch in den besprochenen Themenfeldern wiederfindet. Persönliche Betroffenheit (mittelbar oder unmittelbar) fördert die Entwicklung der Handlungsfähigkeit, da ein Bezug zu eigenen Erlebnissen geschaffen werden kann.

[1023] Vgl. PL-06 (Projektleiter-Runde); PL-07 (Learning Einheiten); PL-14 (Projektleiter-Community).
[1024] Vgl. PL-08; PL-18.

5 Interpretation der Ergebnisse

Die im vierten Kapitel dargestellten Sichtweisen und Erfahrungen der Befragten sollen in diesem Kapitel genutzt werden, um bezogen auf die Fragestellung Schlussfolgerungen zu ziehen und zentrale Erkenntnisse der vorliegenden Arbeit herauszuarbeiten.[1025] Hierzu werden zentrale Aspekte aus der Datenauswertung herausgestellt und Ergebnisse anderer Forschungsarbeiten genutzt, um sie an den Erkenntnissen dieser Arbeit zu spiegeln. Die forschungsleitenden Fragen, die in Kapitel 2.3 konkretisiert wurden, gliedern das Kapitel.

5.1 Wesentliche Kompetenzen für den Umgang mit projektspezifischen Herausforderungen

Zur Beantwortung der ersten Forschungsfrage wurden im Rahmen der Untersuchung wesentliche, d. h. notwendige Kompetenzen vor dem Hintergrund der geschilderten Herausforderungen in der Projektarbeit erhoben.

5.1.1 Einordnung und Interpretation der Herausforderungen und Rolle in der Projektarbeit

Als zentrale Herausforderungen für Projektleiter im Projektumfeld können vier Bereiche identifiziert werden, die losgelöst von den unabhängigen Variablen der Befragung, wie Alter, Geschlecht, (Berufs-)Biographie, Vorbildung oder Lernverständnis, hervortreten.[1026]

Die geschilderten Herausforderungen zeigen einen deutlichen Bezug zu den in der Literatur dargestellten Aufgabenbeschreibungen von Projektleitern.[1027] Dabei zeigt sich jedoch, dass die Herausforderungen vornehmlich aus der Interaktion mit Projektbeteiligten erwachsen, wie z. B. aus der Definition und Steuerung des Projektinhalts und -ziels, der Führung des Projektteams, dem Interessenmanagement und der Projektkommunikation. Die hieraus entstehenden Widersprüche, mit denen sich Projektleiter konfrontiert sehen, zeigen sich beispielsweise in Form von Ziel- und Interessenkonflikten. Obgleich psychologische Belastungen im Umgang mit diesen Widersprüchen von den Befragten nur selten direkt geäußert wurden, kann geschlussfolgert

[1025] Eine Übersicht aller zentralen Erkenntnisse befindet sich in Anhang 3.
[1026] Vgl. Tabelle 16.
[1027] Vgl. Tabelle 4.

werden, dass ein effektiver Umgang mit den Herausforderungen einen positiven Einfluss auf die Entwicklung der Handlungsfähigkeit ausübt und gleichsam als Schutz vor Überforderung und Stress angesehen werden kann.

Weiterhin legen die Auswertungsergebnisse Schwerpunkte in der konkreten operativen Projektumsetzung offen, wie sie in der Projektplanung, -organisation und -steuerung sowie der Führung des Projektteams zum Ausdruck kommen. Es zeigt sich aber auch, dass übergeordnete unternehmerische bzw. strategische Herausforderungen bestehen, die sich vor allem durch das Interessenmanagement und die Projektkommunikation sowie die Definition des Projektinhalts und der -ziele ergeben. Gerade dieser Bereich wird in den Aufgabenbeschreibungen in der Literatur nur vereinzelt aufgegriffen, wie z. B. Schnittstellenmanagement (Umfeld-, Projektmarketing) oder Partner/-Lieferantenmanagement. Die Beobachtung lässt darauf schließen, dass hierin wesentliche Herausforderungen für Projektleiter bestehen, denen eine deutlich höhere Relevanz zugesprochen und die in der Ausgestaltung der Personalentwicklungsmaßnahmen berücksichtigt werden sollten.

Aus dem Datenmaterial konnte zudem ein breit gefächertes Rollenverständnis identifiziert werden, das in Abhängigkeit zu den Projektrahmenbedingungen steht. Hierbei zeigen sich deutliche Parallelen zu den funktionalen Rollen, wie sie von Keßler/Winkelhofer (2004) beschrieben werden, z. B. als Koordinator, Aufklärer oder auch Mediator.[1028] Die Rolle als Verantwortlicher und zentraler Ansprechpartner sowohl für die Projektmitglieder als auch für das Projektumfeld sticht deutlich heraus und unterstreicht das vielschichtige und intensive Austauschverhältnis mit den Projektbeteiligten. Die Wahrnehmung des Projektleiters als „Knotenpunkt der Strukturen eines Projektes“[1029] kann im Rahmen der Untersuchung bekräftigt werden. Äußerungen zu Rollen wie Konflikt- oder Krisenmanager, die lediglich vereinzelt hervortreten, können dahingehend interpretiert werden, dass diese Rollen implizit mit der Rolle des Projektleiters verbunden werden. Dies erscheint insbesondere auch im Abgleich mit den genannten notwendigen Kompetenzen plausibel, da diese Fähigkeiten dort deutlich hervorgehoben wurden.

Weiterhin zeigen sich zwei Pole in der Rolleninterpretation: Einem stärker aufgabenorientierten Rollenverständnis als Kapitän/Richtungsgeber steht das stärker personenorientierte Rollenverständnis als Teamunterstützer/Dienstleister am Team gegenüber. Aus diesen beiden Führungs-

[1028] Vgl. Kapitel 2.1.3.1.
[1029] Borchert, M. et al. (2005), S. 31.

verständnissen heraus kann geschlussfolgert werden, dass einerseits das Rollenverständnis Einfluss auf die Ausprägung des Kompetenzprofils von Projektleitern ausübt und dass andererseits beide Ausprägungen für die Rollenausübung relevant sind. Dies sollte bei der inhaltlichen Ausgestaltung der Entwicklungsmaßnahmen berücksichtigt werden.

5.1.2 Einordnung und Interpretation der wesentlichen Kompetenzen

Im Rahmen der Datenauswertung und Interpretation zu den wesentlichen Kompetenzen können Parallelen zu Ergebnissen anderer empirischer Forschungsarbeiten sowie konzeptioneller Veröffentlichungen von Experten identifiziert werden.[1030] Bezogen auf die einzelnen Kompetenzklassen, können nachfolgende Erkenntnisse festgehalten werden:

Fachkompetenz in Form von Fachwissen, d. h. Kenntnissen über den Projektgegenstand bzw. über Tätigkeiten in Fachbereichen, werden in den Kompetenzprofilen in der Literatur unterschiedlich stark herausgehoben.[1031] Im Rahmen der Untersuchung zeigt sich, dass das Fachwissen eine förderliche, aber nicht zwingend notwendige Voraussetzung darstellt. Ein hemmender Einfluss auf die Ausübung der Rolle, wie sie teilweise in Fachveröffentlichungen zum Ausdruck kommt,[1032] wurde hingegen von den Befragten nicht geschildert. Darüber hinaus ist festzustellen, dass im Gegensatz zur Literatur fachliches Grundlagenwissen, z. B. in Form von juristischen oder betriebswirtschaftlichen Kenntnissen, von den Befragten nicht gezielt hervorgehoben wird.[1033] Dies könnte durch die Vorbildung der Befragten, die sich schwerpunktmäßig im (betriebs-)wirtschaftlichen Bereich bewegt, erklärt werden, womit die Relevanz bestehen bliebe. Aus den Untersuchungsergebnissen kann damit geschlussfolgert werden, dass Fachwissen eine zielgerichtete Projektplanung, -organisation und -steuerung sowie die Interaktion mit den Interessengruppen bei der kontinuierlichen Ziel- und Inhaltsdefinition positiv unterstützt.

Methodenkompetenz wird aus Sicht der Befragten als Grundlage für die Bearbeitung des Projektvorhabens betrachtet. Hierzu zählen neben dem Umgang mit Projektmanagementmethoden auch Analyse- und Entscheidungsfähigkeiten sowie Beurteilungsvermögen und Zielorientierung. Der Bedeutungsgehalt spiegelt die Ergebnisse der Bestandsaufnahme wider. So werden

---

1030 Vgl. Keim, G. (1997); Posner, B. Z. (1987); Pettersen, N. (1991a); Hauschildt, J. et al. (2000); Borchert, M. /Günther, A. E. K. (2007).

1031 Vgl. Kapitel 2.1.4.2, 2.1.4.3, 2.1.4.4.

1032 Vgl. Tumuscheit, K. D. (2013).

1033 Vgl. Lang, K./Rattay, G. (2005), S. 91 ff.; Litke, H.-D. (2008), S. 77.

methodische Fähigkeiten und methodisches Wissen sowohl von Projektmanagement-Verbänden und Experten als auch in Forschungsarbeiten eine hohe Relevanz beigemessen.[1034] Auch das untersuchte Personalentwicklungsangebot ist in diesem Bereich als reichhaltig zu bewerten, wobei ein Schwerpunkt auf der Vermittlung von Projektmanagement-Methoden i. S. v. Techniken, Tools, Vorgehensmodellen festgestellt werden kann.[1035]

Diese Beobachtungen lassen den Schluss zu, dass Methodenkompetenz als eine wesentliche Kompetenzklasse zu bewerten ist. Im Hinblick auf die Ausrichtung der Personalentwicklungsangebote sollte diese jedoch weitergefasst verstanden werden, um somit auch Möglichkeiten zu schaffen, Analyse- und Entscheidungsfähigkeiten sowie Beurteilungsvermögen und Zielorientierung gezielt zu fördern. Sie können als besonders förderlich für die bestehenden Herausforderungen in der Projektplanung, -organisation und -steuerung sowie der Projektkommunikation bewertet werden.

Für die Kompetenzklasse der sozialen Kompetenz zeigen die Untersuchungsergebnisse die größte Ausdifferenzierung an notwendigen Fähigkeiten und haben folglich einen hohen Stellenwert. Hierbei stechen insbesondere Durchsetzungsvermögen, Empathie, Initiative, Kommunikationsvermögen, Konflikt-, Kontakt- und Teamfähigkeit, Kreativität, Menschenkenntnis[1036] sowie Aufmerksamkeit/Wachsamkeit[1037] hervor. Die empirischen Ergebnisse von Autoren, die den Bedeutungsgehalt sozialer Kompetenzen im Projekt hervorheben,[1038] können somit auch in dieser Untersuchung bestätigt werden. Auch das breitgefächerte Personalentwicklungsangebot spiegelt den Stellenwert dieser Kompetenzklasse wider. Hieraus kann geschlussfolgert werden, dass diese Kompetenzklasse als wesentlich für die Tätigkeit von Projektleitern bewertet werden kann. Gespiegelt an den beschriebenen Herausforderungen, können sie als förderlich für die Projektführung, das Interessenmanagement und die Projektkommunikation sowie die Definition des Projektziels und der -inhalte interpretiert werden.

Führungskompetenz wurde im Rahmen der vorliegenden Untersuchung ausschließlich auf die Führung des Projektteams bezogen. Die in der Befragung erfassten Fähigkeiten spiegeln Kern-

[1034] Vgl. Kapitel 2.1.4.2; 2.1.4.3; 2.1.4.4.
[1035] Vgl. Kapitel 2.2.2.
[1036] Diese Kompetenz wurde im Rahmen der Auswertung neu hinzugefügt.
[1037] Die Kompetenz „Menschenkenntnis" sowie „Aufmerksamkeit/Wachsamkeit" wurde im Rahmen der Auswertung als neue Fähigkeit den bestehenden Beschreibungen nach Hölzle (2009) hinzugefügt.
[1038] Vgl. Krainz, E. E. (2009), S. 251; Posner, B. Z. (1987), S. 54. Posner kommt in seiner Befragung zu dem Ergebnis, dass relevante Fähigkeiten eher im humanen und nicht im technischen Bereich liegen.

bereiche aus der Literatur wider. So werden Fähigkeiten zur Motivation und Teamführung in den empirischen Ergebnissen von Keim (1997) und Posner (1987) deutlich,[1039] sind aber auch Gegenstand von relevanten Kompetenzen aus Sicht der Experten und Projektmanagement-Verbände.[1040] Überraschend erscheint indes, dass die Projektmanagement-Verbände, wie beispielsweise das PMI, in ihren Standards diesen Aspekt nicht deutlicher herausstellen.[1041]

Die Notwendigkeit unternehmerischer Kompetenz kann durch die Schlüsselstellung des Projektleiters in der Projektorganisation begründet werden, worin er als Verantwortlicher für das Projekt deutlich hervorgehoben wird.[1042] Unternehmerische Kompetenzen im Verständnis der Befragten sind überwiegend auf ein einzelnes Projekt bezogen. Hervorgehoben werden dabei Planungs- und Organisationsfähigkeiten, wobei diese der Strukturierung und Gewinnung eines Gesamtüberblicks über die notwendigen Projektschritte dienen. Zudem werden Fähigkeiten zur Kontrolle und Steuerung der Projekterfolgskriterien Zeit, Kosten und Qualität (bezogen auf die geforderte Leistung/Anforderung) aufgeführt. In beiden Punkten kommt die Ausrichtung an den definierten Projektzielen zum Ausdruck. Die von einigen Autoren herausgestellten unternehmerischen Aspekte, die über das Projekt hinausgehen (z. B. unternehmensübergreifendes Denken, Mut zum kalkulierten Risiko[1043] oder Kenntnisse über organisatorische Strukturen[1044]), werden indes von den Befragten nur vereinzelt angedeutet. Diese Beobachtung lässt sich in zwei Richtungen interpretieren. Zum einen könnten sich die Befragten dieser Kompetenzen weniger bewusst sein, zum anderen könnten sie im Projektkontext der Befragten weniger relevant sein. Die Ergebnisse zum Einsatz von Personalentwicklungsmaßnahmen und ihr Einfluss auf das Kompetenzprofil deuten darauf hin, dass ersteres der Fall zu sein scheint.[1045] Unternehmerische Kompetenzen können demnach bezogen auf ein Einzelprojekt als förderlich für die Herausforderungen in den Bereichen der Definition und Steuerung des Projektinhalts und -ziels, der Planung, Organisation und Steuerung von Projekten sowie des Interessenmanagements und der Projektkommunikation bewertet werden.

[1039] Vgl. Keim, G. (1997), S. 149 ff.; Posner, B. Z. (1987), S. 53.

[1040] Das PMI nennt Leadership, Teambuilding sowie Motivation. Teamführung nennen u. a. auch Vetter/Wiesenbauer (1992); Kerzner, H. (2013), S. 179.

[1041] Vgl. Brill, J. M. et al. (2006), S. 129.

[1042] Vgl. u. a. Madauss, B. J. (2000), S. 399; Burghardt, M. (2012), S. 119; Bohinc, T. (2012), S. 4.

[1043] Vgl. Schelle, H. et al. (2008), S. 321 f.

[1044] Vgl. Hölzle, K. (2009).

[1045] Vgl. Kapitel 5.2.4.

In der Gesamtbetrachtung der notwendigen Kompetenzen sind Schwerpunkte in den Bereichen Soziale, Methoden-, Führungs- sowie unternehmerische Kompetenz erkennbar.[1046] Folglich sollten diese Kompetenzklassen bei der Gestaltung von Personalentwicklungsmaßnahmen für Projektleiter besonders berücksichtigt werden.

Im Hinblick auf die Analyse der zukünftig wichtigeren Kompetenzen zeigen die Auswertungsergebnisse überwiegend Überschneidungen zu den aktuell notwendigen Kompetenzen. Es konnten allerdings drei zusätzliche Kompetenzen identifiziert werden, die jeweils von einem Befragten genannt wurden:[1047] Interdisziplinäre Fähigkeiten, verstanden als die Fähigkeit, ein Verständnis für die unterschiedlichen Fachdisziplinen im Projekt zu erhalten und zwischen ihnen zu vermitteln, können der Sozial- und Fachkompetenz zugeordnet werden. Ihr zukünftiger Bedeutungszuwachs kann mit der Ausweitung von Projekten in unterschiedliche Unternehmensbereiche sowie der steigenden fachlichen Komplexität der Projektinhalte aufgrund der Dynamik und Veränderungsgeschwindigkeit nachvollzogen werden.[1048] Zudem wurde Medienkompetenz, d. h. der Umgang mit neuen Medien (z. B. Präsentationssoftware), als zukünftig wichtigere Kompetenz herausgestellt. Diese Methodenkompetenz kann als Signal für die weitere Professionalisierung in der Projektarbeit interpretiert werden, in der der Umgang mit neuen Medien diese nicht nur unterstützt, sondern auch den professionellen Umgang mit ihr unterstreicht. Als dritte, zukünftig wichtigere Kompetenz wurden verkäuferische Fähigkeiten genannt. Diese der unternehmerischen Kompetenzklasse zuordenbare Fähigkeit zielt darauf ab, für das Projekt zu werben, um die Unterstützung und Aufmerksamkeit des Managements zu erhalten. Die Bedeutung kann dahingehend interpretiert werden, dass die zunehmende Nutzung von Projektstrukturen zu einer erhöhten Konkurrenz und somit zu erhöhtem Wettbewerb um Ressourcen und finanzielle Mittel führt, die sowohl eine Positionierung als auch eine Priorisierung des Projektes in der Stammorganisation erschweren.

5.2 Sinnvolle Personalentwicklungsmaßnahmen zur Erweiterung des Kompetenzprofils von Projektleitern

Zur Beantwortung der zweiten Forschungsfrage konnten aus dem Datenmaterial unterschiedliche Maßnahmen herausgearbeitet werden, die von den befragten Projektleitern in der Vergan-

[1046] Vgl. Tabelle 19.
[1047] Vgl. Tabelle 19.
[1048] Vgl. Kapitel 2.1.1.

genheit genutzt und für sinnvoll für die Entwicklung ihrer Rolle eingestuft wurden. Zudem konnten Merkmale in Bezug auf die Art und den Umfang der Nutzung sowie Möglichkeiten zur Erweiterung der Kompetenzklassen extrahiert werden.

5.2.1 Genutzte Personalentwicklungsmaßnahmen

Die genannten Maßnahmen wurden erfasst und der entlang gewählten Systematisierung in edukations-, erfahrungs- und feedbackbasierte Maßnahmen verdichtet.[1049] Hieraus können nachfolgende Erkenntnisse abgeleitet werden:

Projektleiter greifen weitestgehend auf Maßnahmen zurück, die sowohl in der allgemeinen Literatur zur Personalentwicklung als auch im Kontext des Projektmanagements angeboten,[1050] thematisiert und diskutiert werden. Der explorative Forschungsansatz dieser Arbeit deckt jedoch auch weitere Maßnahmen auf, die in der Projektmanagement-Literatur und in empirischen Untersuchungen bislang weniger thematisiert wurden. Hierzu zählen insbesondere das Lernen über Vorbilder sowie die verschiedenen kollegialen Austauschformen. Weiterhin zeigen die Ergebnisse, dass die befragten Projektleiter Angebote des Unternehmens bzw. Anlässe im Rahmen der Projektarbeit nutzen, aber auch eigene Lernprozesse, z. B. durch das Lernen über Vorbilder oder auch durch das Lesen von Fachliteratur, anstoßen. Als zentrale Erkenntnis (E) im Rahmen dieser Arbeit kann festgehalten werden:

> *E-01: Besonders kompetenzförderliche Maßnahmen für die Entwicklung von Projektleitern sind: Schulungen, Seminare etc., elektronische Lernmedien, Zertifizierungen, Projekterfahrung/Learning-on-the-job, selbstgesteuertes Lernen über Vorbilder, Retrospektiven/Lessons-Learned Sessions, Coaching, Mentoring sowie unterschiedliche kollegiale Austauschformen.*

Für die methodische Ausgestaltung der Personalentwicklung von Projektleitern kann hieraus abgeleitet werden, dass sowohl arbeitsintegrierte Maßnahmen als auch flankierende Angebote gefördert bzw. zur Verfügung gestellt werden sollten.

Der Vergleich der identifizierten Maßnahmen mit anderen Studienergebnissen zeigt Überschneidungen sowohl in der Nutzung als auch in der positiven Bewertung insbesondere für

1049 Vgl. Tabelle 20.
1050 Vgl. Kapitel 2.2.2.

Schulungen, Seminaren etc., Projekterfahrung/Learning-by-doing, kollegiale Austauschformen/Erfahrungsaustausch sowie Coaching und elektronische Medien. Die große Bedeutung von anwendungsorientierten, reflexiven sowie prozessbegleitenden Maßnahmen zur Unterstützung im Projektalltag kann somit bekräftigt werden.[1051]

Die Ergebnisse zeigen sich ferner anschlussfähig zu Studienergebnissen, wonach das Lernen außerhalb formaler Personalentwicklungsmaßnahmen wesentlich für die Entwicklung von Projektleitern ist.[1052] Die unterschiedlichen Formen des informellen Lernens im Projektkontext konnten im Rahmen dieser Arbeit tiefer erschlossen werden. Sie zeigen sich insbesondere in den erfahrungs- und feedbackbasierten Maßnahmen, wie beispielsweise in der Projekterfahrung oder der Anleitung und Begleitung im Arbeitskontext oder auch den kollegialen Austauschformen. Gleichsam kann hieraus geschlussfolgert werden, dass Kompetenzen von Projektleitern arbeitsimmanent entwickelt werden. Dies bekräftigt die Beobachtung aus Untersuchungen, wonach die Lernumgebung stärker in den Arbeitskontext integriert werden sollte.[1053]

5.2.2 Art und Umfang der Maßnahmennutzung

Die zweite Unterfrage zielt auf die Analyse der Art und des Umfangs der Maßnahmen ab. Hierbei können nachfolgende Punkte festgehalten werden:

Edukationsbasierte Maßnahmen kommen in formell geplanten, zeitlich befristeten und in längeren Zeitabständen zur Anwendung. Aufgrund der häufigen Nennung sowie ihrer Bewertung als sinnvolle Maßnahmen können sie als etablierte Maßnahmen für die Entwicklung von Projektleitern bewertet werden. Gleichwohl ist der Stellenwert edukationsbasierter Maßnahmen für die Vermittlung von grundlegenden und überwiegend theoretischen Inhalten in strukturierter Form unverzichtbar, um ein Grundverständnis für und einen Einstieg in die Projektarbeit sowie den Umgang mit dem Projektumfeld zu ermöglichen. Gleichzeitig zeigen die Ergebnisse eine abnehmende Relevanz dieser Maßnahmen mit zunehmender Projekterfahrung. Dies lässt darauf schließen, dass die individuellen und projektspezifischen Herausforderungen, die aus der Projektarbeit erwachsen, nicht im gewünschten Maße abgedeckt werden. Die Ergebnisse

[1051] Vgl. Borchert, M. /Günther, A. E. K. (2007), S. 37 ff.; Savelsbergh, C. M. et al. (2016), S. 565; Skipper, C. O. /Bell, L. C. (2006), S. 72.

[1052] Vgl. Savelsbergh, C. M. et al. (2016), S. 566.

[1053] Vgl. Aramo-Immonen, H. et al. (2011).

zeigen, dass weitere, flankierende Maßnahmen in Form von erfahrungs- und feedbackbasierten Maßnahmen für die Kompetenzentwicklung notwendig sind.

Erfahrungsbasierte Maßnahmen werden sowohl formell als auch informell über einen längeren Zeitraum genutzt. Die Kompetenzentwicklung findet hierbei im unmittelbaren Arbeitskontext durch eigene Bearbeitung und Beobachtung statt und unterstützt somit den Ausbau situativer Handlungsfähigkeit im Zeitverlauf. Hierbei stehen die praktische Umsetzung von Aufgaben sowie der Aufbau von Erfahrungen (implizitem Wissen) unter wechselnden Projektbedingungen im Vordergrund. Die Maßnahmen ermöglichen zudem, Praktiken zu beobachten, wobei sie überwiegend auf das eigene Projekt und Projektumfeld beschränkt sind.

Feedbackbasierte Maßnahmen werden ebenso formell und informell genutzt. Die Begleitung findet dabei sowohl punktuell als auch regelmäßig statt, wobei auch Angebote des Unternehmens sowie Anlässe im Projekt genutzt werden. Der Schwerpunkt liegt hierbei auf der Auseinandersetzung mit konkreten Fragestellungen aus der Praxis. Erfahrungen und Perspektiven von anderen Personen werden genutzt, um Sachverhalten zu reflektieren, alternative Lösungsoptionen zu generieren oder andere Umgangs- und Verhaltensweisen kennenzulernen. Dabei werden Herangehensweisen nicht nur innerhalb des Projektes, sondern auch außerhalb des eigenen Projektes bzw. Projektumfeldes erkundet.

Der Vergleich der Maßnahmen zeigt, dass edukationsbasierte Maßnahmen stärker für die strukturierte Wissensvermittlung (explizites Wissen) genutzt werden, während der Einsatz erfahrungs- und feedbackbasierter Maßnahmen schwerpunktmäßig in der praktischen Anwendung und Umsetzung von Gesprächsinhalten sowie der Bewältigung von Problemen liegt. Die Beobachtung spiegelt auch die Kritikpunkte an den Rahmenwerken der Projektmanagement-Verbände wider, wonach nicht nur Projektmanagementwissen eine zentrale Rolle in der praktischen Projektarbeit spielt.[1054] Zudem unterstreichen die Ergebnisse die Bedeutung der Maßnahmen, die in kürzeren Zeitabständen genutzt werden und inhaltlich in einem unmittelbaren Anwendungsbezug stehen. Diese Beobachtung kann vor dem Hintergrund wechselnder und mitunter unbekannter Projektsituationen dahingehend interpretiert werden, dass die projektspezifischen Rahmenbedingungen eine stärkere kooperative Zusammenarbeit notwendig machen, um kurzfristig die Handlungsfähigkeit des Projektleiters zu erhalten bzw. sie auf die neue, unbe-

[1054] Vgl. Kapitel 2.2.2.5.

kannte Situation hin zu erweitern. Gleichsam kann hierin ein Grund für die intensive Nutzung informeller Maßnahmen im Projektkontext gesehen werden, die sich durch eine größere zeitliche Spontanität und inhaltliche Flexibilität auszeichnen.

In der Kombination edukationsbasierter mit erfahrungs- und feedbackbasierten Maßnahmen kann somit eine schrittweise Erweiterung des Kompetenzprofils ausgehend von den eigenen Erlebnissen in der Praxis sowie vor dem theoretischen Grundgerüst erfolgen. Eine enge Begleitung zu Beginn der Rollenausübung ist von Bedeutung, um das Projekt sowie dessen Umfeld kennenzulernen und eine Ausgangsbasis für selbstständiges Agieren zu ermöglichen. Der zunehmende Bedarf und die Bedeutung feedbackbasierter Maßnahmen zur Bearbeitung und Reflexion eigener Projektergebnisse unterstreichen den höheren Lerneffekt, der aufgrund des persönlichen Bezugs und der Nähe zum Thema sowie zur Praxis besteht. Als zentrale Erkenntnis kann somit festgehalten werden:

> *E-02: Die Kombination edukations-, erfahrungs- und feedbackbasierter Maßnahmen fördert die schrittweise Erweiterung des Kompetenzprofils von Projektleitern.*

Diese Beobachtung deckt sich mit Studienergebnissen aus dem universitären Bereich, wonach seminaristische Lernformen zur Vermittlung von Grundlagenwissen zum Projektmanagement, -terminologie und -methoden zu Beginn der Projektarbeit notwendig sind, jedoch ohne entsprechende Nähe zur Praxis an Wirkungskraft verlieren.[1055]

Mit Blick auf den praktischen Einsatz von Personalentwicklungsmaßnahmen im Projektkontext in Unternehmen ist daher der vertiefende Einsatz von erfahrungs- und feedbackbasierten Maßnahmen unternehmensindividuell zu empfehlen. Eine zielgerichtete und systematische Nutzung der drei untersuchten Maßnahmenformen, die formelles wie informelles Lernen kombinieren, ist für die Kompetenzentwicklung von Projektleitern ein wesentlicher Faktor.

[1055] Vgl. Egginton, B. (2012), S. 520 ff.

5.2.3 Inhaltliche und strukturelle Aspekte der Maßnahmen zur Erweiterung der Handlungsfähigkeit

Zur Beantwortung der dritten Unterfrage wurden in den jeweiligen Abschnitten der Maßnahmen sowohl inhaltliche als auch strukturelle Merkmale herausgearbeitet, die die Erweiterung des Kompetenzprofils beeinflussen.[1056]

Aus den Beschreibungen heraus können die nachfolgenden inhaltlichen Unterschiede aufgezeigt werden. Edukationsbasierte Maßnahmen sind vornehmlich für die umfangreiche und strukturierte Wissensvermittlung geeignet, bleiben jedoch für ein tiefergehendes Verständnis zu abstrakt, so dass eine persönliche Distanz zu den Maßnahmeninhalten bestehen bleibt. Erfahrungsbasierte Maßnahmen kommen dem Wunsch nach einem direkteren Praxisbezug näher, da die Realitätsnähe im Arbeitskontext gegeben ist. Auch können in diesen Maßnahmen Sachverhalte und Ereignisse punktuell reflektiert werden. Feedbackbasierte Maßnahmen unterstützen insbesondere den Umgang mit konkreten, unbekannten Situationen im Projekt oder Projektumfeld. Die Erfahrungen der Austauschpartner sowie deren Situationsbewertungen fördern darüber hinaus die Erweiterung der Sichtweise auf Fragestellungen, die wiederum die Analyse, Lösungsentwicklung und Realisierung positiv beeinflussen. Sie unterstützen den persönlichen Umgang mit Herausforderungen und die aktive Auseinandersetzung mit ihnen. Zudem ermutigen sie zu Handlungen und zur aktiven Suche nach Lösungen. Das Teilen von Erfahrungen ist dabei ein zentrales Merkmal und Mittel aller drei untersuchten Maßnahmenformen.

Weiterhin ist der Wunsch nach Erfahrungsaustausch mit anderen Personen sowohl bei edukations- als auch bei erfahrungs- und feedbackbasierten Maßnahmen erkennbar. Relevante Faktoren, die einen Einfluss auf das Maß bzw. die Stärke der Kompetenzentwicklung ausüben, konnten für feedbackbasierte Maßnahmen weiter konkretisiert werden. Dies sind: die Stellung und Erfahrung der Austauschpartner, die Beziehungsebene sowie die zeitliche Verfügbarkeit.

Dabei ist zunächst festzustellen, dass die Träger, d. h. Austauschpartner der Maßnahmen, mit den Maßnahmeninhalten korrespondieren. So werden für die Projektarbeit Personen herangezogen, die sich durch andere Erfahrungen sowie ggf. leichte Hierarchieunterschiede, z. B. Projektleiter zu direkter Führungskraft, auszeichnen. Hierarchisch höher gestellte Personen werden

[1056] Vgl. Kapitel 4.4.2.4; 4.4.3.4; 4.4.4.4.

demgegenüber mit Fragestellungen zur Organisation und zum Projektumfeld genutzt. Hieraus kann als zentrale Erkenntnis festgehalten werden:

> *E-03: Die hierarchische Stellung der Austauschpartner hat einen Einfluss auf den Betrachtungshorizont des Gesprächsgegenstandes. Bei höhergestellten Personen zielen die Gesprächsinhalte stärker auf unternehmensbezogene sowie strategische Themenfelder ab und das Kompetenzprofil von Projektleitern wird dahingehend erweitert.*

Darüber hinaus zeigt sich, dass Erfahrungshintergrund und -unterschiede der Austauschpartner einen wesentlichen Einfluss auf die Entwicklung des Kompetenzprofils ausüben. Diese Unterschiede erweisen sich sowohl für die umfassende Problemanalyse und -bewertung als auch in der Generierung von Lösungsoptionen und Hinweisen zu deren Umsetzung als hilfreich. Als zentrale Erkenntnis kann formuliert werden:

> *E-04: Je größer der Erfahrungsschatz der Austauschpartner sowie die Vergleichbarkeit der Erfahrungen mit der geschilderten Problemsituation ist, desto eher wird ein verändertes ggf. auch neues Verhalten auf die Situation übertragen und das Kompetenzprofil des Projektleiters dadurch erweitert.*

Aus den geschilderten Austauschbeziehungen konnten zudem zentrale Merkmale auf der Beziehungsebene identifiziert werden. Hierzu zählen neben der Akzeptanz des Austauschpartners auch Vertrauen und Offenheit. Es kann daher festgehalten werden:

> *E-05: Je größer die Passung zwischen Projektleiter und Austauschpartner/-n auf der Beziehungsebene ist, umso offener gestaltet sich der Austausch über kritische Fragestellungen und umso eher erweitert sich das Kompetenzprofil.*

Zugleich zeigt sich, dass die inhaltlichen Themenfelder abhängig von den zuvor genannten strukturellen Merkmalen sind. Diese Beobachtung kann zur folgenden zentralen Erkenntnis zusammengefasst werden:

> *E-06: Strukturelle Merkmale, wie die Zusammenstellung und Geeignetheit der Austauschpartner, organisationale Nähe sowie die Beziehungsebene zwischen den Austauschpartnern, bestimmen den inhaltlichen Gegenstand der Maßnahme und haben somit einen Einfluss auf die Entwicklung des Kompetenzprofils.*

Die Befragten sind sich dieser Abhängigkeit bewusst und stellen sich darauf ein bzw. reagieren entsprechend. Gleichzeitig deuten sie auf förderliche Rahmenbedingungen für den Einsatz hin.

Für die praktische Umsetzung lassen die Ergebnisse darauf schließen, dass informelle Beziehungen gefördert bzw. unterstützt werden sollten.

Aus den Beschreibungen zum Themenumfang und zur Dauer kann weiterhin abgeleitet werden, dass die Kombination aus eher begrenztem Gesprächsinhalt durch die Begleitung über einen längeren Zeitraum eine positive Wirkung auf das Kompetenzprofil und die darin enthaltenen Kompetenzen ausübt und die langfristige Verhaltensänderung positiv unterstützt, so dass festgehalten werden kann:

> *E-07: Regelmäßiger und zeitlich flexibler Einsatz der Maßnahmen fördern die langfristige Verhaltensänderung.*

Insgesamt kann auf Basis der skizzierten strukturellen und inhaltlichen Merkmale die Berücksichtigung dieser Faktoren empfohlen werden, um Einschränkungen in der Kompetenzentwicklung zu vermeiden. Insbesondere bei feedbackbasierten Maßnahmen ergibt sich eine größere Themenvielfalt. Dies sollte bei der Konzeption und Durchführung dahingehend berücksichtigt werden, dass die verfolgte Zielrichtung deutlich artikuliert und transparent gemacht wird, um die Erwartungen an die Maßnahmen vorab darzustellen und abzuklären. In Abhängigkeit vom Ziel sollten Maßnahmen anschließend genau definiert werden. Weitere Überlegungen, wie z. B. die Auswahl der Austauschpartner bzw. die Gruppenzusammensetzung, sollten darauf aufbauend vorgenommen werden.

5.2.4 Einfluss der Maßnahmen auf das Kompetenzprofil

Basierend auf den ersten Erkenntnissen zum Einsatz und Einfluss edukations-, erfahrungs- und feedbackbasierter Maßnahmen auf das Kompetenzprofil, ergibt sich nachfolgende Zusammenfassung (siehe Tabelle 31) basierend auf den Zwischenergebnissen der Kapitel 4.4.2.4, 4.4.3.4 und 4.4.4.4.

Durch edukationsbasierte Maßnahmen können somit je nach Themenschwerpunkt gezielt Kompetenzklassen gefördert werden. Hierbei treten insbesondere Fach-, Methoden-, soziale und Führungskompetenzen hervor. Die Bedeutung dieser Kompetenzklassen im Kontext der Projektarbeit kann durch die vorliegende Forschungsarbeit bestätigt werden. Allerdings zeigen die Ergebnisse auch, dass unternehmerische Kompetenzen nicht explizit Gegenstand der geschilderten Personalentwicklungsangebote sind. Die Äußerungen der Befragten lassen jedoch vermuten, dass durch die Vermittlung von Grundlagenwissen sowie methodischer Fertigkeiten auch diese Kompetenzklasse beeinflusst und somit eine mittelbare Entwicklung erzielt wird.

Zusammenfassung der Maßnahmen						
Systematisierung der Maßnahmen nach Stock-Homburg (2013)	**Maßnahmen**	**FK**	**MK**	**SK**	**FüK**	**UK**
Edukationsbasierte Maßnahmen	Schulung, Seminar, Kurs, Training	++	++	++	++	+
	Zertifizierung	+	++	+	+	+
	Webinar/WebEx/CBT	++	++	+	+	
Erfahrungsbasierte Maßnahmen	Projekterfahrung	+	++	++	++	++
	Retrospektive/Lessons-Learned-Session	++	++	++	++	++
	Lernen über Vorbilder	+	++	++	++	++
Feedbackbasierte Maßnahmen	Coaching	+	++	++	++	++
	Mentoring	+	++	++	++	++
	Kollegiale Austauschformen	++	++	++	++	++
Legende: FK = Fachkompetenz; MK = Methodenkompetenz; SK = Soziale Kompetenz; FüK = Führungskompetenz; UK = Unternehmerische Kompetenz; Beeinflussung des Kompetenzprofils: + = gering/mittel, ++ eher hoch						

Tabelle 31: Einfluss der Maßnahmen auf die Entwicklung der Kompetenzklassen

Zudem zeigt sich, dass die Themenfelder und deren Bearbeitung geeignet sind, um Grundlagen in der Projektarbeit zu vermitteln, deren konkrete Anwendung hingegen auf Beispiele und Übungen beschränkt ist. Für den Umgang mit den geschilderten Herausforderungen der Befragten können sie somit eine Basis sein, um grundsätzliche Handlungsmöglichkeiten aufzuzeigen. Sie können jedoch nicht einen spezifischen Lösungsansatz bestimmen. Die zentrale Erkenntnis, die hieraus abgeleitet werden kann, lautet:

> *E-08: Edukationsbasierte Maßnahmen erweitern die Handlungsfähigkeit von Projektleitern durch den Auf- und Ausbau von grundlegendem Wissen zur Ausübung der Projektleiterrolle und für den Umgang mit Herausforderungen. Je nach Themenschwerpunkt kann damit Grundlagenwissen insbesondere bezogen auf Fach-, Methoden-, Sozial- sowie Führungskompetenzen vermittelt werden.*

Demgegenüber ist der Einfluss von erfahrungs- und feedbackbasierten Maßnahmen auf das Kompetenzprofil als vielseitiger und weniger fokussiert auf einzelne Kompetenzklassen zu bezeichnen. Hierbei kann die enge Verknüpfung mit der Praxis, die zahlreiche und unterschiedliche Lernanlässe bietet, als Grund genannt werden. Die Themeninhalte wechseln praxisbedingt häufiger, sind inhaltlich und zeitlich befristet und werden selbst erlebt, beobachtet oder von anderen Personen geschildert.

Bei erfahrungsbasierten Maßnahmen stehen insbesondere das persönliche Verhalten sowie der Umgang mit Personen und Projektsituationen im Vordergrund, die selbst erlebt bzw. im Arbeitskontext bei Vorbildern beobachtet werden. Hierdurch wird es möglich, situativ Fähigkeiten in unterschiedlichen Kompetenzklassen zu fördern. Hierbei treten auch unternehmerische Fähigkeiten deutlicher hervor, während fachlich-inhaltlich Fragestellungen eine eher untergeordnete Rolle spielen. Die Aussagen zum Lernen über Vorbilder lassen zudem darauf schließen, dass hierüber die Ausbildung eines eigenen Selbst- und Führungsverständnisses in der Rolle des Projektleiters erfolgt. Retrospektiven oder Lessons-Learned-Sessions stellen zudem wichtige Quellen für die Verbesserung in der operativen Projektumsetzung dar. Aufgrund des arbeitsimmanenten Einsatzes von erfahrungsbasierten Maßnahmen ermöglichen diese, eine situative Auseinandersetzung mit Frage- und Problemstellungen zu schaffen sowie die situative Handlungsfähigkeit aus dem unmittelbaren Arbeitskontext zu fördern. Als zentrale Erkenntnis kann festgehalten werden:

> *E-09: Erfahrungsbasierte Maßnahmen im Projektumfeld fördern die situative Handlungsfähigkeit von Projektleitern durch die schrittweise Gewinnung von eigenen Erfahrungen und die Beobachtung von Vorbildern sowie deren punktuelle Reflexion. In Abhängigkeit von der jeweiligen Situation können damit alle betrachteten Kompetenzklassen gefördert werden.*

Im Unterschied zu edukationsbasierten Maßnahmen sind diese auf Erlebnisse aus der jeweiligen Projektarbeit beschränkt und thematisieren weniger die Persönlichkeitsentwicklung. Somit können Herausforderungen in der operativen Projektumsetzung besser bewältigt werden.

Die Auswertungsergebnisse feedbackbasierter Maßnahmen zeigen ebenfalls einen vergleichbar vielseitigen Einfluss auf das Kompetenzprofil. Als zentraler Unterschied gehen diese Maßnahmen teilweise über den Bereich der eigentlichen Projektbearbeitung hinaus. So werden dort die berufliche Positionierung, langfristige Arbeits- und Verhaltensweisen und Persönlichkeitsentwicklung aufgeführt. Folglich kann neben den untersuchten Kompetenzklassen auch langfristig die Persönlichkeit beeinflusst werden.[1057] Es kann somit festgehalten werden:

> *E-10: Feedbackbasierte Maßnahmen im Projektumfeld fördern die situative Handlungsfähigkeit von Projektleitern durch die punktuelle Reflexion des eigenen Verhaltens und der Persönlichkeit sowie der Situationen und Personen im Projektumfeld.*

[1057] Vgl. Kapitel 4.4.4. Hierzu gehören neben Souveränität und Gelassenheit im Umgang mit Projektsituationen auch Belastbarkeit, Geduld, Ruhe sowie die Steigerung der Selbstsicherheit, emotionale und mentale Stabilität sowie Eigenständigkeit in der Bearbeitung von Projektaufgaben.

Hierdurch kann neben allen betrachteten Kompetenzklassen auch langfristig die Persönlichkeit beeinflusst werden.

Gleichsam bestehen deutliche Parallelen zu relevanten Faktoren, die den Lerntransfer beeinflussen. So wird eine Verbesserung der Selbstwirksamkeitsüberzeugung, d. h. der Überzeugung, Situationen eigenständig lösen zu können, sowie der Motivation, entsprechende Handlungen vorzunehmen, deutlich. Aus der Verbindung mit der beschriebenen Realitätsnähe der Themeninhalte sowie dem engen Bezug zwischen Lern- und Anwendungsfeld kann geschlussfolgert werden, dass feedbackbasierte Maßnahmen im Projektkontext den Lerntransfer in die Praxis verbessern.[1058]

Hierbei können spezifische Kompetenzen, die mittels feedbackbasierter Maßnahmen entwickelt werden, genauer gefasst werden. Die Zuordnung zu den Kompetenzklassen macht deutlich, dass insbesondere methodische und unternehmerische Kompetenzen gefördert werden.[1059]

Im Rahmen des Austausches und der gemeinsamen Reflexion von Situationen und Sachverhalten im Projekt treten besonders methodische Verbesserungen der Analysefähigkeit, des Beurteilungsvermögens, der Entscheidungsfähigkeit sowie der Zielorientierung hervor, die wesentliche Fähigkeiten zur Problemlösung darstellen. Dies spiegelt sich auch in der allgemeinen Literatur zu feedbackbasierten Maßnahmen wider,[1060] wird jedoch in der Kombination i. S. d. Problemlösungsfähigkeit von den Interviewpartnern weniger als bewusste Fähigkeit artikuliert. Bezogen auf die Entwicklung des Kompetenzprofils, kann somit nachfolgende Erkenntnis formuliert werden:

E-11: Feedbackbasierte Maßnahmen unterstützen die Fähigkeiten zur Problembearbeitung und -bewältigung und fördern dabei insbesondere die Analysefähigkeiten, das Beurteilungsvermögen, die Entscheidungsfähigkeit sowie die Zielorientierung.

Weiterhin zeigt sich eine positive Beeinflussung der unternehmerischen Kompetenzen durch die erweiterten Kenntnisse organisatorischer Strukturen im Projektumfeld und das damit einhergehende Erkennen von Chancen. Insbesondere Erfahrungen der Austauschpartner unterstützen die Bewertung und Einordnung des Projektumfeldes sowie die Sensibilisierung für poten-

1058 Vgl. Kauffeld, S. et al. (2012), S. 12. Die Autoren nennen die Selbstwirksamkeitsüberzeugung, Motivation, Nützlichkeit der Maßnahmeninhalte sowie die Übereinstimmung von Lern- und Anwendungsfeld als wesentliche Faktoren, die einen Einfluss auf den Transfererfolg ausüben.

1059 Vgl. Tabelle 27.

1060 Vgl. u. a. Wihler, A. et al. (2014), S. 393.; siehe auch Kapitel 2.2.1.2.

zielle Herausforderungen im Projekt. Diese Erkenntnisse fördern ferner die Organisations- und Planungsfähigkeit sowie die Fähigkeiten des Kosten-, Investitions- und Zeitmanagements. Folglich fördern sie das übergreifende und ganzheitlich-vernetzte Denken im Projekt. Es lässt sich als zentrale Erkenntnis festhalten:

> *E-12: Feedbackbasierte Maßnahmen fördern Fähigkeiten zum unternehmerischen Handeln aufgrund tiefergehender Kenntnisse des Projektumfeldes, des Erkennens von Chancen und damit einhergehenden Organisations- und Planungsfähigkeiten sowie der Fähigkeiten des Kosten-, Investitions- und Zeitmanagements.*

Für die Bewältigung der geschilderten Herausforderungen kann geschlussfolgert werden, dass sie diese thematisch aufgreifen, vertiefen und somit die Auseinandersetzung mit ihnen fördern. Einblicke sowohl in Projekterfahrungen und Verhaltenspraktiken anderer Personen als auch übergeordnete Informationen und Hintergründe zum Projektumfeld unterstützen dabei, nicht nur aktuelle, sondern auch mögliche zukünftige Herausforderungen frühzeitig zu identifizieren und somit Handlungs- und Verhaltensweisen zu reflektieren und die Handlungsfähigkeit dahingehend auszubauen.

5.2.5 Potenziale im Personalentwicklungsprozess

Verbesserungspotenziale im Personalentwicklungsprozess konnten insbesondere in den übergeordneten Rahmenbedingungen sowie in der Maßnahmenkonzeption und -durchführung herausgearbeitet werden.

Im Hinblick auf die übergeordneten Rahmenbedingungen trat die Lernkultur hervor, unter der Projekte durchgeführt werden. Es wird deutlich, dass die Lernkultur die Besonderheiten der Projektarbeit, die sich aufgrund der Merkmale von Projekten insbesondere im Hinblick auf ihre Einmaligkeit und Komplexität ergeben, berücksichtigen sollte. Eine diese Rahmenbedingungen berücksichtigende und offene Lernkultur kann die Kompetenzentwicklung von Projektleitern in mehrerer Hinsicht beeinflussen: Neben der Initiierung von Lernprozessen wird auch die Basis für den Austausch projektrelevanter Themenfelder eröffnet. So können einerseits Erfahrungen und Verhaltensweisen weitergegeben und andererseits weitere Veränderungsprozesse bei Projektleitern, aber auch im Unternehmen angestoßen werden. Auf dieser Basis können individuelle Fehler in der Projektarbeit auch als aktives Mittel zur Kompetenzentwicklung genutzt werden.

Die Wahrnehmungen zum fehlenden Grundlagenwissen lassen darauf schließen, dass Tätigkeiten und Anforderung stärker zueinander geführt werden sollten. Daneben ergeben sich methodische Verbesserungspotenziale in der Leistungs- und Potenzialanalyse von Projektleitern. So sollten Entwicklungsbedarfe vor und während der Rollenausübung zielgerichtet identifiziert und entwickelt werden.

Mit Blick auf die Konzeption und Durchführung von Personalentwicklungsmaßnahmen für Projektleiter wird deutlich, dass inhaltlich einerseits der Bezug zur formalen Projektleiterrolle gesucht wird, andererseits aber auch die formalen Rollenausprägungen in den Entwicklungsmaßnahmen thematisiert werden. Dies lässt den Schluss zu, dass die formale Rolle des Projektleiters bis zu einem bestimmten Grad bestimmbar, ihre konkrete Auslegung im Sinne einer formalen Rolle jedoch über den Austausch, die Reflexion und die Weitergabe von Praktiken entwickelt wird. Der Gesprächsaustausch in den verschiedenen dargestellten Formen kann die Kompetenzentwicklung dahingehend beeinflussen, dass die Besonderheiten des jeweiligen Projektumfeldes berücksichtigt und situative Hilfestellungen gegeben werden. Im Personalentwicklungsprozess sollten hierbei neben projektbezogenen Austauschformen, wie z. B. Abstimmungsgesprächen, auch Austauschformen außerhalb des Projektes, wie z. B. Netzwerke und Communities, berücksichtigt werden.

Darüber hinaus legt die Datenauswertung eine engere Verzahnung zwischen Theorie und Praxis für die Kompetenzentwicklung offen. Sie unterstützt die vorherige Schlussfolgerung, dass eine Kombination unterschiedlicher Maßnahmen im Rahmen der Konzeption und Durchführung von Entwicklungsmaßnahmen berücksichtigt werden sollte. Als kompetenzfördernd konnte die Kombination einer (anfänglichen) Theoriephase zur Vermittlung theoretischen Grundlagenwissens und einer engen Übungs- bzw. Praxisphase, um Erlerntes zeitnah unter realen Praxisbedingungen anzuwenden, identifiziert werden. Begleitende Reflexionsphasen in Form von punktueller Rücksprache zu aktuellen Ereignissen oder auch Herausforderungen ermöglichen die Analyse und Bewertung von Situationen.

5.3 Kritische Würdigung des Erklärungsrahmens und Limitation der empirischen Untersuchung

Wie die Ausführungen zum Forschungsansatz in Kapitel 1.2 deutlich gemacht haben, gehen sowohl mit dem quantitativen als auch mit dem hier gewählten qualitativen Ansatz Einschränkungen einher, auf die im Folgenden näher eingegangen werden soll.

Einschränkungen in der empirischen Erhebung ergeben sich einerseits aus der Auswahl der Personengruppe mit ihrer individuellen Erfahrungswelt. So war die Befragung zwar breit angelegt, d. h. es wurden bewusst keine Einschränkungen z. B. auf Branche oder Geschlecht etc. vorgenommen, jedoch im Rahmen des Auswahlprozesses mehrere Projektleiter aus einem Unternehmen befragt. Dies kann einerseits als Einschränkung gewertet werden, es ermöglicht andererseits aber auch, Wahrnehmungen und Erfahrungen aus einem Unternehmen untereinander zu reflektieren.[1061]

Wie in Kapitel 2.1.1 dargestellt, treten Projekte in unterschiedlichen Formen in Erscheinung. Die Projektart wurde als Kriterium bei der Auswahl der Interviewpartner nicht berücksichtigt, jedoch ist im Sample ein Schwerpunkt auf Projektleiter, die Erfahrungen mit IT-Projekten schildern, festzustellen. Dies ist differenziert zu bewerten. Einerseits ergibt sich hieraus eine mögliche Schwäche der Untersuchung, da Kompetenzen von Projektleiten für diese bestimmte Projektart erhoben wurden. Andererseits zeigten die Interviewpartner unterschiedliche Projekterfahrungen auf, womit das Risiko einer einseitigen Erhebung abgemildert werden konnte. Bezogen auf die identifizierten Maßnahmen ist der Umstand ebenfalls weniger kritisch zu bewerten, da der persönliche Erfahrungs- und Erwartungshorizont von Personalentwicklungsmaßnahmen als unabhängig vom konkreten Projektinhalt bewertet wurde.

Bei der Auswahl der befragten Projektleiter wurde weiterhin keine bewusste Einschränkung auf festangestellte Projektleiter in Unternehmen vorgenommen, so dass auch Selbstständige (sog. Freelancer) in der Befragungsgruppe enthalten sind. Der Grund hierfür liegt in der Möglichkeit, Wissensbereiche und Verhaltensweisen dieser Personengruppe, die definitionsgemäß keinen unmittelbaren Zugang zu organisationalen Personalentwicklungsmaßnahmen hat, zu erfassen. Dieser Umstand unterstützt den Ansatz, ein möglichst breites Ausprägungsfeld zu erhe-

1061 Hierunter fallen die Interviews mit PL-07, PL-12 und PL-16.

ben und Unterschiede zwischen den Befragten im Rahmen der Auswertung zu identifizieren. Soziodemographische Merkmale, wie beispielsweise Alter, Geschlecht o. ä., und möglicherweise daraus resultierende Häufungen sind zufällig und wurden im Sampling-Prozess nicht aktiv beeinflusst.

Eine weitere Einschränkung kann in der Methodik der empirischen Erhebung gesehen werden. Durch die qualitative Forschung ist es nicht möglich, ein vollständiges Bild von den Befragten zu erhalten. Es beschränkt sich vielmehr auf die für sie in der Gesprächssituation für relevant wahrgenommenen Themenfelder und Sachverhalte. Dies ist insbesondere bei der Systematisierung von relevanten Fähigkeiten von Projektleitern zu berücksichtigen. Dennoch ermöglicht diese Erhebungsmethode eine tiefergehende Analyse der Erlebniswelten der Befragten. Sie ermöglicht auch, Sachverhalte zu entdecken, die mittels einer quantitativen Untersuchung aufgrund der Standardisierung möglicherweise übersehen worden wären. Weiterhin ist einschränkend zu bewerten, dass die Art und Weise, wie die Maßnahmen das Kompetenzprofil erweitern, nicht auf einzelindividueller Basis erhoben und die Projektleiter nicht in der Funktionsausübung beobachtet wurden. Die Beschreibungen basieren somit auf subjektiver Wahrnehmung und Erzählung seitens der Befragten. Letztlich ist auch zu berücksichtigen, dass allein die Teilnahme an der Befragung grundsätzliches Interesse der Interviewpartner an dem Themenfeld zeigt. Dies birgt die Gefahr, dass möglicherweise kritische Themenfelder gar nicht oder in abgeschwächter Form dargestellt werden. Dennoch kann mit Blick auf die Güte der Arbeit festgehalten werden, dass die von Becker (2006) genannten Mindestanforderungen i. S. v. Plausibilität, Erklärungsbemühung, Offenheit, Flexibilität und Konsistenz[1062] als weitestgehend erfüllt betrachtet werden können.

[1062] Vgl. Becker, F. G. (2006), S. 299.

6 Fazit und Ausblick

Wie aus der eingangs skizzierten Problemstellung deutlich wurde, sehen sich Unternehmen mit umfassenden Veränderungen sowohl innerhalb als auch außerhalb der Unternehmung konfrontiert. Durch die zunehmende Ausweitung der Projektarbeit und die damit einhergehenden veränderten Rahmenbedingungen wird es erforderlich, eine zielgerichtete und wirksame Entwicklung von Projektpersonal sicherzustellen, um langfristig den unternehmerischen Erfolg zu gewährleisten. Hierzu ist es notwendig, zielgerichtete und systematische Methoden und Instrumente für die Entwicklung von Projektverantwortlichen zu identifizieren.

Mit der vorliegenden Untersuchung zur Ausgestaltung und Ausrichtung der Personalentwicklungsmethoden für Projektleiter wurde das Ziel verfolgt, relevante Maßnahmen und ihre zentralen Einflussfaktoren für die Entwicklung der Handlungsfähigkeit von Projektleitern zu ermitteln und ihren Einfluss auf das Kompetenzprofil zu erheben.

Dazu erfolgte zunächst eine kritische Auseinandersetzung mit der Projektarbeit sowie mit der Einordnung des Projektleiters in die Projektstrukturen und mit den dafür notwendigen Kompetenzen. Darüber hinaus wurde eine Bestandsanalyse zur Ausrichtung der Personalentwicklung sowie der in Literatur und Praxis diskutierten Personalentwicklungsmaßnahmen vorgenommen. Auf dieser Basis erfolgte eine Analyse des bereits zur Verfügung stehenden Entwicklungsangebots für Projektleiter sowie dessen Spiegelung an den aus der Literatur extrahierten Kompetenzanforderungen. Die Zusammenführung der Erkenntnisse aus der Bestandsaufnahme führte schließlich zur Konkretisierung der Forschungsfragen. Der hierdurch erstellte Konzeptionsrahmen diente als Mittel zur Systematisierung der bestehenden Forschung zur Charakterisierung der Projektarbeit von Projektleitern sowie der Personalentwicklung im Allgemeinen und der von Projektleitern genutzten Personalentwicklungsangebote im Speziellen.

Der explorative Forschungsansatz ermöglichte eine Umkehrung der Betrachtung, ausgehend von der Erlebniswelt der Betroffenen, und legte facettenreiche Formen der zur Anwendung kommenden Personalentwicklungsmaßnahmen von Projektleitern offen. Es wird deutlich, dass insbesondere traditionelle Formen der Wissensvermittlung wie Kurse, Seminare etc., aber auch moderne elektronische Lernmedien den Grundstock für die Arbeit in der Projektleiterrolle legen, jedoch die Schärfung des Kompetenzprofils arbeitsimmanent durch Projekterfahrung sowie durch die regelmäßige Reflexion im Rahmen von unterschiedlichen Formen des Erfahrungsaustausches erfolgt. Das Ergebnis unterstreicht einerseits die Diskussion um Defizite und Relevanz traditioneller Weiterbildungsformen, legt gleichzeitig aber auch die zahlreichen Selbstentwicklungsmöglichkeiten von Projektleitern in projektförmigen Arbeits- und Organisationsstrukturen offen. Wie gezeigt werden konnte, bestehen in projektorientierten Strukturen ausdifferenzierte Netzwerke, auf deren unterschiedliche Träger und Erfahrungshintergründe zurückgegriffen werden kann. Hierin kann ein nicht unerhebliches Potenzial für die Kompetenzentwicklung des einzelnen, aber auch von Gruppen und Organisationen gesehen werden. Hierzu bedarf es allerdings einer Personalentwicklung, die weitreichender, d. h. über Organisationseinheit(en) hinaus insbesondere mit Blick auf ihre Träger aufgefasst wird.

Die Forschungsarbeit zeigt darüber hinaus sowohl für die Theorie als auch für die Praxis zu berücksichtigende Aspekte bei Konzeption und Durchführung von Personalentwicklungsmaßnahmen für Projektleiter im Kontext der Projektarbeit auf. Wie die zentralen Erkenntnisse verdeutlichen, können nachfolgende Schwerpunkte genannt werden:

- Die Notwendigkeit einer Personalentwicklung, die flankierend zur operativen Projektarbeit eine systematische und gleichsam flexible Kombination formeller als auch informeller Entwicklungsmaßnahmen bietet.
- Das Erfordernis zur Integration und Berücksichtigung von Freiräumen zur individuellen sowie gemeinschaftlichen (Erlebnis-)Reflexion.
- Der Stellenwert lernkultureller Aspekte in Diaden als auch in Gruppen, der insbesondere für die Entstehung sowie Aufrechterhaltung regelmäßiger Austauschbeziehungen relevant ist.

Zudem können die identifizierten Verbesserungspotenziale genutzt werden, um bestehende Maßnahmen in der Praxis zu überprüfen, womit zu einer Optimierung der Personalentwicklung beigetragen werden kann. Die Arbeit leistet einen Beitrag zur näheren Analyse der Maßnahmen zur Kompetenzentwicklung von Projektleitern, aber auch zur näheren Auseinandersetzung mit spezifischen Herausforderungen in der Projektarbeit und dem Umgang mit ihnen.

Die im Rahmen dieser Arbeit aufgezeigten Ergebnisse legen ebenso Hinweise für zukünftige Forschungsarbeiten offen. So könnten weitere qualitative Untersuchungen erfolgen, die die Möglichkeit bieten, vertiefende Erkenntnisse, beispielsweise im Zusammenspiel der unterschiedlichen Maßnahmen, zu identifizieren. Andererseits kann eine Weiterführung dieser Arbeit durch die Ergänzung einer quantitativen Untersuchung erfolgen, um die zentralen Erkenntnisse dieser Arbeit bezogen auf die Entwicklung des Kompetenzprofils von Projektleitern auf Basis einer größeren Fallzahl zu verallgemeinern. Nicht zuletzt könnte ebenso eine methodische Erweiterung, wie beispielsweise durch die Kombination von Erhebungsmethoden, herangezogen werden, um einerseits die Limitationen dieser Forschungsarbeit zu berücksichtigen und andererseits die Ergebnisse dieser Arbeit zu validieren.

Neben diesen methodischen Hinweisen können auch Empfehlungen mit Blick auf den Forschungsgegenstand gegeben werden. Im Rahmen der vorliegenden Arbeit wurden in der Praxis von Projektleitern genutzte Entwicklungsmaßnahmen bezogen auf ihren Einfluss auf das Kompetenzprofil des Projektleiters untersucht. Im Hinblick auf die zunehmende Ausweitung der Projektarbeit und damit einhergehende Strukturen des Multiprojektmanagements in Organisationen kann das Blickfeld um übergeordnete Rollen, wie beispielsweise den Programmmanager, erweitert werden. Interessant wären die Veränderung des Kompetenzprofils sowie der darunterliegenden Fähigkeiten, die mit einer stärkeren Distanz zur operativen Projektarbeit einhergehen sowie mögliche Veränderungen im Einsatz und Nutzen der Maßnahmen im Projektalltag. Darüber hinaus zeigen die Auswertungsergebnisse Unterschiede in der Etablierung und Nutzung von Personalentwicklungsmaßnahmen bezogen auf die Branchen, in denen die befragten Projektleiter tätig sind. Zukünftige Arbeiten könnten dieser Beobachtung detailliert nachgehen und untersuchen, inwieweit branchenspezifische Faktoren Einfluss auf die Nutzung der Maßnahmen ausüben. Ebenso sind Untersuchungen denkbar, die den Einfluss feedbackbasierter Maßnahmen auf die Organisationsentwicklung untersuchen und nähere Erkenntnisse über die (Lern-)Strukturen und Kulturen projektorientierter Unternehmen offenlegen. Hierbei könnten Konzepte zur Analyse der Wirkungsbeziehungen der verschiedenen Kompetenzebenen in Organisationen eine zusätzliche Grundlage bieten.[1063]

[1063] Vgl. Wilkens, U. (2005); Wilkens, U./Gröschke, D. (2007).

Anhang

1. Interviewleitfaden

1. **Berufserfahrung** Stand: 18.05.2014

   1.1. Wie lang sind Sie schon berufstätig?

   1.2. Wie viele Jahre haben Sie als Projektleiter gearbeitet?

   1.3. Welche Projektarten haben Sie in der Rolle als Projektleiter bearbeitet?

   1.4. Seit wann sind Sie in Ihrem jetzigen Unternehmen tätig bzw. seit wann arbeiten Sie als Selbstständiger?

   1.5. Welche Bedeutung hat Lernen für Sie im Projektumfeld?

2. **Herausforderung und Rollenverständnis in der Projektarbeit**

   2.1. Worin bestehen für Sie persönlich die drei größten Herausforderungen in der Projektarbeit?

   2.2. Wie verstehen Sie Ihre Rolle im Projekt?

3. **Kompetenzen für die Projektarbeit**

   3.1. Welche Fähigkeiten sollte Ihrer Meinung nach ein Projektleiter mitbringen? Welche Kompetenzen werden aus Ihrer Sicht in Zukunft wichtiger?

   3.2. Welche für Sie persönlich schwierigen oder anspruchsvollen Situationen haben Sie in Ihren Projekten schon einmal erlebt? *(2-3 Beispiele)*

   3.3. Was haben Sie für Ihr zukünftiges Handeln gelernt?

   3.4. Welche Situation im Projekt haben Sie als besonders erfolgreich für Sie persönlich in Erinnerung? *(2-3 Beispiele)*

   3.5. Was haben Sie aus dieser Situation für Ihr zukünftiges Verhalten gelernt?

4. **Personalentwicklungsmaßnahmen**

   4.1. Welche Maßnahmen halten Sie für sinnvoll, um diese Fähigkeiten zu entwickeln? Welche Maßnahmen ggf. auch außerhalb der Projektleiteraus- und -weiterbildung haben Sie erlebt, die für Sie nützlich waren?

4.2. Wie wichtig sind für Sie individuelle Personalentwicklungsmaßnahmen, wie z. B. Coaching, Mentoring oder der regelmäßige Austausch im Kollegenkreis? Was verstehen Sie darunter?

4.3. Welche Erfahrungen haben Sie damit gemacht?

4.3.1. Wie war die Maßnahme organisiert?

4.3.2. Welche Ziele und Inhalte hatten diese Maßnahmen?

4.3.3. Worin hat es Ihnen geholfen?

4.3.4. Woran haben Sie die Verbesserung/Veränderung gemerkt?

4.3.5. Welche Fähigkeiten konnten Sie damit verbessern?

4.3.6. Welche Vorteile haben Ihrer Meinung nach diese Maßnahmen gegenüber anderen Personalentwicklungsmaßnahmen?

4.3.7. Wo sehen Sie die Grenzen/Nachteile dieser Maßnahme?

4.3.7.1. Überleitung zur Ebene „Erwartungen an PL-Aus- und Weiterbildung“

5. **Erwartung an die PL-Aus- und Weiterbildung**

5.1. Welche Empfehlung würden Sie einem Personaler geben bei der Konzeption von Personalentwicklungsmaßnahmen für Projektleiter?

5.2. Welche Rahmenbedingungen aus der Projektarbeit müssen bei der Konzeption und Umsetzung von Personalentwicklungsmaßnahmen beachtet werden?

5.3. Wie sollte die Projektleiteraus- und -weiterbildung aus Ihrer Sicht in Unternehmen umgesetzt werden?

5.4. Wo sehen Sie Defizite in der aktuellen Projektleiteraus- und -weiterbildung?

6. **Persönlicher Werdegang**

6.1. Bitte schildern Sie mir kurz Ihren persönlichen Werdegang in Bezug auf Ausbildung und Studium.

6.2. Welche Inhalte hatten Aus- und Weiterbildungsmaßnahmen, an denen Sie bislang teilgenommen haben? Welche davon waren speziell für Ihre Funktion als Projektleiter?

6.3. Darf ich abschließend noch erfahren, wie alt Sie sind?

2. Auszug Kategoriensystem zur Analyse relevanter Kompetenzen

Bezeichnung der Fähigkeiten durch die Befragten	Angleichung der Aussagen/Fähigkeiten	Zuordnung zur Kompetenzklasse
„fachlicher Überblick und fachliche Qualifikation" (PL-02)	Fachwissen (neu)	Fachkompetenz
„analytische Denkvermögen" (PL-01)	Analysefähigkeit	Methodenkompetenz
„Unterstützung des Auftraggebers bewusst sein" (PL-03)	Aufmerksamkeit/Wachsamkeit (neu)	Soziale Kompetenz
„positive Stimmung verbreiten" (PL-17)	Motivationsfähigkeit	Führungskompetenz
„roter Faden, den großen Plan nicht aus den Augen verlieren" (PL-10)	Planungs- und Organisationsfähigkeit	Unternehmerische Kompetenz
„ruhiges Händchen" behalten (PL-08)	Ruhe, Gelassenheit	Persönlichkeitsmerkmal

Tabelle 32: Beispiele zur Angleichung und Zuordnung der genannten Fähigkeiten zu Kompetenzklassen

3. Übersicht der zentralen Erkenntnisse

Nr.	Zentrale Erkenntnisse der Arbeit
E-01	Besonders kompetenzförderliche Maßnahmen für die Entwicklung von Projektleitern sind: Schulungen, Seminare etc., elektronische Lernmedien, Zertifizierungen, Projekterfahrung/Learning-on-the-job, selbstgesteuertes Lernen über Vorbilder, Retrospektiven/Lessons-Learned Sessions, Coaching, Mentoring sowie unterschiedliche kollegiale Austauschformen.
E-02	Die Kombination edukations-, erfahrungs- und feedbackbasierter Maßnahmen fördert die schrittweise Erweiterung des Kompetenzprofils von Projektleitern.
E-03	Die hierarchische Stellung der Austauschpartner hat einen Einfluss auf den Betrachtungshorizont des Gesprächsgegenstandes. Bei höhergestellten Personen zielen die Gesprächsinhalte stärker auf unternehmensbezogene sowie strategische Themenfelder ab und das Kompetenzprofil von Projektleitern wird dahingehend erweitert.
E-04	Je größer der Erfahrungsschatz der Austauschpartner sowie die Vergleichbarkeit der Erfahrungen mit der geschilderten Problemsituation ist, desto eher wird ein verändertes ggf. auch neues Verhalten auf die Situation übertragen und das Kompetenzprofil des Projektleiters dadurch erweitert.
E-05	Je größer die Passung zwischen Projektleiter und Austauschpartner/-n auf der Beziehungsebene ist, umso offener gestaltet sich der Austausch über kritische Fragestellungen und umso eher erweitert sich das Kompetenzprofil.
E-06	Strukturelle Merkmale, wie die Zusammenstellung und Geeignetheit der Austauschpartner, organisationale Nähe sowie die Beziehungsebene zwischen den Austauschpartnern, bestimmen den inhaltlichen Gegenstand der Maßnahme und haben somit einen Einfluss auf die Entwicklung des Kompetenzprofils.
E-07	Regelmäßiger und zeitlich flexibler Einsatz der Maßnahmen fördern die langfristige Verhaltensänderung.
E-08	Edukationsbasierte Maßnahmen erweitern die Handlungsfähigkeit von Projektleitern durch den Auf- und Ausbau von grundlegendem Wissen zur Ausübung der Projektleiterrolle und für den Umgang mit Herausforderungen. Je nach Themenschwerpunkt kann damit Grundlagenwissen insbesondere bezogen auf Fach-, Methoden-, Sozial- sowie Führungskompetenzen vermittelt werden.
E-09	Erfahrungsbasierte Maßnahmen im Projektumfeld fördern die situative Handlungsfähigkeit von Projektleitern durch die schrittweise Gewinnung von eigenen Erfahrungen und die Beobachtung von Vorbildern sowie deren punktuelle Reflexion. In Abhängigkeit von der jeweiligen Situation können damit alle betrachteten Kompetenzklassen gefördert werden.
E-10	Feedbackbasierte Maßnahmen im Projektumfeld fördern die situative Handlungsfähigkeit von Projektleitern durch die punktuelle Reflexion des eigenen Verhaltens und der Persönlichkeit sowie der Situationen und Personen im Projektumfeld. Hierdurch kann neben allen betrachteten Kompetenzklassen auch langfristig die Persönlichkeit beeinflusst werden.
E-11	Feedbackbasierte Maßnahmen unterstützen die Fähigkeiten zur Problembearbeitung und -bewältigung und fördern dabei insbesondere die Analysefähigkeiten, das Beurteilungsvermögen, die Entscheidungsfähigkeit sowie die Zielorientierung.
E-12	Feedbackbasierte Maßnahmen fördern Fähigkeiten zum unternehmerischen Handeln aufgrund tiefergehender Kenntnisse des Projektumfeldes, des Erkennens von Chan-cen und damit einhergehenden Organisations- und Planungsfähigkeiten sowie der Fähigkeiten des Kosten-, Investitions- und Zeitmanagements.

Literaturverzeichnis

ABWF Arbeitsgemeinschaft Betriebliche Weiterbildung e. V. (2004): Programmmanagement ABWF/QUEM. Lernkultur Kompetenzentwicklung. (Programmflyer) http://www.abwf.de/main/home/frame_html.html. Zuletzt geprüft am: 30.06.2017.

Ahsan, K./Ho, M./Khan, S. (2013): Recruiting Project Managers: A Comparative Analysis of Competencies and Recruitment Signals From Job Advertisements. In: Project Management Journal, Vol. 44 (5), S. 36–54.

Aitken, A./Crawford, L. (2007): Coping with stress: Dispositional coping strategies of project managers. In: International Journal of Project Management, Vol. 25 (7), S. 666–673.

Aramo-Immonen, H./Koskinen, K. U./Porkka, P. L. (2011): The significance of formal training in project-based companies. In: International Journal of Managing Projects in Business, Vol. 4 (2), S. 257–273.

Archibald, R. D. (2003): Managing high-technology programs and projects. 3rd ed. Hoboken et al.: John Wiley & Sons.

Armbrecht, T./Ullmer, M. (2010): Projektkarriere – Nachhaltige Entwicklung von professionellen Projektleitern. In: GPM Deutsche Gesellschaft für Projektmanagement e. V. (2010) (Hrsg.): mehrWERT-Projektmanagement. Chancen zum Wachsen nutzen. Nürnberg: GPM Deutsche Gesellschaft für Projektmanagement e. V., S. 328–332.

Atteslander, P. (2010): Methoden der empirischen Sozialforschung. 13. Auflage. Berlin: Erich Schmidt Verlag.

Axelos (2014): Benefits of PRINCE2® – The world's most practiced Project Management Methodology. https://www.axelos.com/best-practice-solutions/prince2/key-benefits-of-prince2. Zuletzt geprüft am: 22.06.2016.

Backhausen, W./Thommen, J.-P. (2006): Coaching. Durch systemisches Denken zu innovativer Personalentwicklung. 3. Auflage. Wiesbaden: Gabler Verlag.

Baker, B. N./Murphy, D. C./Fisher, D. (1988): Factors Affecting Project Success. In: Cleland, D. I./King, W. R. (1988) (Hrsg.): Project management handbook. 2nd ed. New York: Van Nostrand Reinhold, S. 902–919.

Bartsch, S./Specht, N. (2009): Die Critical Incident Technique (CIT). In: Schwaiger, M./Meyer, A. (2009) (Hrsg.): Theorien und Methoden der Betriebswirtschaft. München: Vahlen Verlag, S. 377–400.

Bartscher, T./Stöckl, J./Träger, T. (2012): Personalmanagement. Grundlagen, Handlungsfelder, Praxis. München et al.: Pearson Studium.

Bea, F. X./Scheurer, S. (2011): Trends im Projektmanagement. Vom Management von Projekten zum projektorientierten Unternehmen. In: Zeitschrift Führung + Organisation (zfo), Vol. 80 (6), S. 425–431.

Bea, F. X./Scheurer, S./Hesselmann, S. (2011): Projektmanagement. 2. Auflage, Bd. 2388. Konstanz et al.: UVK-Verlagsgesellschaft; UTB.

Beck, T. (1996): Die Projektorganisation und ihre Gestaltung. Berlin: Duncker & Humblot Verlag.

Becker, F. G. (1993): Explorative Forschung mittels Bezugsrahmen - ein Beitrag zur Methodologie des Entdeckungszusammenhangs. In: Becker, F. G./Martin, A. (1993) (Hrsg.):

Empirische Personalforschung. Methoden und Beispiele. München et al.: Rainer Hampp Verlag, S. 111–127.

Becker, F. G. (2006): Explorative Forschung mittels Bezugsrahmen: Ein Beitrag zur Methodologie. In: Oppelland, H. J. (2006) (Hrsg.): Deutschland und seine Zukunft. Innovation und Veränderung in Bildung, Forschung und Wirtschaft: Festschrift zum 75. Geburtstag von Prof. Dr. Dr. h. c. Norbert Szyperski. Lohmar et al.: Josef Eul Verlag, S. 281–306.

Becker, M. (2008): Messung und Bewertung von Humanressourcen. Konzepte und Instrumente für die betriebliche Praxis. Stuttgart: Schäffer-Poeschel Verlag.

Becker, M. (2009): Personalentwicklung. Bildung, Förderung und Organisationsentwicklung in Theorie und Praxis. 5. Auflage. Stuttgart: Schäffer-Poeschel Verlag.

Becker, M. (2011): Systematische Personalentwicklung. Planung, Steuerung und Kontrolle im Funktionszyklus. 2. Auflage. Stuttgart: Schäffer-Poeschel Verlag.

Becker, M. (2013): Personalentwicklung. Bildung, Förderung und Organisationsentwicklung in Theorie und Praxis. 6. Auflage. Stuttgart: Schäffer-Poeschel Verlag.

Becker, W./Daniel, K./Hofmann, M. (2008): Reifegrad des Projektmanagements und anderer Managementprozesse. Ergebnisse einer empirischen Studie. Bamberger Betriebswirtschaftliche Beiträge (Bd. 159). https://www.uni-bamberg.de/fileadmin/uni/fakultaeten/ sowi_lehrstuehle/unternehmensfuehrung/Download-Bereich/Becker_2008_Reifegrad_des_Projektmanagements_BBB_159_.pdf. Zuletzt geprüft am: 22.11.2015.

Bergmann, B. (1999): Training für den Arbeitsprozess. Entwicklung und Evaluation aufgaben- und zielgruppenspezifischer Trainingsprogramme, Bd. 21. Zürich: Vdf, Hochschulverlag an der ETH Zürich.

Bernien, M. (1997): Anforderungen an eine qualitative und quantitative Darstellung der beruflichen Kompetenzentwicklung. In: Arbeitsgemeinschaft Qualifikations-Entwicklungs-Management (1997) (Hrsg.): Kompetenzentwicklung '97. Berufliche Weiterbildung in der Transformation – Fakten und Visionen. Münster et al.: Waxmann Verlag, S. 17–83.

Berthel, J./Becker, F. G. (2013): Personal-Management. Grundzüge für Konzeptionen betrieblicher Personalarbeit. 10. Auflage. Stuttgart: Schäffer-Poeschel Verlag.

Birker, K. (1999): Projektmanagement. 2. Auflage. Berlin: Cornelsen Girardet Verlag.

Blickle, G. (2000): Mentor-Protégé-Beziehungen in Organisationen. In: Zeitschrift für Arbeits- und Organisationspsychologie A&O, Vol. 44 (4), S. 168–178.

Blickle, G. (2002): Mentoring als Karrierechance und Konzept der Personalentwicklung? Trainer, Beichtvater, Strippenzieher, Pate und Freund: Mentoren fördern junge Talente in ihrer Organisation. In: Personalführung, Vol. 35 (9), S. 66–72.

Blickle, G. (2014): Anforderungsanalyse. In: Nerdinger, F. W./Blickle, G./Schaper, N. (2014) (Hrsg.): Arbeits- und Organisationspsychologie. 3. Auflage. Berlin: Springer Verlag, S. 207–221.

Böck, R./Reiff, G. (2003): Projektmanagement – Entscheidung über Führungsinstrumente. In: Bernecker, M./Eckrich, K. (2003) (Hrsg.): Handbuch Projektmanagement. München et al.: Oldenbourg Verlag, S. 159–193.

Bogner, A./Menz, W. (2005): Expertenwissen und Forschungspraxis: die modernisierungstheoretische und die methodische Debatte um die Experten. Zur Einführung in ein unübersichtliches Problemfeld. In: Bogner, A./Littig, B./Menz, W. (2005) (Hrsg.): Das Experteninterview.

Theorie, Methode, Anwendung. 2. Auflage. Wiesbaden: VS Verlag für Sozialwissenschaften, S. 7–30.

Bohinc, T. (2012): Führung im Projekt. Berlin et al.: Springer Gabler.

Böning, U. (2003): Coaching für Manager. In: Rosenstiel, L. v./Regnet, E./Domsch, M. E. (2003) (Hrsg.): Führung von Mitarbeitern. Handbuch für erfolgreiches Personalmanagement. 5. Auflage. Stuttgart: Schäffer-Poeschel Verlag, S. 281–291.

Böning, U. (2005): Coaching: Der Siegeszug eines Personalentwicklungs-Instruments – Eine 15-Jahres-Bilanz. In: Rauen, C. (2005) (Hrsg.): Handbuch Coaching. 3. Auflage. Göttingen et al.: Hogrefe Verlag, S. 21–54.

Boos, F./Heitger, B. (1991): Was ist heute eigentlich kein Projekt mehr? Ursachen und Gegenstrategien zur Projektinflation. In: Reschke, H./Schelle, H. (1991) (Hrsg.): Beiträge zum Projektmanagement-Forum 91. Vom 18. - 20. September 1991 in Braunschweig. München: GPM Deutsche Gesellschaft für Projektmanagement e. V., S. 57–66.

Borchert, M./Günther, A. E. K./Ursprung, T./Goltz, W. v. d. (2005): Projektmanagement als Gegenstand empirischer Forschung. Diskussionsbeiträge des Fachbereichs Betriebswirtschaft der Universität Duisburg-Essen, Campus Duisburg (Bd. 310).

Borchert, M./Günther, A. E. K. (2007): Kompetenzanforderung und -entwicklung von Projektleitern der IT-Dienstleistungsbranche. Dokumentation der Umfrage unter Projektleitern.

Bortz, J./Döring, N. (2002): Forschungsmethoden und Evaluation. Für Human- und Sozialwissenschaftler. 3. Auflage. Berlin et al.: Springer Verlag.

Brill, J. M./Bishop, M. J./Walker, A. E. (2006): The Competencies and Characteristics Required of an Effective Project Manager: A Web-Based Delphi Study. In: Educational Technology Research and Development (ETR&D), Vol. 54 (2), S. 115–140.

Brinkmann, R. D. (2011): Techniken der Personalentwicklung. Trainings- und Seminarmethoden. 3. Auflage, Bd. 5. Hamburg: Windmühle Verlag.

Bröckermann, R. (2012): Personalwirtschaft. Lehr- und Übungsbuch für Human Resource Management. 6. Auflage. Stuttgart: Schäffer-Poeschel Verlag.

Büdenbender, U./Strutz, H. (2011): Gabler Kompaktlexikon Personal. Wichtige Begriffe zu Personalwirtschaft, Personalmanagement, Arbeits- und Sozialrecht. 3. Auflage. Wiesbaden: Gabler Verlag.

Bühner, R. (2005): Personalmanagement. 3. Auflage. München: Oldenbourg Verlag.

Burghardt, M. (2012): Projektmanagement. Leitfaden für die Planung, Überwachung und Steuerung von Projekten. 9. Auflage. Erlangen: Publicis.

Casutt, C. (2005): Einleitung und Überblick. In: Litke, H.-D. (2005) (Hrsg.): Projektmanagement. Handbuch für die Praxis; Konzepte - Instrumente - Umsetzung. München et al.: Carl Hanser Verlag, S. 1–54.

Chipulu, M./Neoh, J. G./Ojiako, U./Williams, T. (2013): A Multidimensional Analysis of Project Manager Competences. In: IEEE Transactions on Engineering Management, Vol. 60 (3), S. 506–517.

Conradi, W. (1983): Personalentwicklung, Bd. 2. Stuttgart: Enke Verlag.

Crawford, L. (2002): Profiling the Competent Project Manager. In: Slevin, D. P./Cleland, D. I./Pinto, J. K. (2002) (Hrsg.): The frontiers of project management research. Newtown Square, Pa.: Project Management Institute, S. 151–176.

Crawford, L. (2005): Senior management perceptions of project management competence. In: International Journal of Project Management, Vol. 23 (1), S. 7–16.

Crawford, L. (2007): Global Body of Project Management Knowledge and Standards. In: Morris, P. W. G./Pinto, J. K. (2007) (Hrsg.): The Wiley guide to project organization & project management competencies. Hoboken et al.: John Wiley & Sons, S. 206–252.

Crawford, L./Hobbs, B./Turner, J. R. (2006a): Aligning capability with strategy: categorizing projects to do the right projects and to do them right. In: Project Management Journal, Vol. 37 (2), S. 38–50.

Crawford, L./Morris, P. W. G./Thomas, J./Winter, M. (2006b): Practitioner development: From trained technicians to reflective practitioners. In: International Journal of Project Management, Vol. 24 (8), S. 722–733.

Crawford, L./Nahmias, A. H. (2010): Competencies for managing change. In: International Journal of Project Management, Vol. 28 (4), S. 405–412.

Daum, A. (1993): Erfolgs- und Misserfolgsfaktoren im Büro-Projektmanagement, Bd. 1. München et al.: Rainer Hampp Verlag.

Delamare Le Deist, F./Winterton, J. (2005): What Is Competence? In: Human Resource Development International, Vol. 8 (1), S. 27–46.

Diekmann, A. (2011): Empirische Sozialforschung. Grundlagen, Methoden, Anwendungen. 5. Auflage, Bd. 55678. Reinbek bei Hamburg: Rowohlt Taschenbuch-Verlag.

DIN Deutsches Institut für Normung e. V. (2009): Projektmanagement – Projektmanagementsysteme – Teil 5: Begriffe (69901-5), ICS: 03.100.40. Berlin et al.: Beuth Verlag.

Dittberner, H. (1998): Projektmanagement und organisationaler Wandel. Eine kritische Betrachtung eines Managementkonzeptes als Instrument zur Auslösung revolutionären Wandels in Organisationen, Vol. 2351. Frankfurt am Main et al.: Peter Lang Verlag.

Dittmar, N. (2004): Transkription. Ein Leitfaden mit Aufgaben für Studenten, Forscher und Laien. 2. Auflage. Wiesbaden: VS Verlag für Sozialwissenschaften.

Dömötör, R. (2011): Erfolgsfaktoren der Innovativität von kleinen und mittleren Unternehmen. Wiesbaden: Gabler Verlag.

Döring, N./Bortz, J. (2016): Forschungsmethoden und Evaluation in den Sozial- und Humanwissenschaften. 5. Auflage. Berlin: Springer Verlag.

Drumm, H. J. (2008): Personalwirtschaft. 6. Auflage. Berlin et al.: Springer Verlag.

Dulewicz, V./Higgs, M. (2005): Assessing leadership styles and organisational context. In: Journal of Managerial Psychology, Vol. 20 (2), S. 105–123.

Dülfer, E. (1982): Projektmanagement, INTERNATIONAL. Stuttgart: C. E. Poeschel Verlag.

Egginton, B. (2012): Realising the benefits of investment in project management training. In: International Journal of Managing Projects in Business, Vol. 5 (3), S. 508–527.

Eichenberg, T./Scherer, E. K. (2012): Einführung einer Projektleiter-Laufbahn. In: Schwuchow, K./Gutmann, J. (2012) (Hrsg.): Personalentwicklung 2013. Themen, Trends, Best Practices. Freiburg et al.: Haufe-Gruppe, S. 363–372.

Einsiedel, A. A. (1987): Profile of effective Project Manager. In: Project Management Journal, Vol. 18 (5), S. 51–56.

Eisele, D./Doyé, T. (2010): Praxisorientierte Personalwirtschaftslehre. Wertschöpfungskette Personal. 7. Auflage. Stuttgart: W. Kohlhammer Verlag.

El-Sabaa, S. (2001): The skills and career path of an effective project manager. In: International Journal of Project Management, Vol. 19 (1), S. 1–7.

Engel, C./Tamdjidi, A./Quadejacob, N. (2008): Ergebnisse der Projektmanagement Studie 2008. Erfolg und Scheitern im Projektmanagement. https://www.gpm-ipma.de/ know_how/studienergebnisse/pm_studie_2008_erfolg_und_scheitern_im_pm.html. Zuletzt geprüft am: 22.11.2015.

Erpenbeck, J./Heyse, V. (1996): Berufliche Weiterbildung und berufliche Kompetenzentwicklung. In: Arbeitsgemeinschaft Qualifikations-Entwicklungs-Management (1996) (Hrsg.): Kompetenzentwicklung '96. Strukturwandel und Trends in der betrieblichen Weiterbildung. Münster et al.: Waxmann Verlag, S. 15–152.

Erpenbeck, J. (1997): Selbstgesteuertes, selbstorganisiertes Lernen. In: Arbeitsgemeinschaft Qualifikations-Entwicklungs-Management (1997) (Hrsg.): Kompetenzentwicklung '97. Berufliche Weiterbildung in der Transformation – Fakten und Visionen. Münster et al.: Waxmann Verlag, S. 309–316.

Erpenbeck, J. (2010): Kompetenzen – eine begriffliche Klärung. In: Heyse, V. (2010) (Hrsg.): Grundstrukturen menschlicher Kompetenzen. Praxiserprobte Konzepte und Instrumente. Münster et al.: Waxmann Verlag, S. 13–19.

Erpenbeck, J./Hasebrook, J. (2011): Sind Kompetenzen Persönlichkeitseigenschaften? In: Faix, W. G./Auer, M. (2011) (Hrsg.): Kompetenz, Persönlichkeit, Bildung. Stuttgart: Steinbeis-Edition, S. 227–260.

Erpenbeck, J./Heyse, V. (1999): Die Kompetenzbiographie. Strategien der Kompetenzentwicklung durch selbstorganisiertes Lernen und multimediale Kommunikation, Bd. 10. Münster et al.: Waxmann Verlag.

Erpenbeck, J./Rosenstiel, L. v. (2007) (Hrsg.): Handbuch Kompetenzmessung. Erkennen, verstehen und bewerten von Kompetenzen in der betrieblichen, pädagogischen und psychologischen Praxis. 2. Auflage. Stuttgart: Schäffer-Poeschel Verlag.

Feldman, D. C./Lankau, M. J. (2005): Executive Coaching: A Review and Agenda for Future Research. In: Journal of Management, Vol. 31 (6), S. 829–848.

Fellenberg, F. (2007): Nachwuchsförderung durch Mentoring – eine kritische Bestandsaufnahme. In: Gruppendynamik und Organisationsberatung, Vol. 38 (4), S. 423–438.

Fischer, H./Rump, J./Eilers, S./Fleischer, G./Heyn, T., Holdenried, H.-U./Marquardt, T./Mittrop, K./Platzer, P. (2013): Unternehmen. In: Rump, J./Walter, N. (2013) (Hrsg.): Arbeitswelt 2030. Trends, Prognosen, Gestaltungsmöglichkeiten. Stuttgart: Schäffer-Poeschel Verlag, S. 57–81.

Flanagan, J. C. (1954): The Critical Incident Technique. In: Psychological Bulletin, Vol. 51 (4), S. 327–358.

Fleps, J. G./Büser, T. (2006): Anforderungen und Kompetenzen von Führungskräften (2484.01.01). In: Knauth, P./Wollert, A. (2006) (Hrsg.): Digitale Fachbibliothek Human Resource Management: Symposion Publishing, S. 1–46.

Flick, U. (1995): Handbuch qualitative Sozialforschung. Grundlagen, Konzepte, Methoden und Anwendungen. 2. Auflage. Weinheim: Beltz Verlag, PsychologieVerlagsUnion.

Flick, U. (2010): Gütekriterien qualitativer Forschung. In: Mey, G./Mruck, K. (2010) (Hrsg.): Handbuch Qualitative Forschung in der Psychologie. Wiesbaden: VS Verlag für Sozialwissenschaften / Springer Fachmedien Wiesbaden GmbH Wiesbaden, S. 395–407.

Flick, U. (2014): Qualitative Sozialforschung. Eine Einführung. 6. Auflage, Bd. 55694. Reinbek bei Hamburg: Rowohlt Taschenbuch-Verlag.

Flick, U./Kardorff, E. v./Steinke, I. (2013): Was ist qualitative Forschung? Einleitung und Überblick. In: Flick, U./Kardorff, E. v./Steinke, I. (2013) (Hrsg.): Qualitative Forschung. Ein Handbuch. 10. Auflage. Reinbek bei Hamburg: Rowohlt Taschenbuch-Verlag, S. 13–29.

Frese, E. (2005): Grundlagen der Organisation. Entscheidungsorientiertes Konzept der Organisationsgestaltung. 9. Auflage. Wiesbaden: Gabler Verlag.

Gaddis, P. O. (1959): The project manager. In: Harvard Business Review, Vol. 37 (3), S. 89–97.

Gällstedt, M. (2003): Working conditions in projects: perceptions of stress and motivation among project team members and project managers. In: International Journal of Project Management, Vol. 21 (6), S. 449–455.

Gareis, R. (2006): Happy projects! Projekt- und Programmmanagement, Projektportfolio-Management, Management der projektorientierten Organisation. 3. Auflage. Wien: Manz Verlag.

Geoghegan, L./Dulewicz, V. (2008): Do project managers' leadership competencies contribute to project success? In: Project Management Journal, Vol. 39 (4), S. 58–67.

Gessler, M. (2011a): Nutzen von Weiterbildung im Arbeitskontext. In: Projektmanagement aktuell, Vol. 22 (4), S. 45–52.

Gessler, M. (2011b): Projektarten. In: Gessler, M. (2011) (Hrsg.): Kompetenzbasiertes Projektmanagement (PM 3). Handbuch für die Projektarbeit, Qualifizierung und Zertifizierung auf Basis der IPMA Competence Baseline Version 3.0. 4. Auflage. Nürnberg: GPM Deutsche Gesellschaft für Projektmanagement e. V., S. 43–51.

Gläser, J./Laudel, G. (2010): Experteninterviews und qualitative Inhaltsanalyse. Als Instrumente rekonstruierender Untersuchungen. 4. Auflage. Wiesbaden: VS Verlag für Sozialwissenschaften.

Gleich, R./Wagner, R./Wald, A./Schneider, C./Görner, A. (2012): Studie: Mit Projekten Unternehmen erfolgreich führen. Ergebnisbericht. Nürnberg: GPM Deutsche Gesellschaft für Projektmanagement e. V.

Gmür, M./Thommen, J.-P. (2014): Human Resource Management. Strategien und Instrumente für Führungskräfte und das Personalmanagement in 14 Bausteinen. 4. Auflage, Bd. 7. Zürich: Versus Verlag.

GPM Deutsche Gesellschaft für Projektmanagement e. V. (2014): ICB – IPMA competence baseline Version 3.0 in der Fassung als Deutsche NCB 3.0 - National Competence Baseline. Deutsche NCB 3.0, Mai 2014. Nürnberg: GPM Deutsche Gesellschaft für Projektmanagement e. V.

Graf, A. (2007): Lebenszyklusorientierte Personalentwicklung. Handlungsfelder und Massnahmen. In: Thom, N. (2007) (Hrsg.): Moderne Personalentwicklung. Mitarbeiterpotenziale erkennen, entwickeln und fördern. 2. Auflage. Wiesbaden: Gabler Verlag, S. 263–279.

Graf, N. (2014): Einleitung Personalentwicklung. In: Graf, N. (2014) (Hrsg.): Innovationen im Personalmanagement. Die spannendsten Entwicklungen aus der HR-Szene und ihr Nutzen für Unternehmen. Wiesbaden: Gabler Verlag, S. 189–196.

Graf, N./Edelkraut, F. (2014): Mentoring. Das Praxisbuch für Personalverantwortliche und Unternehmer. Wiesbaden: Springer Gabler.

Grahl, S./Durst, T. (2009): Projektmanagement-Laufbahn bei W&W – Neue Karrierechancen und ein wertvoller Beitrag zur Sicherung des Unternehmenserfolges durch Professionalisierung im Projektgeschäft. In: GPM Deutsche Gesellschaft für Projektmanagement e. V. (2009) (Hrsg.): Die Kunst des Projektmanagements. Inspiriert durch den Wandel: Berlin, 14. - 15.10.2009; 26. Internationales Deutsches Projektmanagement-Forum. Nürnberg: GPM Deutsche Gesellschaft für Projektmanagement e. V., S. 412–419.

Gross, P.-P./Stephan, M. (2011): Coaching – Der Boom und seine Nebenwirkungen. Ergebnisse der Marburger Coaching-Studie. In: Zeitschrift Führung + Organisation (zfo), Vol. 80 (4), S. 221–228.

Grote, S./Denison, K./Bigalk, D. (2009): Mentoring und Patenmodelle: Luxus oder kompetenz- und karriereförderlich? In: Kauffeld, S./Grote, S./Frieling, E. (2009) (Hrsg.): Handbuch Kompetenzentwicklung. Stuttgart: Schäffer-Poeschel Verlag, S. 409–427.

Grote, S./Kauffeld, S./Denison, K./Billich-Knapp, M./Frieling, E. (2012): Kompetenzen und deren Management: ein Überblick. In: Grote, S./Kauffeld, S./Frieling, E. (2012) (Hrsg.): Kompetenzmanagement. Grundlagen und Praxisbeispiele. 2. Auflage. Stuttgart: Schäffer-Poeschel Verlag, S. 15–34.

Günther, A. E. K. (2008): Projektleiter als Erfolgsdeterminante von Projekten. Eine empirische Analyse in der IT-Dienstleistungsbranche, Bd. 46. Lohmar et al.: Josef Eul Verlag.

Haase, K. (2011): Kompetenz – Begriffe, Ansätze, Instrumente in der internationalen Diskussion. In: Bethscheider, M./Höhns, G./Münchhausen, G. (2011) (Hrsg.): Kompetenzorientierung in der beruflichen Bildung. Bielefeld: Bertelsmann Verlag, S. 51–65.

Haberfellner, R. (1992): Projektmanagement. In: Frese, E. (1992) (Hrsg.): Handwörterbuch der Organisation. 3. Auflage. Stuttgart: C. E. Poeschel Verlag, S. 2090–2102.

Hauschildt, J./Keim, G./Medeof, J. W. (2000): Realistic Criteria for Project Manager Selection and Development. In: Project Management Journal, Vol. 31 (3), S. 23–32.

Haverbier, J./Weßels, D. (2015): Organisationsform Projekt. Selbsterneuerung für (erstarrte) Organisationen? In: OrganisationsEntwicklung, Vol. 34 (1), S. 35–42.

Hays /PAC. (2015): Von starren Prozessen zu agilen Projekten. Unternehmen in der digitalen Transformation. https://www.hays.de/documents/10192/118775/Hays-Studie-Von+starren+Prozessen+zu+agilen+Projekten-2015.pdf. Zuletzt geprüft am: 03.04.2016.

Heeg, F. J./Münch, J. (1993) (Hrsg.): Handbuch Personal- und Organisationsentwicklung. Stuttgart et al.: Ernst Klett Verlag.

Heintel, P./Krainz, E. E. (2015): Projektmanagement. Hierarchiekrise, Systemabwehr, Komplexitätsbewältigung. 6. Auflage. Wiesbaden: Gabler Verlag.

Hentze, J./Kammel, A./Lindert, K. (2005): Personalführungslehre. Grundlagen, Funktionen und Modelle der Führung. 4. Auflage, Bd. 1374. Bern et al.: Haupt Verlag.

Heyse, V. (2007): Strategien – Kompetenzanforderungen – Potenzialanalysen. In: Heyse, V./Erpenbeck, J. (2007) (Hrsg.): Kompetenzmanagement. Methoden, Vorgehen, KODE® und KODE®X im Praxistest. Münster et al.: Waxmann Verlag, S. 11–180.

Heyse, V./Erpenbeck, J. (2009): Kompetenztraining. Informations- und Trainingsprogramme. 2. Auflage. Stuttgart: Schäffer-Poeschel Verlag.

Hinz, O. (2008): Diesseits von Coaching und Mentoring: Kollegiale Praxisberatung. In: Organisationsberatung, Supervision, Coaching (OSC), Vol. 15 (1), S. 70–79.

Hinz, O. (2013): Der Projekt-Kapitän. Mit seemännischer Gelassenheit Projekte zum Erfolg führen. Wiesbaden: Springer Gabler.

Hodgson, D./Paton, S./Cicmil, S. (2011): Great expectations and hard times: The paradoxical experience of the engineer as project manager. In: International Journal of Project Management, Vol. 29 (4), S. 374–382.

Hofmann, J./Rollwagen, I./Schneider, S. (2007): Deutschland im Jahr 2020. Neue Herausforderungen für ein Land auf Expedition. Fokus Deutschland 2020 Aktuelle Themen (382). http://www.forschungsnetzwerk.at/downloadpub/db_research2007_hofmann_trends2020.pdf. Zuletzt geprüft am: 14.10.2015 / 04.04.2016.

Hofmann, L. M. (2010a): Counselling. In: Scholz, C. (2010) (Hrsg.): Vahlens Großes Personallexikon. München: Vahlen Verlag, S. 212.

Hofmann, L. M. (2010b): Workshop. In: Scholz, C. (2010) (Hrsg.): Vahlens Großes Personallexikon. München: Vahlen Verlag, S. 1228.

Hofmann, M. (2014): Performance-orientiertes Projektmanagement. Konzeption zum Umgang mit einmaligen, komplexen Aufgaben. Wiesbaden: Springer Gabler.

Höher, F. (2014): Vernetztes Lernen im Mentoring. Eine Studie zur nachhaltigen Wirkung und Evaluation von Mentoring. Wiesbaden: Springer VS.

Holtbrügge, D. (2015): Personalmanagement. 6. Auflage. Berlin et al.: Springer Gabler.

Hölzle, K. (2009): Die Projektleiterlaufbahn. Organisatorische Voraussetzungen und Instrumente für die Motivation und Bindung von Projektleitern. Wiesbaden: Gabler Verlag.

Hopf, C. (1978): Die Pseudo-Exploration – Überlegungen zur Technik qualitativer Interviews in der Sozialforschung. In: Zeitschrift für Soziologie, Vol. 7 (2), S. 97-115.

Huemann, M. (2013): Human Resource Management in Projektorientierten Unternehmen: Herausforderungen und Potenziale für das Human-Resource-Management-System. In: Nachbagauer, A./Schirl, I. (2013) (Hrsg.): Human Resource Management in projektorientierten Unternehmen. Wien: Linde Verlag, S. 35–58.

Huemann, M./Keegan, A./Turner, J. R. (2007a): Human resource management in the project-oriented company: A review. In: International Journal of Project Management, Vol. 25 (3), S. 315–323.

Huemann, M./Turner, J. R./Keegan, A. (2007b): Managing Human Resources in the project-oriented companies. In: Morris, P. W. G./Pinto, J. K. (2007) (Hrsg.): The Wiley guide to project organization & project management competencies. Hoboken et al.: John Wiley & Sons, S. 117–142.

IPMA International Project Management Association (2006): ICB – IPMA Competence Baseline, Version 3.0. Nijkerk: IPMA, International Project Management Association.

IPMA International Project Management Association (2015): IPMA Certification Yearbook 2014.

Jaafari, A. (2003): Project Management in the age of complexity and change. In: Project Management Journal, Vol. 34 (4), S. 47–57.

Javidan, M./Dastmalchian, A. (1993): Assessing Senior Executives: The Impact of Context on Their Roles. In: Journal of Applied Behavioral Science, Vol. 29 (3), S. 328–342.

Jenny, B. (2014): Projektmanagement. Das Wissen für eine erfolgreiche Karriere. 4. Auflage. Zürich: Vdf, Hochschulverlag an der ETH Zürich.

Jung, H. (2011): Personalwirtschaft. 9. Auflage. München: Oldenbourg Verlag.

Kanning, U. P. (2014): Prozess und Methoden der Personalentwicklung. In: Schuler, H./Kanning, U. P. (2014) (Hrsg.): Lehrbuch der Personalpsychologie. 3. Auflage. Göttingen et al.: Hogrefe Verlag, S. 501–562.

Käpplinger, B. (2007): Abschlüsse und Zertifikate in der Weiterbildung. Bielefeld: Bertelsmann Verlag.

Kauffeld, S. (2006): Kompetenzen messen, bewerten, entwickeln. Ein prozessanalytischer Ansatz für Gruppen, Bd. 128. Stuttgart: Schäffer-Poeschel Verlag.

Kauffeld, S. (2010): Nachhaltige Weiterbildung. Betriebliche Seminare und Trainings entwickeln, Erfolge messen, Transfer sichern. Berlin et al.: Springer Verlag.

Kauffeld, S./Grote, S. (2014): Personalentwicklung. In: Kauffeld, S. (2014) (Hrsg.): Arbeits-, Organisations- und Personalpsychologie für Bachelor, 2. Auflage. Berlin et al.: Springer Verlag, S. 119–149.

Kauffeld, S./Grote, S./Frieling, E. (2003): Das Kasseler-Kompetenz-Raster (KKR). In: Erpenbeck, J./Rosenstiel, L. v. (2003) (Hrsg.): Handbuch Kompetenzmessung. Erkennen, Verstehen und Bewerten von Kompetenzen in der betrieblichen, pädagogischen und psychologischen Praxis. Stuttgart: Schäffer-Poeschel Verlag, S. 261–282.

Kauffeld, S./Lorenzo, G./Weisweiler, S. (2012): Wann wird Weiterbildung nachhaltig? – Erfolg und Erfolgsfaktoren beim Lerntransfer. In: PersonalQuarterly, Vol. 64 (2), S. 10–15.

Keegan, A./Huemann, M./Turner, J. R. (2012): Beyond the line: exploring the HRM responsibilities of line managers, project managers and the HRM department in four project-oriented companies in the Netherlands, Austria, the UK and the USA. In: The International Journal of Human Resource Management, Vol. 23 (15), S. 3085–3104.

Keim, G. (1997): Projektleiter in der industriellen Forschung und Entwicklung. Anforderungen und Erfolg, Bd. 21. Wiesbaden: Deutscher Universitäts-Verlag.

Kelle, U. (2008): Die Integration qualitativer und quantitativer Methoden in der empirischen Sozialforschung. Theoretische Grundlagen und methodologische Konzepte. 2. Auflage. Wiesbaden: VS Verlag für Sozialwissenschaften.

Kelle, U./Erzberger, C. (2013): Qualitative und quantitative Methoden: kein Gegensatz. In: Flick, U./Kardorff, E. v./Steinke, I. (2013) (Hrsg.): Qualitative Forschung. Ein Handbuch. 10. Auflage. Reinbek bei Hamburg: Rowohlt Taschenbuch-Verlag, S. 299–309.

Kels, P./Clerc, I./Artho, S. (2015): Karrieremanagement in wissensbasierten Unternehmen: Innovative Ansätze zur Karriereentwicklung und Personalbindung. Wiesbaden: Springer Gabler.

Kerzner, H. (2013): Project management. A systems approach to planning, scheduling, and controlling. 11th ed. Hoboken et al.: John Wiley & Sons.

Keßler, H./Winkelhofer, G. A. (2004): Projektmanagement. Leitfaden zur Steuerung und Führung von Projekten. 4. Auflage. Berlin et al.: Springer Verlag.

Kirsch, W./Seidl, D./van Aaken, D. (2007): Betriebswirtschaftliche Forschung. Wissenschaftstheoretische Grundlagen und Anwendungsorientierung. Stuttgart: Schäffer-Poeschel Verlag.

Klotz, M. (2015): Projektmanagement-Normen und Standards. SIMAT Arbeitspapiere (07-15-029). http://www.econstor.eu/handle/10419/121846. Zuletzt geprüft am: 18.01.2016.

Knoll, J. (2008): Lern- und Bildungsberatung. Professionell beraten in der Weiterbildung. Bielefeld: Bertelsmann Verlag.

Knöpfel, H./Gray, C./Dworatschek, S. (1992): Projektorganisationsformen: Internationale Studie über ihre Verwendung und ihren Erfolg. In: Projektmanagement, Vol. 3 (1), S. 3–14.

Kolb, M. (2010): Personalmanagement. Grundlagen und Praxis des Human Resources Managements. 2. Auflage. Wiesbaden: Gabler Verlag.

Komus, A./Ietia, Y./Kassner, P. M./Gombert, M./Kuberg, M./Heupel, T. (2015): Evidenzbasierte Erfolgsfaktoren im Projektmanagement. http://www.erfolgsfaktoren-projektmanagement.de/. Zuletzt geprüft am: 22.11.2015.

Komus, A./Kuberg, M./Atinc, C./Franner, L./Friedrich, F./Lang, T./Makarova, A./Reimer, D./Pabst, J. (2014): Studie Status Quo Agile 2014 - Ergebnisbericht (Langfassung).

Koontz, H. (1980): The Management Theory Jungle Revisited. In: Academy of Management Review, Vol. 5 (2), S. 175–187.

Krainz, E. E. (2009): Sozialkompetenz im Projektmanagement: Eine unterschätzte Dimension. Plädoyer für einen gruppendynamischen Paradigmenwechsel. In: Gruppendynamik und Organisationsberatung, Vol. 40 (3), S. 235–256.

Kram, K. E. (1985): Mentoring at work. Developmental relationships in organizational life. Glenview/Ill.: Scott Foresman and Co.

Krämer, M. (2012): Grundlagen und Praxis der Personalentwicklung. 2. Auflage, Bd. 2906. Göttingen: Vandenhoeck & Ruprecht.

Kraus, G./Westermann, R. (2014): Projektmanagement mit System. Organisation, Methoden, Steuerung. 5. Auflage. Wiesbaden: Gabler Verlag.

Kremer, R. (2005): Projektrollen und Aufgabenbereiche. In: Litke, H.-D. (2005) (Hrsg.): Projektmanagement. Handbuch für die Praxis; Konzepte - Instrumente - Umsetzung. München et al.: Carl Hanser Verlag, S. 101–127.

Krins, C. (2008): Personalsteuerung in IT-Projekten. Typen der Sicherstellung von Motivation und Leistungsbereitschaft des Projektpersonals, Bd. 35. Mering: Rainer Hampp Verlag.

Kromrey, H. (2009): Empirische Sozialforschung. Modelle und Methoden der standardisierten Datenerhebung und Datenauswertung. 12. Auflage, Bd. 1040. Stuttgart: Lucius & Lucius Verlag; UTB.

Kuckartz, U. (2010): Einführung in die computergestützte Analyse qualitativer Daten. 3. Auflage. Wiesbaden: VS Verlag für Sozialwissenschaften.

Kuckartz, U. (2014): Qualitative Inhaltsanalyse. Methoden, Praxis, Computerunterstützung. 2. Auflage. Weinheim et al.: Beltz Juventa Verlag.

Kühl, S. (2008): Die nur fast gelingende Schließung des Personalentwicklungszyklus. In: Organisationsberatung, Supervision, Coaching (OSC), Vol. 15 (2), S. 137–155.

Kunz, C. (2010): Entwicklung des Projektmanagements zum konzeptionellen Bestandteil der strategischen Unternehmensführung (Sammelrezension). In: Die Betriebswirtschaft (DBW), Vol. 70 (6), S. 529–551.

Küpper, M. (2014): Wandel am Rande des Kerns? Eine explorative Analyse des Arbeitskräftemanagements von KMU im Spannungsfeld von Flexibilität und Stabilität, Bd. 58. Lohmar et al.: Josef Eul Verlag.

Kuster, J./Huber, E./Lippmann, R./Schmid, A./Schneider, E./Witschi, U./Wüst, R. (2011): Handbuch Projektmanagement. 3. Auflage. Berlin et al.: Springer Verlag.

Lamnek, S. (2010): Qualitative Sozialforschung. Lehrbuch. 5. Auflage. Weinheim et al.: Beltz Verlag.

Lang, K./Rattay, G. (2005): Leben in Projekten. Projektorientierte Karriere- und Laufbahnmodelle. Wien: Linde Verlag.

Lechler, T. (1997): Erfolgsfaktoren des Projektmanagements, Bd. 15. Frankfurt am Main et al.: Peter Lang Verlag.

Lechler, T. (2005): Projektmanagement. Konzepte zur Einzel- und Multi-Projektführung. In: Albers, S./Gassmann, O. (2005) (Hrsg.): Handbuch Technologie- und Innovationsmanagement. Strategie – Umsetzung – Controlling. Wiesbaden: Gabler Verlag, S. 493–510.

Lermen, M./Pätzold, H. (2010): E-Learning. In: Nolda, S./Nuissl, E./Arnold, R. (2010) (Hrsg.): Wörterbuch Erwachsenenbildung. 2. Auflage. Bad Heilbrunn/Obb.: Verlag Julius Klinkhardt, S. 71–74.

Linderkamp, R. (2011): Kollegiale Beratungsformen. Genese, Konzepte und Entwicklung, Bd. 21. Bielefeld: Bertelsmann Verlag.

Lippmann, E. (2009): Grundlagen. In: Lippmann, E. (2009) (Hrsg.): Coaching. Angewandte Psychologie für die Beratungspraxis. 2. Auflage. Heidelberg: Springer Verlag, S. 11–46.

Lisop, I. (2006): Qualifikation und Qualifikationsforschung. In: Kaiser, F.-J./Pätzold, G. (2006) (Hrsg.): Wörterbuch Berufs- und Wirtschaftspädagogik. 2. Auflage. Bad Heilbrunn/Obb.: Verlag Julius Klinkhardt, S. 418–421.

Litke, H.-D. (2007): Projektmanagement. Methoden, Techniken, Verhaltensweisen, evolutionäres Projektmanagement. 5. Auflage. München: Carl Hanser Verlag.

Litke, H.-D. (2008): Managementkompetenz und Karriereweg. In: Mayer, T.-L./Wald, A./Gleich, R./Wagner, R. (2008) (Hrsg.): Advanced Project Management. Herausforderungen – Praxiserfahrungen – Perspektiven. Berlin et al.: Lit Verlag, S. 71–89.

Looss, W. (2002): Unter vier Augen. Coaching für Manager. München: Redline Wirtschaft bei Verlag Moderne Industrie.

Lukoschat, H./Kletzing, U. (2006): „Mentoring Revisited" – Ziele, Effekte und künftige Herausforderungen. In: Peters, S./Genge, F./Willenius, Y. (2006) (Hrsg.): Flankierende Personalentwicklung durch Mentoring II. Neue Rekrutierungswege. München et al.: Rainer Hampp Verlag, S. 87–101.

Madauss, B. J. (2000): Handbuch Projektmanagement. Mit Handlungsanleitungen für Industriebetriebe, Unternehmensberater und Behörden. 6. Auflage. Stuttgart: Schäffer-Poeschel Verlag.

Maier, D./Prieß, A. (2011): Projektstandards in einzelnen Bausteinen einführen. In: wirtschaft + weiterbildung, Vol. 24 (10), S. 34–37.

Mayerhofer, H./Michelitsch-Riedl, G. (2009): Personalentwicklung. In: Kasper, H./Mayrhofer, W. (2009) (Hrsg.): Personalmanagement, Führung, Organisation. 4. Auflage. Wien: Linde Verlag, S. 405–462.

Mayring, P. (2002): Einführung in die qualitative Sozialforschung. Eine Anleitung zu qualitativem Denken. 5. Auflage. Weinheim et al.: Beltz Verlag.

Mayring, P. (2008): Neuere Entwicklungen in der qualitativen Forschung und der Qualitativen Inhaltsanalyse. In: Mayring, P./Gläser-Zikuda, M. (2008) (Hrsg.): Die Praxis der Qualitativen Inhaltsanalyse. 2. Auflage. Weinheim et al.: Beltz Verlag, S. 7–19.

Mayring, P. (2010): Qualitative Inhaltsanalyse. Grundlagen und Techniken. 11. Auflage. Weinheim et al.: Beltz Verlag.

Mayring, P. (2013): Qualitative Inhaltsanalyse. In: Flick, U./Kardorff, E. v./Steinke, I. (2013) (Hrsg.): Qualitative Forschung. Ein Handbuch. 10. Auflage. Reinbek bei Hamburg: Rowohlt Taschenbuch-Verlag, S. 468–475.

Mentzel, W. (2012): Personalentwicklung. Wie Sie ihre Mitarbeiter erfolgreich fördern und weiterbilden. 4. Auflage, Bd. 50854: Beck-Wirtschaftsberater. München: Deutscher Taschenbuch Verlag; C. H. Beck Verlag.

Meredith, J. R./Mantel, S. J. (2012): Project Management. A Managerial Approach. 4. Auflage. Singapore: John Wiley & Sons.

Meuser, M./Nagel, U. (2005): ExpertInneninterviews – vielfach erprobt, wenig bedacht. Ein Beitrag zur qualitativen Methodendiskussion. In: Bogner, A./Littig, B./Menz, W. (2005) (Hrsg.): Das Experteninterview. Theorie, Methode, Anwendung. 2. Auflage. Wiesbaden: VS Verlag für Sozialwissenschaften, S. 71–93.

Meuser, M./Nagel, U. (2009): Das Experteninterview – konzeptionelle Grundlagen und methodische Anlage. In: Pickel, S./Pickel, G./Lauth, H.-J./Jahn, D. (2009) (Hrsg.): Methoden der vergleichenden Politik- und Sozialwissenschaft. Neue Entwicklungen und Anwendungen. Wiesbaden: VS Verlag für Sozialwissenschaften, S. 465–479.

Mintzberg, H. (1973): The nature of managerial work. New York: Harper & Row.

Morris, P. W. G./Crawford, L./Hodgson, D./Shepherd, M. M./Thomas, J. (2006): Exploring the role of formal bodies of knowledge in defining a profession – The case of project management. In: International Journal of Project Management, Vol. 24 (8), S. 710–721.

Mörsdorf, M. (1998): Konzeption und Aufgaben des Projektcontrolling. Wiesbaden: Deutscher Universitäts-Verlag; Gabler Verlag.

Motzel, E. (2010): Projektmanagement-Lexikon. Referenzwerk zu den aktuellen nationalen und internationalen PM-Standards. 2. Auflage. Weinheim: Wiley-VCH-Verlag.

Mudra, P. (2004): Personalentwicklung. Integrative Gestaltung betrieblicher Lern- und Veränderungsprozesse. München: Vahlen Verlag.

Müller, R./Turner, J. R. (2010a): Attitudes and leadership competences for project success. In: Baltic Journal of Management, Vol. 5 (3), S. 307–329.

Müller, R./Turner, J. R. (2010b): Leadership competency profiles of successful project managers. In: International Journal of Project Management, Vol. 28 (5), S. 437–448.

Neuberger, O. (1991): Personalentwicklung. Bd. 2. Stuttgart: Enke Verlag.

Neuberger, O. (2002): Führen und führen lassen. Ansätze, Ergebnisse und Kritik der Führungsforschung. 6. Auflage, Bd. 2234. Stuttgart: Lucius & Lucius Verlag; UTB.

Nicolai, A./Kieser, A. (2002): Trotz eklatanter Erfolglosigkeit: Die Erfolgsfaktorenforschung weiter auf Erfolgskurs. In: Die Betriebswirtschaft (DBW), Vol. 62 (6), S. 579–596.

Nicolai, C. (2014): Personalmanagement. 3. Auflage, Bd. 8323. Konstanz et al.: UVK-Verlagsgesellschaft; UTB.

Nimsch, C./Höll, T./Kühn, F. (2006): Maßgeschneidert. Personen, das Projektmanagement und die Organisation entwickeln. In: Zeitschrift Führung + Organisation (zfo), Vol. 75 (2), S. 104–109.

Nowoczin, J. (2012): Kollegiale Beratung in der Führungspraxis, Bd. 104. Bielefeld: Bertelsmann Verlag.

Nuissl, E. (2003): Leistungsnachweise in der Weiterbildung. In: REPORT Zeitschrift für Weiterbildungsforschung, Vol. 26 (4), S. 9–24.

Oechsler, W. A. (2011): Personal und Arbeit. Grundlagen des Human Resource Management und der Arbeitgeber-Arbeitnehmer-Beziehungen. 9. Auflage. München: Oldenbourg Verlag.

Ojiako, U./Ashleigh, M./Chipulu, M./Maguire, S. (2011): Learning and teaching challenges in project management. In: International Journal of Project Management, Vol. 29 (3), S. 268–278.

Olfert, K. (2015): Personalwirtschaft. 16. Auflage. Herne: Friedrich Kiehl Verlag.

Pannenbäcker, O. (2001): Kanonisierung, Qualifizierung und Zertifizierung im Projektmanagement. Integration internationaler Ansätze zur Professionalisierung und Praxisbeispiele, Vol. 2785. Frankfurt am Main et al.: Peter Lang Verlag.

Pant, I./Baroudi, B. (2008): Project management education: The human skills imperative. In: International Journal of Project Management, Vol. 26 (2), S. 124–128.

Patzak, G./Rattay, G. (2014): Projektmanagement. Leitfaden zum Management von Projekten, Projektportfolios und projektorientierten Unternehmen. 6. Auflage. Wien: Linde Verlag.

Pätzold, G. (2006): Berufliche Handlungskompetenz. In: Kaiser, F.-J./Pätzold, G. (2006) (Hrsg.): Wörterbuch Berufs- und Wirtschaftspädagogik. 2. Auflage. Bad Heilbrunn/Obb.: Verlag Julius Klinkhardt, S. 72–74.

Pawlowsky, P./Menzel, D./Wilkens, U. (2005): Wissens- und Kompetenzerfassung in Organisationen. In: Arbeitsgemeinschaft Qualifikations-Entwicklungs-Management (2005) (Hrsg.): Kompetenzmessung im Unternehmen. Lernkultur- und Kompetenzanalysen im betrieblichen Umfeld. Münster et al.: Waxmann Verlag, S. 341–451.

Peters, S./Genge, F./Willenius, Y. (2006) (Hrsg.): Flankierende Personalentwicklung durch Mentoring II. Neue Rekrutierungswege, Bd. 3. München et al.: Rainer Hampp Verlag.

Petersen, T. (2000): Handbuch zur beruflichen Weiterbildung. Leitfaden für das Weiterbildungsmanagement im Betrieb. Frankfurt am Main et al.: Peter Lang Verlag.

Pettersen, N. (1991a): Selecting project managers: an integrated list of predictors. In: Project Management Journal, Vol. 22 (2), S. 21–26.

Pettersen, N. (1991b): What do we know about the effective project manager? In: International Journal of Project Management, Vol. 9 (2), S. 99–104.

Pfetzing, K./Rohde, A. (2011): Ganzheitliches Projektmanagement. 4. Auflage. Zürich: Versus Verlag.

Pinkenburg, H. F. W. (1980): Projektmanagement als Führungskonzeption in Prozessen tiefgreifenden organisatorischen Wandels. Theoretische Perspektiven und praktische Erfahrungen bei Reorganisationen dargestellt am Beispiel der Einführung von EDV-Systemen. Herrsching: W. Kirsch Verlag.

Pinto, J. K. (2010): Project Management. Achieving competitive advantage. 2nd ed. Upper Saddle River, N. J.: Pearson Education.

Pinto, J. K./Slevin, D. P. (1988): Critical success factors across the project life cycle. In: Project Management Journal, Vol. 19 (3), S. 67–75.

PMI Project Management Institute (2007): Project manager competency development (PMCD) framework. 2nd ed. Newtown Square, Pa.: Project Management Institute.

PMI Project Management Institute (2008): A guide to the project management body of knowledge (PMBOK Guide). 4th ed. Newtown Square, Pa.: Project Management Institute.

PMI Project Management Institute (2011): Project Management Professional (PMP) Examination Content Outline.

PMI Project Management Institute (2013a): A guide to the project management body of knowledge (PMBOK Guide®). 5th ed. Newtown Square, Pa.: Project Management Institute.

PMI Project Management Institute (2013b): Project Management Gap Report. http://www.pmi.org/~/media/PDF/learning/Western-Canada/PMI-Project-Management-Skills-Gap-Report.ashx. Zuletzt geprüft am: 02.04.2016.

PMI Project Management Institute (2014): PMI Certifications. http://www.pmi.org/certification.aspx. Zuletzt geprüft am: 22.06.2016.

PM-ZERT (2014): Rahmenkonzept, Prüfungsinhalte und Schwerpunkte der Prüfungen nach NCB 3.0 auf Basis der NCB 3.0 National Competence Baseline der PM-ZERT. https://www.gpm-ipma.de/qualifizierung_zertifizierung/ipma_4_1_c_zertifikate_fuer_projekt manager.html. Zuletzt geprüft am: 15.02.2015.

Pommeranz, I. (2011): Komplexitätsbewältigung im Multiprojektmanagement. Die Handlungsperspektive der Multiprojektleiter. Augsburg. Dissertation.

Posner, B. Z. (1987): What it takes to be a good project manager. In: Project Management Journal, Vol. 18 (1), S. 51–54.

Przyborski, A./Wohlrab-Sahr, M. (2010): Qualitative Sozialforschung. Ein Arbeitsbuch. 3. Auflage. München: Oldenbourg Verlag.

Quinn, R. E. (1988): Beyond Rational Management: Mastering the Paradoxes and Competing Demands of High Performance. San Francisco: Jossey-Bass.

Quinn, R. E./Faerman, S. R./Thompson, M. P./McGrath, M. R. (1996): Becoming a master manager. A competency framework. 2nd ed. New York: John Wiley & Sons.

Ramazani, J./Jergeas, G. (2015): Project managers and the journey from good to great: The benefits of investment in project management training and education. In: International Journal of Project Management, Vol. 33 (1), S. 41–52.

Rattay, G. (2007): Führung von Projektorganisationen. Ein Leitfaden für Projektleiter, Projektportfolio-Manager und Führungskräfte projektorientierter Unternehmen. 2. Auflage. Wien: Linde Verlag.

Rauen, C. (2003): Coaching. Innovative Konzepte im Vergleich. 3. Auflage. Göttingen: Verlag für Angewandte Psychologie.

Rauen, C. (2005): Varianten des Coachings im Personalentwicklungsbereich. In: Rauen, C. (2005) (Hrsg.): Handbuch Coaching. 3. Auflage. Göttingen et al.: Hogrefe Verlag, S. 111–136.

Rauen, C./Eversmann, J. (2014): Coaching. In: Schuler, H./Kanning, U. P. (2014) (Hrsg.): Lehrbuch der Personalpsychologie. 3. Auflage. Göttingen et al.: Hogrefe Verlag, S. 563–606.

Reck, R. (2012): Fachlaufbahn für IT-Projektleiter in der Allianz. Karrieremodell parallel zur Linie. In: ProjektMagazin (11)

Reichhart, T./Müller-Ettrich, R. (2014): Burnout-Gefährdung bei Projektmanagerinnen und Projektmanagern. Ergebnisse Burnout-Studie 2014. https://www.gpm-ipma.de/know_how/studienergebnisse/burnout_bei_projektmanagern.html. Zuletzt geprüft am: 30.11.2015.

Reumschüssel, T./Brauner, C. (2011): Die Projektleiterlaufbahn – Laufbahnmodelle bei E.ON Energie. In: Domsch, M. E./Ladwig, D. H. (2011) (Hrsg.): Fachlaufbahnen. Alternative Karrierewege für Spezialisten schaffen. Köln: Luchterhand Verlag, S. 103–118.

Ridder, H.-G. (2009): Personalwirtschaftslehre. 3. Auflage. Stuttgart: W. Kohlhammer Verlag.

Rimmasch, T. (2010): Kollegiale Fallberatung – Was ist das eigentlich? Grundlagen, Herkunft, Einsatzmöglichkeiten des Verfahrens. In: Franz, H.-W./Kopp, R. (2010) (Hrsg.): Kollegiale Fallberatung. State of the Art und organisationale Praxis. Bergisch Gladbach: EHP - Verlag Andreas Kohlhage, S. 17–51.

Rinza, P. (1994): Projektmanagement. Planung, Überwachung und Steuerung von technischen und nichttechnischen Vorhaben. 3. Auflage. Düsseldorf: VDI-Verlag.

Rosenstiel, L. v./Braumandl, I./Wastian, M. (2012): Einführung. In: Wastian, M./Braumandl, I./Rosenstiel, L. v. (2012) (Hrsg.): Angewandte Psychologie für das Projektmanagement. Ein Praxisbuch für die erfolgreiche Projektleitung. 2. Auflage. Berlin et al.: Springer Verlag, S. 1–17.

Rotering-Steinberg, S. (2007): Evaluationsstudien zum Mentoring. In: Gruppendynamik und Organisationsberatung, Vol. 38 (1), S. 25–42.

Rump, J./Schabel, F./Alich, D./Groh, S. (2010): Betriebliche Projektwirtschaft. Eine Vermessung. Eine empirische Studie des Instituts für Beschäftigung und Employability (IBE) im Auftrag von HAYS.

Ryschka, J./Tietze, K.-O. (2011): Beratungs- und betreuungsorientierte Personalentwicklungsansätze. In: Ryschka, J./Solga, M./Mattenklott, A. (2011) (Hrsg.): Praxishandbuch Personalentwicklung. Instrumente, Konzepte, Beispiele. 3. Auflage. Wiesbaden: Gabler Verlag, S. 95–135.

Sattelberger, T. (1991): Lebenszyklusorientierte Personalentwicklung. In: Sattelberger, T. (1991) (Hrsg.): Innovative Personalentwicklung. Grundlagen, Konzepte, Erfahrungen. 2. Auflage. Wiesbaden: Gabler Verlag, S. 287-305.

Savelsbergh, C. M./Havermans, L. A./Storm, P. (2016): Development paths of project managers: What and how do project managers learn from their experiences? In: International Journal of Project Management, Vol. 34 (4), S. 559–569.

Saynisch, M. (1984): Konfigurationsmanagement. Fachlich-inhaltliche Entwurfssteuerung, Dokumentation und Änderungswesen im ganzheitlichen Projektmanagement. Köln: Verlag TÜV Rheinland.

Schanz, G. (1988): Methodologie für Betriebswirte. 2. Auflage, Bd. 132. Stuttgart: C. E. Poeschel Verlag.

Schanz, G. (2000): Personalwirtschaftslehre. Lebendige Arbeit in verhaltenswissenschaftlicher Perspektive. 3. Auflage. München: Vahlen Verlag.

Schanz, G. (2009): Wissensprogramme der Betriebswirtschaftslehre. In: Bea, F. X./Schweitzer, M. (2009) (Hrsg.): Allgemeine Betriebswirtschaftslehre / Grundfragen. 10. Auflage, Bd. 1081. Stuttgart: Lucius & Lucius Verlag; UTB, S. 81–159.

Schelle, H. (1989): Zur Lehre vom Projektmanagement. In: Reschke, H./Schelle, H./Schnopp, R. (1989) (Hrsg.): Handbuch Projektmanagement. Köln: Verlag TÜV Rheinland, S. 3–25.

Schelle, H. (2010): Projekte zum Erfolg führen. Projektmanagement systematisch und kompakt. 6. Auflage, Bd. 5888. München: Deutscher Taschenbuch Verlag.

Schelle, H./Ottmann, R./Pfeiffer, A. (2008): ProjektManager. 3. Auflage. Nürnberg: GPM Deutsche Gesellschaft für Projektmanagement e. V.

Schiersmann, C. (2007): Berufliche Weiterbildung. Wiesbaden: VS Verlag für Sozialwissenschaften.

Schiessler, B. (2010): Coaching als Maßnahme der Personalentwicklung. Aktuelle Praxis, Analyse und wissenschaftlicher Ansatz für eine einheitliche Coachingmethodik. Wiesbaden: VS Verlag für Sozialwissenschaften.

Schmidt, B. (2007): Personalentwicklung an der Hochschule. Zehn Wege in ein unentdecktes Land. In: Die Hochschule (2), S. 125–153.

Schneider, C./Wagner, R./Wald, A. (2008): Die Potentiale und Bedeutung des Projektmanagements aus Sicht des Top-Managements.

Schneider, C./Wagner, R./Wald, A. (2009): Die Bedeutung des Projektmanagements aus Sicht des Topmanagements. In: Projektmanagement aktuell, Vol. 20 (3), S. 16–22.

Schneider, P. B./Blickle, G. (2009): Mentor-Protegé-Beziehungen in Organisationen. In: Stöger, H./Ziegler, A./Schimke, D. (2009) (Hrsg.): Mentoring: Theoretische Hintergründe, empirische Befunde und praktische Anwendungen. Lengerich et al.: Pabst Science Publishers, S. 139–160.

Schnell, R./Esser, E./Hill, P. B. (2013): Methoden der empirischen Sozialforschung. 10. Auflage. München: Oldenbourg Verlag.

Scholz, C. (2011): Grundzüge des Personalmanagements. München: Vahlen Verlag.

Scholz, C. (2014): Personalmanagement. Informationsorientierte und verhaltenstheoretische Grundlagen. 6. Auflage. München: Vahlen Verlag.

Schreyögg, A. (o. J. a): Die Differenzen zwischen Supervision und Coaching. http://www.schreyoegg.de/content/view/29/33. Zuletzt geprüft am: 05.01.2015.

Schreyögg, A. (o. J. b): Was ist Supervision? http://www.schreyoegg.de/content/view/89/38. Zuletzt geprüft am: 05.01.2015.

Schreyögg, A. (2009): Die Zukunft des Coachings. In: Lippmann, E. (2009) (Hrsg.): Coaching. Angewandte Psychologie für die Beratungspraxis. 2. Auflage. Heidelberg: Springer Verlag, S. 315–323.

Schreyögg, A. (2012): Coaching. Eine Einführung für Praxis und Ausbildung. 7. Auflage. Frankfurt am Main: Campus Verlag.

Schreyögg, G./Hübl, G. (1992): Manager in Aktion: Ergebnisse einer Beobachtungsstudie in mittelständischen Unternehmen. In: Zeitschrift Führung + Organisation (zfo), Vol. 61 (2), S. 82–89.

Schreyögg, G./Sydow, J. (2010): Organizing for Fluidity? Dilemmas of New Organizational Forms. In: Organizational Science, Vol. 21 (6), S. 1251–1262.

Schröder, H. J. (1970): Projekt-Management. Eine Führungskonzeption für außergewöhnliche Vorhaben. Wiesbaden: Gabler Verlag.

Schulte-Zurhausen, M. (2014): Organisation. 6. Auflage. München: Vahlen Verlag.

Skipper, C. O./Bell, L. C. (2006): Influences Impacting Leadership Development. In: Journal of Management in Engineering, Vol. 22 (2), S. 68–74.

Söderlund, J. (2005): Developing project competence: Empirical Regularities in competitive project operations. In: International Journal of Innovation Management, Vol. 9 (4), S. 451–480.

Söderlund, J./Bredin, K. (2006): HRM in project-intensive firms: Changes and challenges. In: Human Resource Management, Vol. 45 (2), S. 249–265.

Solga, M./Ryschka, J./Mattenklott, A. (2011): Personalentwicklung: Gegenstand, Prozessmodell, Erfolgsfaktoren. In: Ryschka, J./Solga, M./Mattenklott, A. (2011) (Hrsg.): Praxishandbuch Personalentwicklung. Instrumente, Konzepte, Beispiele. 3. Auflage. Wiesbaden: Gabler Verlag, S. 19–34.

Sonntag, K./Schaper, N. (2006): Förderung beruflicher Handlungskompetenz. In: Sonntag, K. (2006) (Hrsg.): Personalentwicklung in Organisationen. 3. Auflage. Göttingen et al.: Hogrefe Verlag, S. 270–311.

Sonntag, K./Schmidt-Rathjens, C. (2004): Kompetenzmodelle - Erfolgsfaktoren im HR-Management? Ein strategie- und evidenzbasierter Ansatz der Kompetenzmodellierung. In: Personalführung, Vol. 37 (10), S. 18–26.

Spencer, L. M./Spencer, S. M. (1993): Competence at work. Models for superior performance. New York et al.: John Wiley & Sons.

Spieß, E./Rosenstiel, L. v. (2010): Organisationspsychologie. München: Oldenbourg Verlag.

Staehle, W. H. (1991): Handbuch Management. Die 24 Rollen der exzellenten Führungskraft. Wiesbaden: Gabler Verlag.

Staehle, W. H. (1999): Management. Eine verhaltenswissenschaftliche Perspektive. 8. Auflage. München: Vahlen Verlag.

Standish Group International (2013): Chaos Manifesto 2013. Think Big, Act Small. https://www.versionone.com/assets/img/files/CHAOSManifesto2013.pdf. Zuletzt geprüft am: 22.06.2016.

Starkweather, J. A./Stevenson, D. H. (2011): PMP® certification as a core competency: Necessary but not sufficient. In: Project Management Journal, Vol. 42 (1), S. 31–41.

Steeger, O. (2002): Projektleiter-Karriere schmackhafter machen. In: Projektmanagement, Vol. 13 (3), S. 47–48.

Steinbacher, L. (2011): Koordinationsinstrumente und Kompetenzen zur Leitung länderübergreifender Projekte. Aachen: Shaker Verlag.

Steinbuch, P. A. (2000): Projektorganisation und Projektmanagement. 2. Auflage. Ludwigshafen: Friedrich Kiehl Verlag.

Steinke, I. (2013): Gütekriterien qualitativer Forschung. In: Flick, U./Kardorff, E. v./Steinke, I. (2013) (Hrsg.): Qualitative Forschung. Ein Handbuch. 10. Auflage. Reinbek bei Hamburg: Rowohlt Taschenbuch-Verlag, S. 319–331.

Steinmann, H./Schreyögg, G./Koch, J. (2013): Management. Grundlagen der Unternehmensführung Konzepte - Funktionen - Fallstudien. 7. Auflage. Wiesbaden: Springer Gabler.

Stock-Homburg, R. (2013): Personalmanagement. Theorien – Konzepte – Instrumente. 3. Auflage. Wiesbaden: Springer Gabler.

Strobel, W. (1989): Auswahl und Förderung von Projektmanagern. In: Reschke, H./Schelle, H./Schnopp, R. (1989) (Hrsg.): Handbuch Projektmanagement. Köln: Verlag TÜV Rheinland, S. 127–140.

Sydow, J./Braun, T. (2015): Von Projekten zu temporären Organisationen. Der Kontext rückt in den Fokus. In: Zeitschrift Führung + Organisation (zfo), Vol. 84 (4), S. 232–237.

Thomas, J./Mengel, T. (2008): Preparing project managers to deal with complexity – Advanced project management education. In: International Journal of Project Management, Vol. 26 (3), S. 304–315.

Tietze, K.-O. (2010): Wirkprozesse und personenbezogene Wirkungen von kollegialer Beratung. Theoretische Entwürfe und empirische Forschung. Wiesbaden: VS Verlag für Sozialwissenschaften.

Tomuzia, D. J. A. (2012): Eine Qualitätsbeurteilung von Coaching-Studien anhand wissenschaftlicher Grundlagen. Eine Analyse Coaching darstellender Arbeiten hinsichtlich ihrer Aussagekraft innerhalb wissenschaftlicher Normen. Hamburg. Dissertation.

Tonhäuser, C. (2009): Implementierung von Coaching als Instrument der Personalentwicklung in deutschen Grossunternehmen, Bd. 9. Frankfurt am Main et al.: Peter Lang Verlag.

Trobisch, N./Denisow, K. (2010): Projektarbeit im Heldenprinzip – Anforderungen, Kompetenzen und Bedarfe im heutigen Projektmanagement. Eine Studie der GPM in Kooperation mit der Universität der Künste, Berlin, der Hochschule für Technik und Wirtschaft Berlin und der Lumen. Organisationsentwicklung. Inspiration. Coaching. GmbH. https://www.gpm-ipma.de/know_how/studienergebnisse/projektarbeit_im_heldenprinzip.html. Zuletzt geprüft am: 12.12.2015.

TSO The Stationery Office (2014) (Hrsg.): Erfolgreiche Projekte managen mit PRINCE2. 3. Auflage [der dt. Übersetzung der 5. engl. Ausgabe]. London: TSO.

Tumuscheit, K. D. (2013): Projektmanager brauchen keine Branchenkenntnis! https://www.projektmagazin.de/ (Fachportal für Projektmanagement). Zuletzt geprüft am: 13.06.2016.

Turner, J. R./Müller, R. (2005): The Project Manager's Leadership Style as a success factor on projects: a literature review. In: Project Management Journal, Vol. 36 (1), S. 49–61.

Vetter, H. (2013): Projektmanagement. In: Steiger, T./Lippmann, E. (2013) (Hrsg.): Handbuch Angewandte Psychologie für Führungskräfte. Führungskompetenz und Führungswissen. 4. Auflage, Bd. 2. Berlin et al.: Springer Verlag, S. 217–249.

Vetter, R./Wiesenbauer, L. (1992): Fähigkeiten eines Projektleiters. Darstellung anhand eines Bürokommunikationsprojekts. In: Office Management(OM) – Information/Organisation/Kommunikation (1-2), S. 43–47.

Wald, A./Spanuth, T./Schneider, C./Futterer, F./Schnellbächer, B./Schoper, Y. (2015): Makroökonomische Vermessung der Projekttätigkeit in Deutschland. https://www.gpm-ipma.de/fileadmin/user_upload/Know-How/studien/GPM_Studie_Vermessung_der_Projektt%C3%A4tigkeit.pdf. Zuletzt geprüft am: 02.04.2016.

Walter, N./Fischer, H./Hausmann, P./Klös, H.-P./Lobinger, T./Raffelhüschen, B./Rump, J./Seeber, S./Vassiliadis, M. (2013): Die Zukunft der Arbeitswelt. Auf dem Weg ins Jahr 2030 [Bericht der Kommission »Zukunft der Arbeitswelt« der Robert Bosch Stiftung mit Unterstützung des Instituts für Beschäftigung und Employability IBE]. http://www.bosch-stiftung.de/content/language1/downloads/Studie_Zukunft_der_Arbeitswelt_Einzelseiten.pdf. Zuletzt geprüft am: 03.04.2016.

Wastian, M. (2014): Projektleitung – Führung im „Ausnahmezustand". In: Rosenstiel, L. v./Regnet, E./Domsch Michel E. (2014) (Hrsg.): Führung von Mitarbeitern. Handbuch für erfolgreiches Personalmanagement. 7. Auflage. Stuttgart: Schäffer-Poeschel Verlag, S. 391–402.

Wehnes, H. (2014): Projektmanagement an deutschen Hochschulen. In: Projektmanagement aktuell, Vol. 25 (5), S. 75–79.

Weinert, A. B. (1998): Organisationspsychologie. Ein Lehrbuch. 4. Auflage. Weinheim: Beltz Verlag, PsychologieVerlagsUnion.

Widmann, M. (2010): Der Weg zu qualifizierten Projektmanagern … oder Qualitätsanforderungen in der Personalentwicklung für Projektmanager. In: Wagner, R./Engstler, M. (2010) (Hrsg.): Projektarbeit zwischen Effizienzdruck und Qualitätsanforderungen. Beiträge zur Konferenz "InterPM", Glashütten 2010. Heidelberg: dpunkt-Verlag, S. 235–242.

Wihler, A./Solga, M./Blickle, G. (2014): Personalentwicklung II: Karrieremanagement, Training und Beratung. In: Schuler, H./Moser, K. (2014) (Hrsg.): Lehrbuch Organisationspsychologie. 5. Auflage. Bern: Hans Huber Verlag, S. 369–405.

Wilkens, U. (2005): Erfassung von Wirkungsbeziehungen zwischen Kompetenzebenen. In: QUEM-Bulletin (6), S. 6–11.

Wilkens, U./Gröschke, D. (2007): Kompetenzbeziehungen und Kompetenznutzung im Wissenschaftssystem – Theoretische Überlegungen und empirische Einblicke. In: Barthel, E. (2007) (Hrsg.): Kompetenzkapital heute. Wege zum integrierten Kompetenzmanagement. Frankfurt am Main: Frankfurt-School-Verlag, S. 269–292.

Wrona, T. (2006): Fortschritts- und Gütekriterien im Rahmen qualitativer Sozialforschung. In: Zelewski, S./Akca, N. (2006) (Hrsg.): Fortschritt in den Wirtschaftswissenschaften. Wiesbaden: Deutscher Universitäts-Verlag, S. 189–216.

Wunderer, R. (1996): Führungstheorien. In: Weber, W. (1996) (Hrsg.): Grundlagen der Personalwirtschaft. Theorien und Konzepte. Wiesbaden: Gabler Verlag, S. 139–183.

Wunderer, R. (2007): Führung und Zusammenarbeit. Eine unternehmerische Führungslehre. 7. Auflage. Köln: Luchterhand Verlag.

Wuttke, T. (2002): Mit systematischer Ausbildung zum Projektmanager. In: Wissensmanagement, Vol. 4 (3), S. 46–48.

Zell, H. (2003): Grundbegriffe und Grundstrukturen von Projekten (incl. DIN Normen). In: Bernecker, M./Eckrich, K. (2003) (Hrsg.): Handbuch Projektmanagement. München et al.: Oldenbourg Verlag, S. 53–68.

Zielasek, G. (1999): Projektmanagement als Führungskonzept. Erfolgreich durch Aktivierung aller Unternehmensebenen. 2. Auflage. Berlin et al.: Springer Verlag.

Zika-Viktorsson, A./Sundström, P./Engwall, M. (2006): Project overload: An exploratory study of work and management in multi-project settings. In: International Journal of Project Management, Vol. 24 (5), S. 385–394.

EINZELSCHRIFTEN

Dominique Hoffmann
Journal Entry Testing im Mittelstand – Effizientes Werkzeug oder notwendiges Übel?
Lohmar – Köln 2018 • 236 S. • € 60,- (D) • ISBN 978-3-8441-0541-4

Nico Friederich
Spillovereffekte von Testimonialskandalen – Empirische Analyse des Einflusses auf Wettbewerber
Siegburg – Köln 2018 • 352 S. • € 72,- (D) • ISBN 978-3-8441-0542-1

Martin Hartenstein
Erfolg von Internetunternehmen – Empirische Analysen anhand der Befragungsergebnisse von Unternehmen, Investoren und Beratern in Deutschland
Siegburg – Köln 2018 • 272 S. • € 64,- (D) • ISBN 978-3-8441-0543-8

Adrian Liebetrau
Self-Service-BI im Reporting – Eine empirische Untersuchung zu Anwendungspotentialen im Controlling
Siegburg – Köln 2018 • 128 S. • € 48,- (D) • ISBN 978-3-8441-0547-6

Marco Wittmann
Anbieterkonzentration auf dem Wirtschaftsprüfungsmarkt in Deutschland – Eine empirische Analyse
Siegburg – Köln 2018 • 548 S. • € 90,- (D) • ISBN 978-3-8441-0549-0

Stefan Graeser
Technikgenese und Social Media Marketing von High-End HiFi
Siegburg – Köln 2018 • 68 S. • € 40,- (D) • ISBN 978-3-8441-0554-4

Christina Weiß
Personalentwicklung von Projektleitern – Methoden zur Erweiterung von Kompetenzprofilen
Siegburg – Köln 2018 • 268 S. • € 62,- (D) • ISBN 978-3-8441-0555-1